农机装备数字化与智能化设计

刘宏新　郭丽峰　著

科学出版社

北京

内 容 简 介

先进设计正逐渐演变成一个知识密集的复杂过程，涉及多领域多学科的交叉融合，是同步提升产品研发速度与质量的必要途径。本书结合当前科技与社会背景，充分利用现代 3D-CAD 虚拟现实的优势与计算机技术的发展成就，以播种机和联合收割机两类典型农机装备为示例，以 CATIA 为操作平台，使用 SQL Server 构建数据库，以 VB 为交互系统开发语言，系统讲解数字化与智能化设计的技术与方法，为机械装备先进研发平台的构建提供基础理论与技术模式，以期充分整合行业成果及专业知识，提高研发效率和水平。

本书可供从事先进设计与制造系统研发的行业工程师及相关专业学生阅读使用。

图书在版编目(CIP)数据

农机装备数字化与智能化设计 / 刘宏新，郭丽峰著. —北京：科学出版社，2022.4

ISBN 978-7-03-071861-7

Ⅰ. ①农… Ⅱ. ①刘… ②郭… Ⅲ. ①农业机械—机械设计 Ⅳ. ①S220.2

中国版本图书馆 CIP 数据核字(2022)第 040984 号

责任编辑：朱晓颖 / 责任校对：彭珍珍
责任印制：张 伟 / 封面设计：迷底书装

科 学 出 版 社 出版
北京东黄城根北街 16 号
邮政编码：100717
http://www.sciencep.com

北京九州迅驰传媒文化有限公司 印刷
科学出版社发行 各地新华书店经销
*
2022 年 4 月第 一 版 开本：787×1092 1/16
2022 年 4 月第一次印刷 印张：16
字数：376 000

定价：118.00 元
(如有印装质量问题，我社负责调换)

前　言

设计是产品研发的重要环节，是企业智力资源及研发条件转化为生产力的主要形式。现代社会的产品要满足用户定制化、多样化的需求，企业及其产品的核心竞争力很大程度上取决于能否以最快的速度向市场提供合适的产品，即是否有足够的高素质技术人员以及先进的设计方法支撑高效与优质的产品研发过程。随着计算机科学与信息技术的飞速发展，数字化与智能化设计已成为先进设计方法与技术的代表。

近年来，我国提出大力发展农业装备现代化，提升自主创新研发能力，为农业向集约、高效型转变提供重要支撑，并确定农业装备为国家十大优先发展领域之一。装备制造业是国民经济的主要支柱，我国是世界制造大国，并正处于向制造强国转变的关键时期。大力推进制造业信息化，提高装备设计、制造和集成能力，用高新技术改造和提升制造业是当前及今后相当长一段时期的努力方向。从农业生产角度而言，我国明确要求根据不同区域的自然禀赋、耕作制度，以促进农机农艺结合、实现重大装备技术突破为重点，加快实现粮食主产区、大宗农作物、关键生产环节机械化，积极推行主要粮食作物全程机械化作业，促进粮食生产专业化和标准化发展。通过创新装备设计的方法与技术，构建先进的研发平台，同步提高效率与水平是实现这些目标的必要途径。

当前，先进设计正逐渐演变成一个知识密集的复杂过程，涉及多领域、多学科的知识和技术。国际农机装备企业间的竞争愈发激烈，为提升产品研发效率，抢占市场先机，一些知名企业应用现代信息技术，纷纷建立了以 PDM/PLM 为基础，结合高端工程应用软件的优质产品研发体系、设计资源及专业知识积累平台。同时，基于知识工程的 CAD/CAM 技术得到了高度重视，并取得快速发展。对比而言，我国农机装备制造企业与国际先进农机装备企业存在较大差距，正面临来自目标市场多层面竞争的严峻挑战，产品研发普遍以跟踪、仿制为主，存在研发周期长、效率低、产品可靠性差等问题。企业和产品的竞争力低下、缺乏核心自主技术，已成为我国农机装备制造企业可持续发展的桎梏。加之农机种类繁多和地域差异显著所导致的专业知识、结构形式、实践经验等极其庞杂，没有先进的研发体系与技术支持，个体设计人员难以全面掌握相关知识与技能，无法保证研发质量，严重制约产业发展及自主创新能力。

工欲善其事，必先利其器，先进的设计方法与技术对装备类产品研发无疑具有极其重要的作用。先进的设计方法与技术在不同的历史阶段有不同的内涵，它是一个相对的概念，有其产生的条件和环境。本书由国家重点研发计划项目农机装备智能化设计技术研究 (2017YFD0700100) 资助，拟结合当前科技与社会背景，充分利用现代3D-CAD 虚拟现实的优势与计算机技术的发展成果，以播种机和联合收割机两类典型农机装备为示例，以 CATIA 为软件平台，使用 SQL Server 构建数据库，以 VB 为交互系统开发语言，系统讲解农机数字化与智能化设计的相关技术与方法，为机械装备先进研发平台的构建提供理论与模式参考，以期充分整合行业成果及专业知识，提高研发效率和水平。

　　数字化与智能化设计整体仍处于发展阶段，尚无程式化的模板与体系。本书的撰写基于作者对领域内知识和同行学术成果的学习认知，以及在实践探索中的积累与总结，难免存在不足与疏漏，期待批评指正，并与大家交流学习（联系方式：T3D_home@hotmail.com）。

作　者

2022 年 3 月于宿迁

目　　录

第 1 章　绪论 ………………………………………………………… 1

1.1　基本概念 ………………………………………………………… 1

1.2　设计技术与方法的演变 ………………………………………… 1

　　1.2.1　机械设计起源和古代机械设计 …………………………… 2

　　1.2.2　近代机械设计 ……………………………………………… 2

　　1.2.3　现代机械设计 ……………………………………………… 3

1.3　计算机辅助设计 ………………………………………………… 3

　　1.3.1　发展过程 …………………………………………………… 3

　　1.3.2　CAD 技术的优势、影响与意义 …………………………… 5

1.4　基于三维模型的资源重用与产品重构 ………………………… 5

　　1.4.1　模型重用技术 ……………………………………………… 6

　　1.4.2　产品重构技术 ……………………………………………… 7

1.5　数字化设计的运行条件及特征 ………………………………… 8

　　1.5.1　产品生命周期管理 ………………………………………… 8

　　1.5.2　数字化设计的概念与内涵 ………………………………… 9

　　1.5.3　数字化设计的技术特征 …………………………………… 10

1.6　智能化设计的共性关键技术与架构体系 ……………………… 11

　　1.6.1　共性关键技术 ……………………………………………… 11

　　1.6.2　智能化设计系统架构 ……………………………………… 11

　　1.6.3　关键科学与技术问题 ……………………………………… 12

第 2 章　装备谱系划分及拓扑图构建 ……………………………… 15

2.1　概述 ……………………………………………………………… 15

2.2　装备对象分析与谱系层次设置 ………………………………… 15

　　2.2.1　播种装备分类 ……………………………………………… 15

　　2.2.2　播种装备组成 ……………………………………………… 16

　　2.2.3　谱系层次设置 ……………………………………………… 21

2.3　模块化分解与聚类分析 ………………………………………… 21

　　2.3.1　功能划分及模块化分解 …………………………………… 21

　　2.3.2　模糊聚类计算 ……………………………………………… 23

　　2.3.3　模块聚类 …………………………………………………… 24

2.4　拓扑图构建 ……………………………………………………… 25

2.5　谱系语义与模型编码 …………………………………………… 27

　　2.5.1　作用与流程 ………………………………………………… 27

　　　2.5.2　谱系模块编码及标识规则 ……………………………………… 27

　　　2.5.3　物元语义编码及标识规则 ……………………………………… 28

　2.6　基于谱系编码的检索算法 …………………………………………… 30

　　　2.6.1　模糊检索算法 …………………………………………………… 31

　　　2.6.2　精确匹配算法 …………………………………………………… 31

　　　2.6.3　语义相似度计算 ………………………………………………… 34

第3章　数字模型物元化全息标识 ……………………………………………… 39

　3.1　概述 …………………………………………………………………… 39

　3.2　全息标识的结构与要素 ……………………………………………… 40

　　　3.2.1　全息标识的结构 ………………………………………………… 40

　　　3.2.2　全息标识的要素 ………………………………………………… 40

　3.3　标识规则及代码编制 ………………………………………………… 41

　　　3.3.1　基本要求与符号规则 …………………………………………… 41

　　　3.3.2　标识段代码编制 ………………………………………………… 42

　3.4　示例分析 ……………………………………………………………… 45

　　　3.4.1　基本物元标识 …………………………………………………… 45

　　　3.4.2　谱系物元标识 …………………………………………………… 45

　　　3.4.3　特征物元标识 …………………………………………………… 46

　　　3.4.4　装配物元标识 …………………………………………………… 46

　　　3.4.5　全息标识结果 …………………………………………………… 48

　3.5　辅助标识技术 ………………………………………………………… 48

　　　3.5.1　连接 CATIA ……………………………………………………… 49

　　　3.5.2　信息提取 ………………………………………………………… 50

　　　3.5.3　信息转化与标识 ………………………………………………… 54

第4章　系列变型与变异变型设计 ……………………………………………… 56

　4.1　概述 …………………………………………………………………… 56

　4.2　参数化层次与参数化设计流程 ……………………………………… 56

　　　4.2.1　装配体参数化层次分析 ………………………………………… 56

　　　4.2.2　参数化变型设计流程 …………………………………………… 57

　4.3　参数化对象模型分析 ………………………………………………… 57

　4.4　系列变型设计 ………………………………………………………… 58

　　　4.4.1　核心零件参数化建模 …………………………………………… 58

　　　4.4.2　装配体参数化建模 ……………………………………………… 62

　　　4.4.3　模型驱动 ………………………………………………………… 64

　4.5　变异变型设计 ………………………………………………………… 64

　　　4.5.1　核心零件参数化建模 …………………………………………… 64

　　　4.5.2　装配体参数化建模 ……………………………………………… 66

　　　4.5.3　模型驱动 ………………………………………………………… 67

第 5 章　知识库系统 ………………………………………………… 70
　5.1　概述 ……………………………………………………………… 70
　5.2　知识库系统架构 ………………………………………………… 72
　　5.2.1　总体架构方案 ……………………………………………… 72
　　5.2.2　技术模块架构 ……………………………………………… 73
　5.3　知识的分类及获取 ……………………………………………… 74
　　5.3.1　装备设计知识的特点 ……………………………………… 74
　　5.3.2　知识的分类结果 …………………………………………… 75
　　5.3.3　知识的来源 ………………………………………………… 76
　　5.3.4　知识获取的方法 …………………………………………… 77
　5.4　知识的分析与表达 ……………………………………………… 78
　　5.4.1　知识的分析 ………………………………………………… 78
　　5.4.2　知识的表达方法和形式 …………………………………… 82
　5.5　知识的组织与存储 ……………………………………………… 86
　　5.5.1　数据库连接 ………………………………………………… 87
　　5.5.2　数据库的数据类型 ………………………………………… 89
　　5.5.3　数据的存储格式 …………………………………………… 89
　　5.5.4　知识的分离及附加 ………………………………………… 91
　5.6　知识在设计过程中的运用方法 ………………………………… 93
　　5.6.1　知识的查询 ………………………………………………… 93
　　5.6.2　知识的编辑 ………………………………………………… 95
　　5.6.3　知识的推理 ………………………………………………… 97
　　5.6.4　设计体系的建立 …………………………………………… 100
　5.7　知识库系统技术集成与测试 …………………………………… 102
　　5.7.1　开发工具及编程语言的选择 ……………………………… 102
　　5.7.2　人机交互界面的设计 ……………………………………… 103
　　5.7.3　交互式系统的操作流程 …………………………………… 106
　　5.7.4　实例分析 …………………………………………………… 107

第 6 章　模型库系统 ………………………………………………… 114
　6.1　概述 ……………………………………………………………… 114
　6.2　模型库系统架构 ………………………………………………… 114
　　6.2.1　设计目标及原则 …………………………………………… 115
　　6.2.2　模型特点及表示方法 ……………………………………… 116
　　6.2.3　模型库及管理系统 ………………………………………… 117
　6.3　模型及其数据管理 ……………………………………………… 118
　　6.3.1　模块划分 …………………………………………………… 118
　　6.3.2　模型字典库 ………………………………………………… 118
　　6.3.3　模型文件库 ………………………………………………… 120
　6.4　子系统集成及测试 ……………………………………………… 122

　　6.4.1　系统登录 ··· 123
　　6.4.2　模型信息浏览 ··· 124
　　6.4.3　模型检索目录 ··· 127
　　6.4.4　模型库资源管理 ··· 129
　　6.4.5　用户权限的管理 ··· 134

第 7 章　交互式工程结构分析 ·· 136
　7.1　概述 ·· 136
　7.2　技术方案与对象分析 ·· 136
　　7.2.1　技术方案 ··· 136
　　7.2.2　对象分析 ··· 138
　7.3　静态分析过程实现 ··· 141
　　7.3.1　模型调用 ··· 141
　　7.3.2　材料添加 ··· 141
　　7.3.3　进入静态分析模块 ··· 143
　　7.3.4　网格划分 ··· 143
　　7.3.5　载入边界条件 ··· 145
　　7.3.6　计算与分析 ·· 148
　7.4　模态分析过程实现 ··· 149
　　7.4.1　载入边界条件 ··· 149
　　7.4.2　参数设置 ··· 150
　　7.4.3　结果分析 ··· 151
　7.5　工程分析模型库 ·· 152
　　7.5.1　模型检索 ··· 152
　　7.5.2　模型管理 ··· 152
　7.6　子系统集成与测试 ··· 153
　　7.6.1　人机交互界面 ··· 153
　　7.6.2　系统测试 ··· 154

第 8 章　交互式运动机构创建与分析 ·· 157
　8.1　概述 ·· 157
　8.2　模型预处理 ·· 158
　8.3　标识信息及导出 ·· 160
　　8.3.1　标识运动副构建要素 ··· 160
　　8.3.2　导出标识信息 ··· 161
　8.4　Windows API 函数 ·· 163
　　8.4.1　模块程序框图 ··· 163
　　8.4.2　DMU 工作台访问 ·· 163
　　8.4.3　添加运动副构建要素 ··· 164
　8.5　交互界面设计与测试 ·· 167

　　　8.5.1　交互界面 ……………………………………………… 167
　　　8.5.2　实例测试 ……………………………………………… 168

第9章　结构参数与工作参数匹配技术 ………………………………… 173
　9.1　概述 ………………………………………………………… 173
　9.2　研究对象分析 ……………………………………………… 174
　　　9.2.1　脱粒装置 …………………………………………… 174
　　　9.2.2　清选装置 …………………………………………… 174
　　　9.2.3　参数分类 …………………………………………… 175
　9.3　设计过程的知识建模与表达 ……………………………… 175
　　　9.3.1　知识建模方法 ……………………………………… 175
　　　9.3.2　设计过程树 ………………………………………… 176
　9.4　实体建模及参数化 ………………………………………… 177
　　　9.4.1　知识工程与建模方法 ……………………………… 177
　　　9.4.2　CATIA 自顶向下关联设计 ……………………… 178
　　　9.4.3　参数化模型建立 …………………………………… 183
　9.5　子系统集成与测试 ………………………………………… 196
　　　9.5.1　子系统结构 ………………………………………… 196
　　　9.5.2　界面设计 …………………………………………… 196
　　　9.5.3　VB.NET 编程 ……………………………………… 200
　　　9.5.4　实例分析 …………………………………………… 202

第10章　PDM 系统 ……………………………………………………… 207
　10.1　概述 ………………………………………………………… 207
　10.2　系统架构分析与设计 ……………………………………… 208
　　　10.2.1　系统需求分析 …………………………………… 208
　　　10.2.2　系统架构分析 …………………………………… 209
　　　10.2.3　开发方式与技术 ………………………………… 211
　10.3　项目与任务管理 …………………………………………… 213
　　　10.3.1　开发技术 ………………………………………… 213
　　　10.3.2　接口设计 ………………………………………… 214
　　　10.3.3　组织管理 ………………………………………… 215
　10.4　数据与资源管理 …………………………………………… 220
　　　10.4.1　模型资源管理 …………………………………… 220
　　　10.4.2　知识资源管理 …………………………………… 221
　　　10.4.3　电子仓库 ………………………………………… 224
　10.5　封装与接口 ………………………………………………… 227
　　　10.5.1　功能封装技术 …………………………………… 228
　　　10.5.2　异构数据集成 …………………………………… 230
　　　10.5.3　操作界面集成 …………………………………… 231

　10.5.4　功能模块接口实现 ··· 231
10.6　系统集成与封装 ··· 235
　10.6.1　用户界面设计 ··· 235
　10.6.2　系统发布 ·· 237
　10.6.3　实例验证 ·· 238
　10.6.4　系统测试 ·· 240

参考文献 ·· 244

第1章 绪 论

1.1 基 本 概 念

1) 设计

设计是人类为了达到某种特定目的而进行的一项创造性活动，是把头脑中的一种规划、设想以视觉的形式传达出来的人类智力运用过程。随着人类社会的逐渐发展，设计在不同领域细化出不同的内涵。在机械领域，设计是根据使用要求对机械装备的工作原理、结构组成、形状尺寸、运动方式、力和能量传递、零件材料、润滑形式等进行构思、分析、计算，并将其转化为具体的技术描述以作为制造依据的工作过程。机械设计是机械工程的重要组成部分，是机械生产的第一步，是决定机械装备性能的最主要因素。

2) 数字化设计

数字化设计的概念与实际应用是在计算机技术发展到一定阶段后出现的，它借助 PLM 平台以数字模型及其相关信息数据贯穿产品研发的设计、分析、制造，乃至管理的整个环节。数字化设计从属性上来讲是多种计算机辅助技术——CAX 的集成或链式应用，以三维模型为信息载体，数据高度共享、关联，能有效提高企业运行及团队协作的效率。

3) 智能化设计

在相关科学技术发展到一定高度和水平并具备广泛集成可能性的前提下，工程设计从传统的数据资源密集型向知识信息密集型转化，由此促成了智能化设计的产生。理想的智能化设计系统无须设计者全面了解设计开发系统底层的全部细节，支持缺省检索与模糊推理，通过人机交互的方式，由计算机智能地根据用户需求调动系统资源进行设计，高效获得满意的产品。目前，智能化设计整体上处于理论研究和实际应用的探索与试验阶段。

计算机辅助设计、资源重用与产品重构设计、数字化设计、智能化设计等不同概念有各自不同的内涵和外延，但界线并非截然分开，是一种渐进与交叉融合的关系，其中智能化设计是最高级形式。现阶段相关技术体现为一种多样化的形态与方法，但本质上所有方法的共同特点都是以资源的共享与重用为核心，只是程度与方式不同而已。

1.2 设计技术与方法的演变

为高度概括人类几千年文明史中机械设计的发展历程，根据其在时代轴上的宏观特征，可以划分为以下三个阶段：①17 世纪前，人类创造和使用机械为古代机械设计阶段；②17世纪至第二次世界大战，机械设计在世界范围内飞速发展为近代机械设计阶段；③第二次世界大战结束至今，计算机的出现，代表并主导着设计的变革进入现代机械设计阶段。

机械设计发展史如图 1-1 所示。

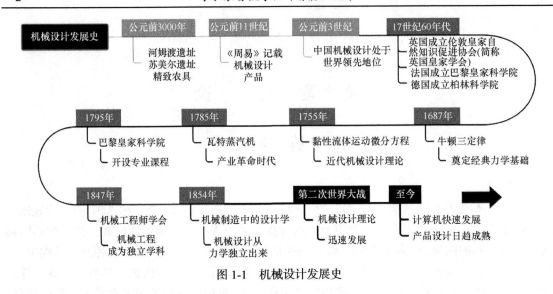

图 1-1 机械设计发展史

1.2.1 机械设计起源和古代机械设计

通过考古和文献记载发现，公元前 3000 年以前，人类已经广泛使用石制的和骨制的精致工具，中国的河姆渡遗址和古巴比伦苏美尔遗址中均发现了精致的农具。在古经书中，对此也有许多文献记载。例如，《周易·系辞下传》中"刳木为舟""服牛乘马"就是对机械设计及其产品在当时生活中应用的描述。在农耕文明社会中，机械设计主要应用在农业方面，以此来满足人们生活最基本的衣食需求。

我国古代在纺织机械、船舶等方面有许多创造性的设计成果，以四大发明为代表，科学技术水平处于世界领先地位。从国外来看，14～16 世纪文艺复兴时期，以意大利学者、艺术家列昂纳多·达·芬奇(Leonardo Di Ser Piero Da Vinci)的活跃创造活动为代表，欧洲达到当时机械设计的顶峰。这个时期，机械设计基础知识尚未成熟，设计者全凭个人经验、直觉和手艺进行制作，缺乏必要的理论分析与计算，设计方法也未能得到有效的保留与记录。

1.2.2 近代机械设计

17 世纪欧洲的航海、纺织等工业的兴起，对机械设计提出了许多技术需求。17 世纪 60 年代出现了各种科学学会，英国率先成立了皇家学会，法国成立了巴黎皇家科学院，德国随后成立柏林科学院，这些机构开展的大量活动极大地促进了设计水平的进步。1687 年，英国科学家牛顿(Newton)在《自然哲学的数学原理》一书中提出的运动三大定律和万有引力定律，为经典力学奠定了基础，也为机械技术革命和发展提供了理论指导。1738 年，瑞典科学家伯努利(Bernoulli)在《流体动力学》中提出流体运动定律。1755 年，瑞士科学家欧拉(Euler)确立黏性流体运动微分方程，在经典力学的基础上建立和发展了近代机械设计理论。1785 年，英国科学家瓦特(Watt)改良蒸汽机并投入使用，为工业革命和机械设计的发展提供了强大动力。机械化使生产力迅速提高，社会发展进入了产业革命时代。1795 年，巴黎理工学校专门开设数学、物理等课程，随后开设专业课程。这一时期，数学、力学的发展为机械设计提供了新的理论和计算方法，物理的发展为机械制造提供了新的技术手段，横断科学为机械系统的分析、控制提供了思想和方法论。

1841 年，英国机械学家威利斯(Willis)在其所著的《机构学原理》中给出"机械"的定义。1847 年，英国成立了机械工程师学会，标志着机械工程作为独立学科得到认可。1854年，德国科学家劳莱克斯(Reuleaux)发表了《机械制造中的设计学》，将机械设计从力学中独立出来，建立了以力学和制造为基础的新的科学体系，由此形成的"机构设计学"成为机械设计中的基本内容。以此为基础，机械设计得到了迅速发展，机械设计理论也取得了大量的成果。

在近代设计中，设计在工业革命后蓬勃发展，设计方法也随之多样化。工业革命带来了先进的批量化生产方式，伴随着机器被用于各个生产领域，引发了一系列的重大变革，人类从此步入机器时代。工业化大生产所带来的劳动分工的精细化和生产过程的复杂化，使得设计从制造业中分离出来，成为一门独立的专业。这个时期，设计技术和方法的概念被明确界定并进入产品研发过程，其根本原因是手工艺生产制作水平已经满足不了人们的物质需求，是需求刺激了技术的产生和发展。

1.2.3 现代机械设计

第二次世界大战后，和平与竞争的国际环境更有利于经济和科技的进步。此时，作为机械设计理论基础的机械学以更快的速度发展，动态设计、精度设计、优化设计、人机设计、绿色设计、专家系统等，尤其是计算机辅助设计，均在机械设计中迅速得到推广，使机械设计更加专业化，也使设计方法呈现出多样化的特点。在机械工程领域中广泛应用的计算机技术和集成自动化技术都是现代机械设计的重要特征。

由于市场的激烈竞争，世界各国逐渐认识到产品的市场竞争力对经济发展的重要作用，德国率先将机械设计的新理论与新方法融入产品中，其后日本迅速赶超，并取得了巨大的经济效益，美国和英国逐渐认识到产品设计的重要性，也加入这个属于设计的世纪。机械行业在这一时期获得了空前的发展，机械设计方法日趋完善，"创新设计""变型设计""组合设计"等新方法层出不穷，进入 21 世纪后，先进技术更是日新月异，传统设计向以数字化设计为代表的先进技术快速发展。

1.3 计算机辅助设计

计算机辅助设计(computer aided design，CAD)是利用计算机快速的数值计算和强大的图文处理功能，辅助工程技术人员进行产品设计、工程绘图和数据管理的一门计算机应用技术，是计算机科学技术发展和应用中的一个重要领域。计算机辅助设计用于辅助图形的生成与设计的表达，以单纯地提高速度为其主要任务，并通过提供一些标准的图形和图例而兼顾规范性与美观性。随着科技的进步，CAD 的外延不断扩大，逐渐囊括了为设计结构而由计算机辅助进行的分析、计算及虚拟仿真。

1.3.1 发展过程

CAD 技术的发展阶段如图 1-2 所示。

1)CAD 技术的萌芽时期

1946 年，美国研制了世界上第一台电子计算机，开启了信息时代。由于计算机具有高速运算和大容量信息存储功能，所以数值计算能在早期的计算机上初步实现，这也标志着计算机可应用于工程和产品设计计算。

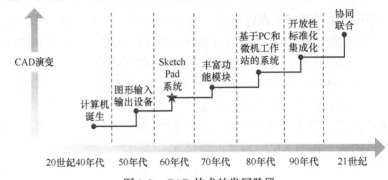

图1-2　CAD 技术的发展阶段

1950 年，美国麻省理工学院在它研制的名为"旋风 1 号"的计算机中采用了阴极射线管（cathode ray tube，CRT）图形显示器，使得计算机可以显示一些简单的图形；20 世纪 50 年代后期，在这一研发基础上，又出现了光笔图形输入装置、滚筒式绘图仪和平板绘图仪。这些图形输入输出设备的诞生，标志着 CAD 技术的萌芽。

2）CAD 技术的起步时期

20 世纪 60 年代是 CAD 技术的起步时期。1962 年，美国麻省理工学院的 Sutherland 博士成功研制了世界上第一个计算机图形系统——Sketch Pad 系统，这标志着 CAD 技术的诞生。60 年代中期，CAD 的概念逐渐被接受，已经不仅仅局限于计算机绘图领域，而是扩展为以计算机为工具进行辅助设计。

随后，相继出现了许多具有代表性的商品化 CAD 系统，这在工业方面尤为突出。1964 年，美国通用汽车公司研制出了 DAC-1 系统，该系统可用于汽车前窗玻璃型线设计；1965 年，美国 IBM 公司与洛克希德飞机制造公司联合开发出了基于大型机的商用 CAD/CAM 系统，该系统具有三维线框建模、三维结构分析和数控编程等功能，使 CAD 在飞机工业领域进入了实用阶段；1966 年，贝尔公司开发了价格低廉的实用型交互式图形显示系统——GRAPHIC。由于成本较低，许多与计算机辅助设计相关的系统从试验研究走向了实际应用，在提升效益的同时，极大地促进了计算机辅助设计技术和计算机图形学的迅速发展。

3）CAD 技术的发展时期

20 世纪 70 年代，由于计算机的迅猛发展，计算机辅助设计技术随之进入了快速发展时期。计算机硬件从集成电路发展为大规模集成电路，存储器、光栅扫描显示器、图形输入板等不同形式的图形输入输出设备等图形交互设备已经商品化。1973 年诞生了第一个实体造型（solid modeling）试验系统，于 1978 年推出了第一代实体造型建模软件，此后的 20 年中实体造型技术成为 CAD 技术发展的主流，并走向成熟，出现了一批以三维实体造型为核心的计算机辅助设计软件系统，同时涌现了针对中小企业的商品化软件。70 年代末，形成了各种计算机辅助设计系统功能模块，建模方法及理论得到了深入研究，CAD 技术已经开始应用于更多工业领域。

4）CAD 技术的普及时期

20 世纪 80 年代，由于超大规模集成电路的出现，计算机硬件的成本显著降低，这极大地推动了计算机辅助设计技术的发展。在随后出现的基于 PC 和微机工作站的 CAD/CAM 系统被广泛应用，技术得到了突飞猛进的发展，在许多中小型企业也得到了普及。从装机容量来看，截至 1986 年，美国拥有大、中、小型机 108 万台，微机 1466 万台。

5)CAD 技术的成熟时期

20 世纪 90 年代以来，CAD 技术的发展趋于成熟，不再停留在单一模式、单一功能、单一领域的水平，而是向开放性、标准化、集成化的方向发展。CAD 结合企业管理平台的并行工程和协同工作的组织架构，支持更多的计算机辅助功能，为其技术的发展和应用提供了更为广阔的空间。近年来，以计算机辅助设计为基础的新方法与新技术受到越来越多的关注，并在实际设计活动中应用，不断提升着设计过程的自动化水平。

1.3.2 CAD 技术的优势、影响与意义

1)优势

计算机可根据人的意图迅速做出反应，对于定制化产品，可利用专门的软件或程序提高设计速度。在计算机上进行修改设计工作比在图纸上进行修改简便易行，而且计算机可提供复制、查询、存储等功能，并能够直观地将设计结果展示出来，设计者根据计算机的显示可以做出快速反应，节省了大量的开发时间。

由于计算精度高和便于优化设计，设计人员在具备专业知识的基础上，利用 CAD 手段可以完成更高质量的设计。设计人员利用实体造型可以直观地在计算机中将产品绘制出来，采用先进的参数化设计、全相关数据库技术可以最大限度地提高产品的设计质量。

CAD 系统所生成的设计结果以数据形式呈现，存储和检索都比较容易。在已经建立企业内部网络的前提下，采用产品数据管理技术易于实现全局性的管理，提高企业的管理水平。

2)影响与意义

CAD 能够缩短产品研发周期，提高产品设计质量以及管理水平，所以大大降低了企业的生产成本，提高了行业竞争力。对于农机装备行业，由于农机自身特点和农机工作对象的复杂性，很多理论分析和综合计算过程复杂，计算量大，依靠人工计算几乎不可能完成。因此，被 CAD 概念外延所扩展的过程分析、参数计算、优化求解、虚拟仿真等，在农机装备的研发过程中发挥了重要作用，多种综合性农机设计问题的解决方案如下：大行程液压支撑机构的参数求解、曲柄摇杆式分插机构等平面机构的运动学和动力学分析、悬挂机组空间多维作用力下的平衡分析与计算、滚筒式免耕播种机构交互式优化、物料清选过程的多相耦合分析与仿真。

CAD 的影响与意义不止在于对设计过程的辅助，更重要的是催生了模型资源重用、数字化设计、智能化设计的产生与发展。广义的 CAD 技术已发展成一项集计算机图形学、数据库、网络通信等计算机及其他领域知识于一体的综合性高新技术，是先进制造技术的重要组成部分。CAD 技术对工业生产、工程设计、机械制造、科学研究等诸多领域的技术进步和快速发展产生了巨大影响，已成为工厂、企业和科研部门提高技术创新能力、加快产品开发速度、促进自身快速发展的一项必不可少的关键技术。

1.4 基于三维模型的资源重用与产品重构

目前，产品设计过程中三维模型已逐渐取代二维图纸成为技术交流与信息传递的媒介。三维模型可为产品提供更丰富的展示空间，使产品抽象的空间信息直观化和可视化；同时，基于特征创建的三维模型具有嵌入式参数化和关联能力，通过对模型主要参数的修改可实现零件、部件乃至整个产品尺寸结构的快速修改，易于系列化设计的实现。

三维模型的特点使其具有重复使用的可能，即具有资源的属性，现代三维设计软件良好的二次开发接口功能也为这种可能提供了技术支持。

1.4.1 模型重用技术

1)模型重用的定义

关于模型重用的概念，目前还没有一个统一、标准而又全面的描述。根据其应用目的不同，国内外学者从不同角度给出了关于模型重用的定义，较为典型的有：模型重用是对已有代码、函数、组件和完整模型通过软件分析判断后实现的重复利用；模型重用是通过对已有的模型进行重复使用或在已有模型的基础上做进一步开发，以适应新环境的要求；模型重用是将仿真模型进行重复使用，避免模型的重复构建，通过对成熟模型的重用降低仿真开发成本，提高仿真水平和质量。综合上述定义，模型重用是将已有成熟的模型资源直接进行重复使用，或通过对其进行适当调整以满足当前的需求，其目的是通过对模型的再利用快速获得满足需求的结果，提高产品设计效率和质量。

可重用度用于评价模型资源可被重复使用的能力，是对零部件模型在不同环境下重复使用能力的度量。模型资源在重用前，需要对模型的可重用性进行判断，根据当前的需求判定已有模型满足需求的程度，模型可重用的判定标准和可重用度是模型重用准确与否的关键。

2)模型的组织

模型的标准化、规范化及组织结构的层次化是实现模型资源重用的前提。模型资源的建设可以从基础的标准件库和行业通用件库开始，随着模型资源的数量与种类的不断增加，逐渐多样化模型库的构建形式，并加强与软件工程和数据库技术的结合；建议将模型所具有的属性和量值进行提取，用模型实体加属性信息的形式表达设计实例，并将模型实体与属性信息用不同但关联的形式进行存储，通过对实例属性匹配实现高效检索与模型资源的重用。

目前较为完善的模型库有 TraceParts、Inpart、Cadenas、3DSource、Cadenas Link 和 Strack Norma，它们分别提供标准件、行业通用件、模具专用件等模型资源。同时，基于三维软件二次开发的零件参数化设计和零件库构建方法、针对提高基于 Web 的零件库自主性和自助性的领域本体组织开放式零件库系统、同步 CAD/CAE 模型构建使模型可直接用于仿真分析等对模型库建设与模型组织的深入研究仍在继续。

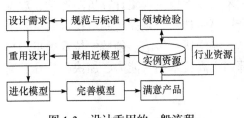

图 1-3 设计重用的一般流程

3)设计重用流程与方法

设计重用的一般流程如图 1-3 所示，该流程为一分支循环过程。

设计重用时，设计人员运用自身掌握的专业知识与经验，分解用户需求为设计需求，通过对自有实例资源及行业资源的检索获取与设计需求最为相似的已有设计，然后对获取的已有设计进行修改完善，最终得到满足用户需求的新设计模型，循环过程中通过引入行业规范与标准检验环节保证检索与模型推荐的专业性。设计完成后，对新产品模型进行再学习，提取信息并处理后按规则转换为新的重用设计资源，实现资源的不断扩充，以及重用系统的自我升级。并不是所有的产品设计重用都必须具有上述流程中的所有环节，针对不同设计装备领域与具体对象，设计重用过程也有所不同。

设计重用方法方面，针对不同的目标与重点，现行方法多样，各具特点与优势，如基于结构与功能模块划分的自适应通用结构产品族建模方法、基于实例（范例）推理（case-based reasoning，CBR）的产品设计重用、针对装配体模型进行模糊与精确检索相结合的柔性装配检索方法、基于计算机辅助集成制造方法（integrated computer-aided manufacturing definition/ICAM definition method，IDEF）的设计知识重用、基于规则推理（rule-based reasoning，RBR）和基于实例推理综合运用实现产品模型资源的重用、面向设计重用的三维模型局部结构检索方法、基于模拟退火的三维模型典型结构挖掘与相似性评价等。按设计的原理与流程，归纳设计重用的主要方法及各自特点如表 1-1 所示。

表 1-1 机械产品设计重用方法

方法	特点
基于结构模块	通过对产品进行模块划分，实现设计各阶段零部件功能、结构和特征的重用；仅可对已有特征做简单修改，适用于较低层次的设计重用
基于本体方法	计算基于本体的概念语义相似度和相关度等实现产品设计重用，支持对设计意图等认知过程知识的提取、检索与重用；需要大量领域词汇，且需要对其相互关系进行精确的描述，系统开发成本高，当前仍处于试验研究阶段
基于规则推理	将设计知识进行提取并建立系统的规则体系，通过一组前提必可得到一组结论；当有新规则加入且与已有规则冲突时，不便于进行修改，不适用于规则难以或无法提取的产品设计
基于实例推理	利用目标案例的描述信息查询过去相似的已有案例，应用条件成熟，支持一定程度的重用创新，在一些大型企业得到应用，对于中小企业由于实例库的规模有限，限制了该方法的应用
基于知识模板	根据知识表示和设计模型，抽象出不同产品间的相似处，具有较高的灵活性和重用创新性，目前处于研究初期阶段
基于 IDEF 方法	含多种具体形式，针对系统功能过程和活动过程进行建模与分析，或通过对实体、属性、关系等定义对信息进行建模描述；对设计过程中模型的适应性修改和支持有限，导致设计模型的可重用性较低，对创新性重用支持不足
零部件重用检索	采用一定的检索算法，从模型库中获取与设计要求相似的模型，与基于模块的设计重用方法相似，适用范围有限
基于可拓学方法	采用可拓模型对设计知识、信息及事物关系进行表达，结合可拓聚类、推理、变换、评价等实现已有设计方案的重用与创新；该方法可实现模型各层次的适应性修改，创新性较好，但主要集中在理论研究，实际应用研究有待加强
基于生物学原理	模仿自然现象的一种全局寻优检索方法，匹配及修改支持性较好，处于理论研究阶段，是当前的研究热点之一

1.4.2 产品重构技术

1）可重构设计的内涵

重构是对被分解的产品结构进行优化和重组，经过对结构之后的产品进行分析，可以筛选出必要的部分和可以被删除或者替换的部分，是对现有产品的调整、改进，使产品在结构、功能等方面优化升级。

可重构设计是为解决产品的客户化定制与高效、可靠、低成本间矛盾而提出的一种新的设计和制造思想，通过对产品进行模块化重组，可快速响应市场需求。可重构设计根据市场需求的变化，通过重复利用、重新组态快速调整产品的结构、功能和加工工艺，缩短产品开发周期，实现以较低成本获取高质量的投资效益。产品的可重构性是指以经济有效的方式重复改变和重新排列系统组件的能力。可重构设计是使系统具有可重构性的一类设计方法，具体包括可重构产品的设计、可重构制造系统的设计和可重构软件系统的设计。

2）可重构设计活动域及过程

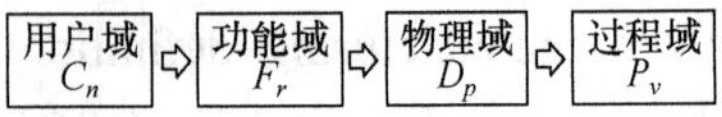

可重构设计活动域是从用户提出需求至满足用户定制化要求的产品重构设计活动过程的集合，可分为用户域（C_n）、功能域（F_r）、物理域（D_p）和过程域（P_v）四个部分，并构成连续映射过程，如图 1-4 所示。

用户域 C_n → 功能域 F_r → 物理域 D_p → 过程域 P_v

图 1-4　可重构设计活动域及其过程

（1）用户域：用户域即需求域，是用户对产品有关用途、性能、整体结构尺寸等方面的需求，以及企业对产品生产效率、成本等方面的要求。

（2）功能域：功能域是满足用户需求的产品功能和约束的集合。功能是对技术系统或产品所能完成任务的抽象描述，反映产品所具有的用途和特征，并以功能需求的形式提出设计目标及设计方案。

（3）物理域：物理域是实现功能需求物理结构的集合，用于描述产品的整个结构设计过程。为表达物理结构，在物理域中构造可变的设计参数，以实现产品需求的功能。

（4）过程域：过程域是描述产品的工艺制造过程和加工方法。为了生产由过程域所表达的产品，需要制定一组过程变量来描述过程。

映射过程的表达式为：$F_r = A \cdot D_p$，$D_p = B \cdot P_v$，其中，A 为功能域与物理域的映射关系矩阵；B 为过程域与物理域的映射关系矩阵。

3）可重构设计的分类与特点

根据技术层次由低到高的顺序，产品的重构设计可分为调整重构、更换重构、集成重构和创新重构 4 种类型，呈金字塔状结构，如图 1-5 所示。

根据可重构设计过程中所针对的目标要素，可重构设计可分为面向功能的可重构设计和面向结构的可重构设计两种类型。

图 1-5　重构层次金字塔

（1）面向功能的可重构设计是从功能的角度出发，对产品进行功能模块划分后，根据市场对产品功能的需求，对产品各部分进行重新排列组合，实现对产品功能的调整，以满足当前的需求。其特点在于以产品的功能需求为目标，通过产品重构增加产品功能或去除冗余的功能，从而获得具有可重构性且功能不同的系列产品。它适用于通过零部件重新配置即可使产品具有不同功能，或对性能进行调整的产品设计。

（2）面向结构的可重构设计研究通过对产品装配结构进行重组，以满足对产品外形尺寸、质量、成本等方面的要求。其特点是在产品功能不变的前提下，通过产品重构实现对产品的优化改进或作业能力的改变，从而获得可满足不同设计需求的产品。它适用于通过功能相同但材料、结构等不同的零部件配置，从而使产品具有不同的空间结构、工作方式、强度特性的产品设计。

1.5　数字化设计的运行条件及特征

1.5.1　产品生命周期管理

自 20 世纪 90 年代以来，产品管理的概念从主要管理产品的定义数据拓展到产品设计管理过程中的上下游全链数据。产品数据的概念逐渐扩展为包括产品需求、设计、加工、销售、供应、安装和维护等全面信息，这些信息构成了装备企业的核心数据。产品生命周期管理（product lifecycle management，PLM）的主要目的就是支持工作人员能够使用计算机系统在产品生命周期的各环节使用并处理这些数据，其体系架构如图 1-6 所示。

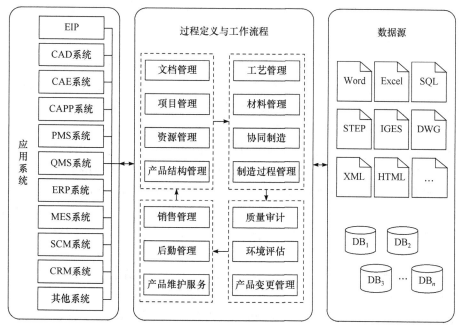

图 1-6 产品生命周期管理体系框架

PLM 是一种管理模式和信息系统，集成组织计算机辅助设计（CAD）、计算机辅助工程（computer aided engineering，CAE）、计算机辅助制造（computer aided manufacturing，CAM）、计算机辅助工艺（computer aided process planning，CAPP）、产品数据管理（product data management，PDM）、企业资源计划（enterprise resource planning，ERP）、制造执行系统（manufacturing execution system，MES）、软件配置管理（software configuration management，SCM）、客户关系管理（customer relationship management，CRM）等应用系统和企业资源。相关人员在产品生命周期管理系统的支持下，可以相互协同地进行产品设计、工艺规划、生产制造等活动，并对所产生的业务数据进行系统的管理。PLM 系统为产品的整个生命周期提供了高度集成的数据、过程和组织环境。

1.5.2 数字化设计的概念与内涵

数字化设计是以计算机技术为支撑，以数字化信息为手段，支持产品建模、分析、性能预测、优化以及生成设计文档的相关技术。虽然任何基于计算机图形学（computer graphics，CG）、支持产品设计的计算机硬件和软件系统都可以归为产品数字化设计的技术类别，但不可将数字化设计等同于计算机辅助设计。数字化设计是以 3D-CAD 为基础，结合产品设计过程的各项要求，形成的一整套解决方案，它以数字信息的形式贯穿于产品研发相关的全过程，并与数字化制造、数字化管理共同构成了现代制造业的研发平台。

数字化设计总体上包含结构设计与虚拟验证两大环节，其中结构设计环节有对应不同设计对象的高效功能化模块，如实体造型、钣金设计、曲面设计、工程制图，以及相应设计方法学，并可引入知识工程模板，加入经验公式、方案判断、防错机制等辅助功能。虚拟验证基于结构设计环节所完成的三维模型仿真进行设计审核与工程分析，验证并排除配合干涉、运动状态、组装拆卸、人机界面、结构强度与变形等方面的性能与问题，有效控制下游试制环节的大量返工和方案变更工作。同时，可将设计的可生产性、可维护性、可操作性等制造、工艺、生产、维护等问题提前到设计阶段，进一步提高研发的效率和水平。

1.5.3　数字化设计的技术特征

数字化设计强调计算机、数字化信息、网络技术和算法在产品开发中的相互结合和运用。数字化设计结合了先进的计算机自动化设计软件和数据管理技术，通过缩短产品开发周期的手段降低成本，并为长期生产效率的提高奠定基础，具有多种特征与优势。

1）统一且附载产品信息的数字模型

传统的产品设计方法中，同一产品在设计过程的每个阶段中具有多种定义模式，并且设计方法间是相互独立的。在设计的不同阶段对同一产品的重复定义使得最终产品的设计复杂性不断积累和扩展，增加了额外的协调和组织工作，这将导致最终产品的质量降低、研制成本增加和开发时间延迟。数字化设计技术摒弃了传统的产品重复定义模式，建立了从产品设计到制造的单一计算机化产品定义模型，涵盖了产品由方案论证到发布的整个设计制造及管理过程。

以数字化设计技术建立的产品模型，其零部件并非独立存在，它集成了零部件和装配体的全部可用信息，是一个全局化数字模型，这一模型可被不同设计环节的工程师调用。数字化设计技术可以跟踪查询极其复杂的零部件和大型装配体之间的内在关系，项目负责人可以随时通过系统跟踪查询信息，可以在早期的产品设计周期内快速准确地更改设计，而无须花费大量的协调时间。

2）面向产品生命周期

面向产品生命周期意味着从产品的策划、研发、制造到发布的集成，产品生命周期中各个环节的数字化信息都集中承载到模型可对应的数据库中，并相应地与各环节进行专门的管理和维护。统一且包含完整信息的模型有助于实现产品的设计兼容性分析（design compatibility analysis，DCA）、面向装配的设计（design for assembly，DFA）、面向制造的设计（design for manufacturing，DFM）、面向维修的设计（design for serviceability，DFS）等多项 DFX 集成，对于提高产品设计的效率和质量具有重要的意义。

3）支持协同与虚拟仿真

传统的产品研发采用的是一种串行的工作方式，整个产品开发过程是一个静态的、顺序的、互相分离的过程。数字化设计支持产品设计的协同与并行，设计工作可以由多个设计团队在不同的地域分头并行设计，协作完成虚拟装配，最终形成一个完整的数字化产品模型。同时，数字化设计允许产品设计在制造实物样机之前，即产品的实际生产之前，在计算机上完成设计验证。数字化模型不仅能够用于完成结构强度、制造工艺、经济成本、机构功能的分析与测试，还能够可视化地展示给用户，及时接受反馈。数字化设计在计算机上定义的完整抽象信息与形象模型，可以显著节省生产实物模型的花费，并可反复引用，设计缺陷可以被及时发现并解决，减少由设计问题引起的工程反复问题，以加快产品的发布。

4）可实现面向对象的产品研发

常规的设计方法是面向产品结构的设计，这种设计方法适应性较广，易于实现产品设计的多样性，但对设计人员的专业知识及综合素质具有较高的要求，专业性极强。借助现代高端 CAD 软件的二次开发的接口，可通过开发第三方软件将模型、信息等数字化资源与操作平台组织起来，联合运行，通过人机交互的方式进行产品设计。同时，结合模型参数化技术，将专业规则与标准固化于模型中，并对数字样机、工程结构分析等专门模型，预设运动机构及边界条件，提供融入专业知识与规范标准的模型资源，从而将面向结构的设计转化为面向对象的设计，大幅降低对研发人员的专业性要求，并有效提高产品开发的准确性与专业性。

　　基于 PLM 平台的数字化设计技术的应用和发展，促进了传统制造业的改革和升级。随着制造业信息化进程的加快，制造业的智力投入和服务意识日益增强。

1.6　智能化设计的共性关键技术与架构体系

　　在前述的计算机辅助技术、三维模型的资源重用与产品重构、基于 PLM 平台的数字化设计阶段，已不自觉地出现了一些智能化设计的特征与应用，但并未形成系统的理论与体系。智能化设计可以简单地理解为在数字化设计技术及其体系的基础上，模拟人的思维，以知识重用与推理为特征，有机组织与利用设计资源的集成化应用。

　　农机在机械装备中具有最多的种类，高达几千种形式，涉及农艺、环境等复杂因素，加之地域差异显著，导致农机设计和研发所需要的专业知识与实践经验极其庞杂，个体设计人员难以全面掌握，因此对以知识信息应用为特征的智能化设计需求更为迫切。

1.6.1　共性关键技术

　　智能化设计的共性关键技术包括两大类：一类是基础共性关键技术；另一类是特征共性关键技术。其中，基础共性关键技术有计算机辅助设计、参数化建模、数据库、模型库、虚拟仿真、PDM/PLM、专家系统、人机交互；特征共性关键技术有知识工程、多系统联合与多机制协同。

　　共性关键技术在智能设计理论的指导与组织下形成智能化的设计系统，其进展取决于人们对智能化设计过程的理解，以及在设计方法、设计程序和设计规律等方面适合于计算机处理的设计理论和技术模式研究的不断深入。

　　就特征技术而言，知识工程以知识信息处理为主，是支持智能系统开发的核心技术。知识工程除涉及常规的知识表示、存储、参数化与模型创建外，更为重要的是如何支持设计过程人工智能的实现，以及知识的再学习。当设计结果不能满足要求时，系统应该能够自动返回到相应的层次，重新组织并调动资源进行再设计，以完成局部或全局的优化任务。同时，采用归纳推理和类比推理等方法总结经验，获得并存储新知识，通过再学习实现功能的自我完善与知识库的自主扩充。多系统联合与多机制协同一般用于解决集成化体系中多种应用系统联合运行与多维推理机制协同运用等问题。复杂的设计过程一般可分解为若干环节，分别由专门的应用系统及综合的推理机制提供解决方案，各环节有机联合、信息与数据共享，并通过模糊评价和人工神经网络等方法有效解决多环节设计过程中多学科、多目标的决策与优化问题。

1.6.2　智能化设计系统架构

　　理想的智能化设计系统架构如图 1-7 所示，它具有开放特征与平台属性，各类设计资源流的运行由基于 PDM/PLM 的企业内部循环及基于互联网的行业循环两个层次组成。

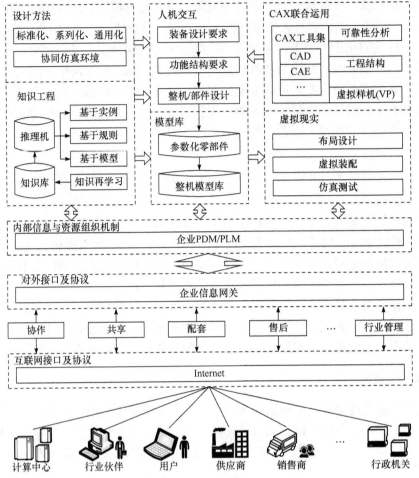

图 1-7　智能化设计系统架构

其中，内部循环以企业自身资源共享及再用为特征，基于 CAX 和 PDM/PLM 技术与平台，通过内部知识与资源管理体系，有效融合设计规范与专业经验，满足多样化、定制化的农机产品研发需求，按功能及技术区域分别设置知识工程、人机交互、模型库、CAX 集成、虚拟现实等结构单元及其子系统，并在结构单元及其子系统内部设置细化组织单元，如辅以系统维护、拓展、帮助等服务机制，形成有机的运行体系。

行业循环是在特定机制下的行业设计资源与专业知识有限、有偿共享，涵盖装备领域的行业伙伴、用户、供应商、销售商、社会资源的计算中心，以及行业管理的行政机关等所有相关方，是一种高层次的运行，也是智能化设计概念全内涵的体现与最大优势所在。

1.6.3　关键科学与技术问题

1) 农机智能化设计理论与方法

当前农机行业通过不同程度的数字化设计平台积累了一定的设计资源与专业知识，但由于缺乏成熟的理论与方法指导，以及系统化和模式化的利用体系，资源和知识继承与重用度不高，大多以复制下载及查询浏览的方式提供低级服务，无法实现设计过程与知识的有效融合，难以满足现代装备产品的设计需求。

建立一套以知识重用与推理为主要特征的农机装备智能化设计理论和方法，是农机智能化技术全面发展与实际应用的前提。同时，研究智能化设计系统架构体系方案的评价方法，包括响应指标的确定、评价因素的选择、因素权重的评估以及评价模型的优化，也是农机智能化设计能否取得预期效果的关键因素。通过系统的理论方法与科学的体系架构指导智能化设计系统开发，实现满足用户定制化、多样化需求，以知识工程、数据管理、人工智能、虚拟仿真等现代信息技术为手段，整合机械装备全生命周期管理过程中上下游相关节点资源，集成 PDM/PLM 协同设计平台，实现协同、高效、精准的设计过程。

2）模型资源的三化组织

规范化的模型及系统的标识是模型程序化识别、产品虚拟组装，以及模型资源化与资源库资源有效调用的前提条件。农机类型繁多，工作零部件更是数不胜数，规格不一，导致在模型资源的组织上存在很多困难，在设计和使用阶段需要投入大量管理与识别精力。结合目前我国高端农机装备处于小批量生产模式的现状，难以在控制成本且提高产品质量的同时满足定制化、多样化的产品设计需求。

标准化、系列化、通用化的三化设计及对应的模型资源配置，配合统一的标识方法，使模型真正的资源化，方可有效减轻设计工作量，大幅提高设计质量、缩短生产周期，并且便于零部件的大批量生产、维修更换和产品整体质量保证，综合控制企业成本且提高用户满意度。

3）多学科动态协同仿真和验证

农机部件工作条件复杂且面对的作物对象具有非线性强、时空变异性极大的材料力学特性，现有仿真软件难以描述其相互作用过程和确定有效边界条件，使得仿真验证结果与实际结果吻合难度大。同时，农机关键部件仿真验证涉及多个学科，目前通用仿真软件无法实现在动力学计算、控制仿真、流体系统分析等多个仿真过程中的协同工作，需要建立复杂条件下功能部件与作物相互作用的多体动力学模型，解决基于通用仿真软件的多学科动态协同仿真技术和虚拟验证问题。

4）多元知识的组织与再学习

由农机装备的特点所决定，即使同一类装备仍受应用地域、作业环境、作物品种、种植模式，以及生产的组织与管理方式、设计与制造水平、使用与维护技术能力等多种因素的制约，涉及需求、功能、结构、制造与装配等多个环节，其数据总量庞大、增长快速、种类多样，并且因素多变、组合方式多样。目前在设计知识的获取、归纳、分类、表达、推理及推送等方面还没有很好的解决方案，如何快速准确地获取整机及关键零部件设计信息和知识，进行归纳与分类，进而构建合适的设计知识表示模型和应用模式，有效建立农机装备设计知识库，实现智能化的知识服务等问题亟待解决。

另外，装备的发展必须配合不断发展的农艺技术，系统运行期间能够快速准确地补充获取关键零部件与整机设计信息和知识，与原有知识库有机融合，保持知识库的时效性极为重要。其中，作为开放式的架构体系，再学习知识的科学评判，是新知识相对于已有知识而采用替换、补充或修正的关键，同时影响基于知识推理的信息流及信息处理方式，是智能化设计系统中开放运行、自我更新的技术保障。

5）多源异构数据的组织及传递

农机企业在产品设计以及上下游企业协同设计中应用多种专业设计软件，依据多种企业规范与行业标准，产生大量异构多源数据，农机产品本身又有个性化强、定制要求多、配置设计和变型设计频繁等特点，研发协同中存在数据一致性差、数据共享困难以及信息孤岛等突出问题，有待建立以物料清单(bill of material，BOM)为核心的多源数据管理模型，突破产品全生命周期中数据组织、传递与共享的瓶颈。

6)行业开放共享的机制和方法

农机企业现有的 PDM/PLM 以内部局域网架构为主，水平参差不齐，虽有部分高端平台，但实际上大多只用于文档调存和审批流程的简单管理，不能有效集成专业设计软件，尚未形成企业内部资源的有效共享。由于缺少基于供应链的多维度研发协同管控模型，体系结构不适应农机企业应用扩展的需求，难以支持产品全生命周期中供应链上下游各部门的横向协同和产品规划、总体设计、详细设计、试验验证、生产制造的纵向协同。更为突出的是，当前企业的 PDM/PLM 在行业内均以一种封闭的单元孤岛形式存在，除内部运行的一些问题外，几乎无对外的端口与相关机制，行业范围的资源共享与信息流动体系无法搭建。

先进设计是一个相对的概念，在不同的时代有其不同的特点与具体的方法，但构成先进设计的要素是不变的，一是当时的科学技术基础，二是针对性的设计理论，二者缺一不可。随着人们对先进设计发展规律认识的深入，以及科学技术的进步，先进设计的更新与升级呈现出不断加速的趋势。基于农业是人类发展基石的属性，各时期的先进设计方法与技术均优先应用于农机具的设计和制造，从最初设计概念的产生直至现代化的工业生产。设计方法与技术的进步对农机产品的研发起到了巨大的促进作用，先进设计对提高农机装备的研发效率和水平，以及增强装备企业的核心竞争力具有极其重要的战略意义。21 世纪以来，以 CAX 为基础的各种先进设计技术与方法互为基础、交叉递进，划代与分级界线不明显，但以数字化为主线的集成融合、联合架构，其智能化、自动化运行的特征显著。

智能化设计代表了当今时代的先进设计及发展趋势，是相关科学技术发展到一定阶段后，促成设计从数据资源密集型向知识信息密集型转化。智能化设计是人工智能在设计上的应用，以知识重用与推理、学科交叉与融合、平台开放与共享为典型特征，是设计资源有机组织与综合利用的最高级形式。目前农机智能化设计整体上处于理论研究和实际应用的探索与试验时期，距有效的实用性开发和推广尚有很大距离。有关智能化设计理论与方法、模型资源三化组织、动态协同仿真和验证、多元知识组织与再学习、异构数据的组织及传递、行业开放共享等诸多理论、技术以及机制等方面的问题有待解决。

鉴于中国整体科技水平的高速发展与先进技术的积累，已具备实现农机智能化设计的各项条件，应将农机智能化设计提升至国家高技术发展的战略层面，通过系统的规划与顶层设计，协调并融合高校、科研院所、企业等相关单位，以合理的机制打通各部门设计资源与信息的孤岛壁垒，实现行业资源的有偿、适度、分类共享，顺畅企业内部循环及基于互联网的行业循环。充分融合现代信息技术的最新发展，引入云计算、大数据等信息领域的前沿技术，强化知识调动及优化设计资源的效率与效果，改变中国农机装备研发水平低下、国际竞争力不足的局面。鉴于农机类型与技术的庞杂性，农机智能化设计平台解决了农机的智能化设计问题，可为其他装备的智能化设计发展提供良好的实施方案与技术模板，全面提升整个机械装备行业的研发水平与核心竞争力，助力中国早日跻身世界制造强国之列。

第2章 装备谱系划分及拓扑图构建

2.1 概　　述

随着三维技术的发展与推广，三维软件已发展了很多零件库、标准件库及行业通用件库，但这些库仅实现了资源的简单集合与模型的原始积累，而随着三维模型数据规模日益增大，模型资源组织管理与高效检索成为亟待解决的问题。因此，提出装备谱系与谱系拓扑图的概念，以期为提高数字化资源库模型组织与检索重用提供一个高效的模式。

谱系，本意是有关遗传学用于表述和记载有世族源流关系的家族系统，而现在很多非遗传学的其他领域也开始使用谱系的概念，其中对于装备谱系研究多数为对产品结构方案理论的分析，而对于农业机械设计制造的应用还处于起步阶段，尤其对复杂机械装备系统的零部件深入的分类与规划少有研究，难以规范化、标准化管理零部件模型，导致信息数据的可用性与易用性较差。

装备谱系是指装备零部件按照组成与类型进行逐层分解，形成具有单一继承关系标识装备构成的树状拓扑结构。谱系拓扑图是表示零部件所属谱系结构树的结构示意图。装备谱系系统全面地展示了零部件间位置关系和层次设置。具有完整性及可程序转化性的装备谱系拓扑图，能为数字化资源库模型资源目录的制定提供一个规范且架构清晰的基础，支持扩展的物元化方式组织与标识模型资源，实现模型资源的科学存储与高效管理，同时为应用系统快速、有效地进行信息和数据的高效检索与资源调用提供必要的基础。

本章以播种装备为例讲解装备谱系划分及拓扑图构建。

2.2　装备对象分析与谱系层次设置

2.2.1　播种装备分类

播种装备种类繁多、数据多样，不仅具备一般机械设计的特点，还有其特定的要求，需要综合考虑作业环境、作物种类、种植模式，涉及整机与零部件间设计需求、功能、结构等诸多因素。依据不同的分类标准，播种装备可分为多种类型，表 2-1 为播种装备的一般分类标准。

表 2-1　播种装备的一般分类标准

分类标准	播种机类型
按播种方法	条播机
	撒播机
	点(穴)播机
按联合作业	施肥播种机
	旋耕播种机 铺膜播种机
	播种中耕播种机

分类标准	播种机类型
按排种器类型	机械式播种机
	气力式播种机
按牵引动力	畜力播种机
	机引播种机
按耕作方式	垄作播种机
	平作播种机
	台作播种机

2.2.2　播种装备组成

目前，国内外播种装备多采用精密播种方式。一般的精密播种机主要由机架、播种装置、施肥装置、覆土镇压装置、仿形装置及辅助装置等组成。图 2-1 为一种播种装备的总体结构简图。

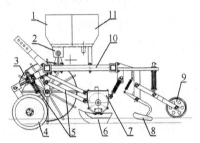

图 2-1　一种播种装备的总体结构简图
1. 肥箱；2. 排肥器；3. 地轮；4. 施肥开沟器；
5. 仿形装置；6. 种沟开沟器；7. 排种器；
8. 覆土器；9. 镇压轮；10. 机架纵梁；11. 种箱

为充分理解谱系内零部件的种类，便于对装备结构层次及拓扑关系的认识，以下较详细地介绍播种装备的组成、分类及特点。

1）机架

机架主要用于支承整机和安装在其上的各种工作部件。根据承载形式不同，机架可分为整体式、分体式和折叠式。

2）播种装置

为提高作业效率、减少机器进地次数和减轻土壤压实，机具采用复式作业方式，其播种装置主要由种沟开沟器、排种器和种箱等零部件组成。

开沟器的功用主要是在播种机工作时，开出种沟，引导种子进入沟内，并使湿土覆盖种子和肥料。根据所播作物的播种要求，以及地区气候和土壤条件的不同，播种机应采用相应的开沟器。开沟器分类及特点如表 2-2 所示。

表 2-2　开沟器分类及特点

分类		特点
开沟器	锄铲式	依靠自重、附加重量和播种机前进时的牵引力，有自行入土趋势，直至与土壤阻力相平衡，其优点是结构简单、轻便、容易制造和保养，耗金属量较少；目前仍用于谷物播种机上
	宽幅翼铲式	由翼铲、筒身和反射板组成；工作时有抛土现象，阻力较大，易粘土；要求其整地质量好。该开沟器限用于要求宽苗幅的通用播种机上
	船形铲式	依靠开沟器重量和外加重力的作用，压成沟形；沟形平整，V 形沟壁整齐；因其结构简单，适于浅播和窄行播、带播；主要用于蔬菜、甜菜和豆类的播种机上
	芯铧式	工作时，前棱和两侧对称的曲面使土壤沿曲面上升，并将残茬、表层干土块、杂草向两侧抛出翻倒，使下层湿土上翻，不利保墒，开沟阻力较大，不适于高速播种；优点是结构简单，入土性能较好，对播前整地要求不高，而且沟底较平，主要用于东北垄作地区宽苗幅播种的中耕作物播种中耕通用机上

续表

分类		特点
开沟器	靴鞋式	开沟时将表土向下及向两侧挤压使种沟紧压，不会使湿土翻出，利于保墒；在土环境湿度过大时，其前胸与侧翼均易粘土，对播前整地要求较高；其结构简单、轻便、制造容易，适用于浅播，故仍用于牧草、蔬菜和谷物的播种机上
	滑刀式	入土部分为一较长的滑刀向下压切土壤，比靴鞋式容易入土；开沟时将表土向两侧推挤的同时，向下挤压而形成种沟；长滑刀式开沟器用于播种大粒种子，短滑刀式开沟器用于播种小粒种子或浅播作物。目前国内外许多中耕作物播种机上均采用这种开沟器
	双圆盘式	工作时，靠自重及附加弹簧压力入土。两圆盘滚动前进将土切开和推向两侧，形成种沟。开沟过程中，不易粘土、堵塞，上下土层相混现象较少，其结构较复杂，重量较大，所开沟底不平，不适于浅播作物。目前这种开沟器较广泛地用于谷物播种机上，也用于中耕作物精密播种机上，是一种适应性较好的通用型开沟器
	单圆盘式	工作时，圆盘滚动将土壤切出椭圆形沟底(沟宽 20~30mm)，种子由凸面顺圆盘落入种沟内。由于开沟时土壤沿圆盘凹面升起后抛向一侧，部分湿土被掀起，干湿土相混，容易跑墒，不适于干旱地区使用。单圆盘式开沟器的结构比双圆盘式开沟器简单，入土性能较好，对整地要求不高，主要用于谷物播种机上

常见的谷物条播机的排种器有外槽轮式、内槽轮式、滚齿式、摆杆式、纹盘式、离心式等，其分类和特点如表 2-3 所示。

表 2-3　谷物条播机排种器的分类与特点

分类		特点
谷物条播机排种器	外槽轮式	结构简单，容易制造，国内外已标准化。对大、小粒种子有较好的适应性，广泛用于谷物条播机上，也可用于颗粒化肥、固体杀虫剂、除莠剂的排施
	内槽轮式	主要靠内槽和摩擦力抬起种子，靠重力实现连续排种，其排种均匀性比外槽轮式好，但易受振动等外界因素影响，适于播麦类、谷子、高粱、牧草等小粒种子，主要靠改变转速来调节播量，传动机构复杂
	滚齿式	主要靠轮齿对种子的正压力和摩擦力来排种，工作长度固定，通过改变转速来调节播量，因而需要有几十个速比的变速机构，更换不同的滚齿轮可播大、中、小粒种子，也可用于排施化肥
	摆杆式	根据耧的原理改进而成，结构简单，容易制造。对小麦、谷子、高粱、玉米等种子的适应性较好，排种均匀性较好，但播量调节较困难，排种口大小对播量影响较大
	纹盘式	既可作为单独的条播排种器，又可与水平圆盘排种器组成通用排种器，用于中、小粒种子的条播，对流动性较好的种子，其排种均匀性较好
	离心式	一个排种器可排十多行，通用性好，大小粒种子都能播，也可用于种子、化肥混播，播量的调节主要靠改变进种口的大小，也可改变排种锥筒的转速来调节

通常中耕作物如玉米、甜菜、高粱、棉花等采用精密播种，目前小麦等作物也逐渐推行精密播种。精密播种可以节省大量种子和间苗劳力，而且可使幼苗分布均匀，达到苗齐、壮、匀，有利于增产稳产。达到精密播种的关键是排种器。精密播种排种器的分类及特点见表 2-4。

表 2-4　精密播种排种器的分类及特点

分类		特点
精密播种排种器	水平圆盘式	可根据所播作物、种子尺寸、播量和株(穴)距来选用该排种器；主要用于精密播种玉米、高粱等种子的播种机上；作业速度一般不大于 6km/h，否则排种质量显著恶化
	倾斜圆盘式	可通过传动比的调节来改变株距大小。该排种器主要用于点(穴)播玉米、甜菜、蔬菜、花生等种子，其适用的作业速度较低，一般不超过 6km/h 时，其排种性能尚好

分类		特点
精密播种排种器	倾斜勺式	种子在自身重力下滑落。通过更换排种勺盘可精播玉米、豆类、甜菜、棉花、花生、向日葵等作物,可通过改变传动比调节株距;结构较简单,不易伤种,对种子形状、尺寸要求不高,在作业速度不大于 8km/h 时,排种性能尚可
	窝眼轮式	窝眼轮上的型孔大小可根据所播作物种子形状、大小、每穴要求粒数设计,以满足多种作物的点播、穴播或条播。它具有结构简单、投种高度低、通用性较好的优点。但是型孔对种子外形尺寸要求较高,种子需清选分级,大多用于播种玉米、高粱、球化甜菜等中耕作物播种机上;组合式排种轮还可条播谷子
	指夹式	排种过程分夹种、清种、推种和导种四部分。工作可靠,重量较轻,拆装较方便;但结构复杂,排种底座需定期更换,使用成本较高,主要用于精密点播玉米,播种大豆等其他作物时,需换用内槽轮排种器,通用性差
	带式	结构比较简单,损伤种子较少,但型孔对种子形状、尺寸要求较高。该排种器主要用于播种蔬菜、甜菜等小粒种子,更换排种带后可播种玉米,通用性较广,在作业速度不大于 5km/h 条件下,排种性能良好;作业速度超过 6km/h 时,排种性能显著下降
	气吸式	排种盘吸孔直径根据作物种子尺寸确定,可以单粒点播、穴播和条播;优点是能适应不同作物种子,对种子尺寸要求不严,损伤率小,能适应较高速度的播种作业,但需配置风机,消耗功率多,而且制造和使用要求较高;主要用于玉米、甜菜、棉花等中耕作物的精密播种机上
	气压式	采用集中排种。改变风机转速以调节风压来满足不同种子所需的压附力;通过改变排种滚筒转速来调节株距;更换带有不同型孔大小和孔数的排种滚筒,可以精密点播玉米、甜菜、高粱和向日葵等作物,在作业速度不大于 8km/h 时,其排种性能良好
	气吹式	与窝眼轮式排种器相比,除种子自重充填入型孔外,还有气流辅助力,并且型孔较大,因此充填性能较好,对种子形状尺寸要求也不高;利用气嘴吹出的气流将多余种子吹掉,达到单粒精播;在较高作业速度(8km/h)下,排种性能较好,不损伤种子。通过更换不同型孔的排种轮和调节吹气压力,可以精密播种玉米、脱绒棉籽、球化甜菜和菜籽等,改变排种轮转速可调节株距
	内充型孔轮式	与传统的型孔轮相比,其型孔的种子充填性能大大改善。内充型孔式排种器的作业速度可达 7km/h,其排种性能良好。型孔尺寸根据种子形状、大小设计,可以单粒播种和穴播玉米、甜菜和豆类等多种作物
	垂直转勺式	更换不同型号的勺匙(其形状为不同直径的圆形、椭圆形、橄榄形)可以播种蔬菜、豆类、甜菜、玉米等。勺匙的容积与种子大小决定了每勺匙内种子数,可单粒点播、穴播和条播。该排种器在运转中不损伤种子,无清种装置,调节传动比可改变株距或每米粒数;作业速度较低,最大速度不能超过 4.5km/h

输种管主要是将排种器排出的种子导入开沟器,使种子能顺利地落到种沟内。它对排种的均匀性有较大影响。因此,对输种管的要求是:保证种子能自由流动,不致使排种均匀性降低。管内应有足够的断面积,管壁应光滑畅通无阻;要能适应开沟器的升降和调节。输种管铰接于排种器上,要能在各个方向摆动,不致影响种子的通过;要有一定的伸缩量、弹性和奇曲度,并耐腐蚀;应保持一定的圆度,不变瘪;结构简单,易于制造和维修。输种管的分类及特点见表 2-5。

3)施肥装置

施肥装置主要包括肥箱、排肥器、输肥管等。

播种和中耕追肥机上的排肥器,主要用于排施粒状化肥和粉状化肥、粒状复合化肥以及农场自制颗粒肥料等。排肥器的分类及特点见表 2-6。

4)覆土镇压装置

覆土镇压装置主要包括覆土器、镇压轮、压种轮等。

表 2-5 输种管的分类及特点

分类		特点
输种管	金属管	金属管有卷片管、卷丝管、套筒管、漏斗管和蛇皮管等。卷片管由冷轧钢带冷辗卷绕而成，较广泛地用于谷物播种机上。其特点是能伸缩弯曲，比较灵活，输种较可靠，久用后会出现局部伸长和变形，产生缝隙影响工作质量，制造较复杂，成本较高，损坏后不易修复
	橡胶管	橡胶管有硬橡胶管、橡胶波纹管和螺旋橡胶管。橡胶波纹管由软橡胶制成，具有重量轻、弹性好、伸缩性大、能承受大的弯曲、耐腐蚀等特点，是一种较好的输种管，但其制造成本较高
	塑料管	塑料管有波形塑料管、螺旋骨架塑料管、钢丝骨架塑料管和直筒塑料管。螺旋骨架塑料管是以1mm的钢丝或尼龙丝作骨架缠敷塑料薄膜，并加热压制而成，具有结构简单、重量轻、弯曲灵活、耐腐蚀、管内壁光滑等特点，但在-30℃以下时塑料管变硬脆，易产生裂缝

表 2-6 排肥器的分类及特点

分类		特点
排肥器	外槽轮式	结构较简单，适于排施流动性好的松散化肥和粒状复合化肥，对吸湿性强的粉状化肥易黏结槽轮，引起架空、堵塞，广泛用于谷物条播机和中耕作物播种机上
	滚轮式	对流动性差、吸湿性大的粉状化肥不适用，易发生架空、堵塞等，主要靠调节滚轮转速来调节排量，传动调速机构较复杂，主要用于谷物条播机上
	振动式	施肥量适应范围较大，结构较简单，但工作阻力大，密封件的可靠性较差，主要用于中耕作物播种机和中耕追肥机上
	刮刀转盘式	结构较复杂，工作阻力较大，能排施干燥松散的化肥，性能较好，但不适于排吸湿性的化肥，容易发生架空、断条，主要用于中耕作物播种机和中耕追肥机上
	螺旋输送式	结构较简单，能排施干燥的粒状化肥和粉状化肥，不适于排施吸湿性强的化肥，多用于中耕作物播种机和播种中耕通用机上
	搅拨轮式	排施含水量较大、易潮解的碳酸氢铵等肥料，排肥稳定性、均匀性良好；缺点是清肥不便，主要用于中耕追肥机和一部分播种机上
	水平星轮式	结构较复杂，工作阻力较大，适用于干燥粒状化肥和粉状化肥的排施，对吸湿性强的化肥易发生架空和堵塞，排肥星轮易被化肥黏结，主要用于谷物条播机上
	摆拨式	能排施流动性好的干燥化肥，也能排施易潮解的粉状化肥，通用性较好，排肥能力强，结构较复杂，其肥量调节凸板上容易黏结肥料，必须及时清除，主要用于中耕作物播种机和播种中耕通用机上
	交错斜齿滚轮式	结构简单，工作阻力小，能排施松散的化肥和干燥粒状复合化肥；由于斜齿内易黏结化肥，并易架空、堵塞，不适于排施吸湿性强的化肥，主要用于谷物条播机和中耕作物播种机上
	垂直星轮式	结构简单，工作阻力小，能排施松散的化肥和干燥粒状复合化肥，不适于排施吸湿性强的化肥，主要用于谷物条播机上

种子落入沟底后，开沟器将一层较浅的回土覆盖种子，尚需用覆土器进行覆土，使其达到一定的覆盖深度。对覆土器的要求是先覆以细湿土，而且覆土均匀，不影响种子的分布均匀性。覆土器的分类及特点见表2-7。

播种同时镇压可使种子与土壤紧密接触，有利于种子的发芽和生长；可减少土壤中的大孔隙，减少水分蒸发，以使土壤保墒；可加强土壤毛细管作用，使水分沿毛细管上升，起到调水和保墒的作用；春播镇压还可适当提高地温。因此，播种同时镇压对干旱地区的播种是非常必要的。播种同时镇压主要是在苗幅内的镇压，而行间土壤仍保持疏松，因此通气性好，有利于吸纳雨水。镇压轮对土壤的压力主要根据土壤性质、水分密度和作物的要求而定，一般为30～50kPa。镇压轮的压力大小取决于镇压轮本身重量和作用在它上面的附加重量(播种机部分重量的转移和辅助弹簧作用力等)，一个良好的镇压轮必须转动灵活，不粘土，不壅土，镇压力可以适当调整，镇压后地表不产生鳞片状裂纹。

镇压轮的分类及特点见表2-8。

表2-7　覆土器的分类及特点

分类		特点
覆土器	谷物条播机上的覆土器	谷物条播机上常用的覆土器有拖环式、拖杆式、弹簧钢丝式和旋转轮爪式。弹簧钢丝式覆土器用于整地较好的轻质沙漠土，钢丝起到碎土和覆土作用，遇到土块时，弹簧钢丝能弹起让过，但不适于在杂草和残茬多的条件下使用
覆土器	中耕作物播种机上的覆土器	中耕作物播种机上常用的覆土器有刮板式和铲式。刮板式覆土器的覆土能力强，刮板角度可以调节，常和芯铧式开沟器配合使用

表2-8　镇压轮的分类及特点

分类		特点
镇压轮	圆柱镇压轮	由薄钢板制成，有光面圆柱形和网面圆柱形两种，其镇压轮面较宽、压力分布均匀，适用于蔬菜播种和宽苗幅垄播的播种机
	凹面和凸面镇压轮	靠本身重量或在其空腔内灌入适量的沙土产生镇压力；凹面轮对种子上层土壤没有两侧的土壤被压得紧实，有利于种子幼芽出土，适于棉花、豆类及其他双子叶作物的播种镇压；凸面轮则对种子上部土层镇压紧密，适用于谷子、玉米、小麦等单子叶作物的镇压
	圆锥复合镇压轮	由两个钢板冲制成的锥形轮组合而成，可根据需要改变两锥形轮间距，成为宽窄不同的圆锥复合轮，其镇压力可由附加弹簧调节
	胶圈镇压轮	湿土与胶圈的附着力较小，稍有振动，黏土很容易脱落。该镇压轮结构较复杂，镇压效果较好，大多用于垄作播种机上
	宽型橡胶镇压轮	在其滚动镇压土壤时，橡胶轮变形与复原相互交替反复，粘土少，脱土容易，镇压质量好，压后地表产生鳞片状裂纹较少，表面花纹可增加镇压轮的附着力，现多用于中耕作物精密播种机上作镇压轮，以及单组播种中兼作驱动排种器或撒施农药的工作部件
	窄型橡胶镇压轮	用于谷物条播机上播后镇压。它有两种连接方式，一种是在传统的谷物条播机脚踏板下后方，对着开沟器的部位，安装带弹簧板的窄型橡胶镇压轮；另一种是压轮式谷物播种机上作镇压和支承播种机重，并驱动排种、排肥部件工作之用

为满足平原灌溉地区播种同时筑埂的要求，可在谷物播种机上设置筑埂器。筑埂器的分类及特点见表2-9。

表2-9　筑埂器的分类及特点

分类		特点
筑埂器	人字形	机组每次行程筑成两个半埂，返行程时与上行程的半埂合垄，形成整埂。工作时，土壤沿两边刮板面流动，工作阻力小，畦面刮得较平，但因要往复行程合垄才能筑整埂，畦埂较松散，其质量直接受机手操作技术的影响
	倒八字形	机组每次行程即筑成一个整埂。土壤由两边沿刮板面向中间流动，在筑埂器的出口挤压一次成埂，埂形较坚实。筑埂器工作阻力较大，而且由于机组每一行程在埂的两边刮出半个畦面，畦面不易刮平

5）仿形装置

仿形装置可使播种机的开沟器能随地形变化而始终保持一定的工作深度，并开出深浅一致的种沟，以保持种子播深一致。因此，对仿形装置的要求是：能满足所要求的仿形范围，并要有一定的限位机构；工作可靠，仿形性能稳定，沟底平整，开沟深浅一致；杆件紧凑，有足够的强度和刚度。仿形装置的分类及特点见表 2-10。

表 2-10 仿形装置的分类及特点

分类		特点
仿形装置	整体仿形	播种机整机随地形起伏，能够使上下仿形
	单组仿形	每一播种单组铰接在机架上，达到单组仿形目的，单组件上的其他工作部件如覆土器、镇压轮等可以相对于单组分别进行仿形

6）辅助装置

辅助装置包括为保证交接行行距准确而设有的机械式或液压式划印器及用于气力式精密播种机上的风机、风管及传动系统等部件。

2.2.3 谱系层次设置

播种装备包含很多部件及零件，其结构相互关联，综合形成一个复杂的体系。为清晰表达播种装备零部件的模型资源，同时要为模型实例的存储与多层次检索提供清晰的目录路径，需要对谱系进行基础性研究工作，而谱系层次划分是整个拓扑图构建的重要阶段，是实现播种装备有条理组织及后续层次化装配的基础。

按照资源库的层次化设计原则，结合播种装备设计领域知识和相关特征，采用自顶向下逐层分解的方法将播种装备结构划分成组，形成一定的谱系层次结构，如图 2-2 所示。谱系层次结构的特点是具有单一继承关系的树状结构，子节点继承父节点的所有特性，并且每一个子节点只有一个父节点。以播种机分类方式划分基础层次结构，采用与其基础层次结构相对应的框架式表示方法，将播种装备按照零部件结构组成与零件类型进行逐层分解，完成谱系层次结构的设置。

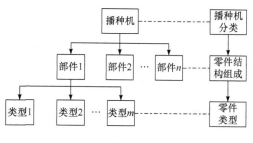

图 2-2 谱系层次结构

2.3 模块化分解与聚类分析

2.3.1 功能划分及模块化分解

播种装备零部件种类繁多，数量巨大，因此利用模块化分解方法对零部件进行模块分类，实现零部件模型资源的有效管理，模块化分解流程如图 2-3 所示，在播种装备功能划分的基础上，利用模糊聚类分析方法对零件进行单元聚合，结合播种装备实际应用中零件所属类别确定播种装备的模块分组，完成播种装备的模块化分解。

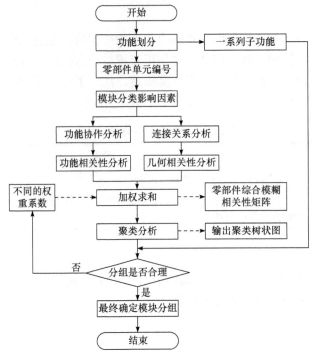

图 2-3　模块化分解流程

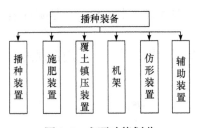

图 2-4　主要功能划分

经专家咨询与综合评价后给出播种装备模块分类三原则：一是各个模块应彼此独立且结构完整；二是模块间相关性较弱，而模块内各个单元间相关性较强；三是模块分解程度适中。

根据功能不同，对播种装备进行划分，初步划分为 6 种主要装置，分别为播种装置、施肥装置、覆土镇压装置、机架、仿形装置、辅助装置，如图 2-4 所示。

完成功能划分后，为了方便进行零部件单元的聚合归类计算，结合图 2-1 中零件结构标号顺序，将待聚合的各个零部件单元及必要的标准件进行编号，如表 2-11 所示。

表 2-11　零部件单元及标准件编号

编号	名称	编号	名称
1	肥箱	8	覆土器
2	排肥器	9	镇压轮
3	地轮	10	机架纵梁
4	施肥开沟器	11	种箱
5	仿形装置	12	传动件
6	种沟开沟器	13	连接紧固件
7	排种器	14	轴承

对于较为复杂的机构，影响模块分类的因素很多，模块分类的正确与否，除了依赖设计经验，还要有一定的理论依据。侧重不同情况会产生不同的分类结果，从功能设计角度，概括该产品应具备的各项功能，并按一定的原则将功能进行分解与合并，最终划分为一系列的功能模块；从结构几何设计角度，对产品进行结构几何上的分类，同时将功能模块的划分原则体现在结构中。

为了使模块分类结果更具有足够的正确性与通用性，将功能与结构相互结合、映射。具体操作是根据零部件间存在的功能相关性与几何相关性，通过加权求和方法计算并建立综合相关矩阵，然后使用聚类分析方法划分模块。而对于一些实际情况，很难用隶属函数解析表达式来刻画零部件间的相关程度，因此采用主观评定法请专家直接对零件间相关性及相关度进行评价。不同的功能与几何要求，可反映零部件之间具有不同的功能与几何相关性，从满足产品功能要求与装配几何关系的角度出发，对零部件间的辅助功能联系的相关性及连接工艺所体现的几何相关性进行分析。针对播种装备特点，以功能协作性能及连接可拆卸性为依据进行专家评价，得出功能与几何相关性及相关度定义如表 2-12 所示，其中相关数值的范围为[0, 1]，当相关数值定义为 0 时表示零部件间的无功能与几何关系，相关数值定义为 1 时表示零部件自身的相关度。

表 2-12 功能与几何相关性及相关度定义

相关数值	功能相关描述	几何相关描述
0.9	共同完成某功能，缺一不可	不可拆卸
0.6	辅助功能，协作关系强	难以拆分，连接紧密
0.3	辅助功能，协作关系弱	易拆分，可拆卸活动连接
0	无功能与几何关系，各自独立	不接触，不连接

2.3.2 模糊聚类计算

结合表 2-11 中的零部件单元编号进行模糊聚类计算，其中单元编号为 12、13、14 的零部件均为标准件零件，与其他零部件间的相关性均较弱。为简化相关性矩阵公式，省略零部件单元编号 12、13、14 的聚类计算，所得零部件功能相关性矩阵 M_F 为

$$M_F = \begin{bmatrix} 1 & 0.9 & 0 & 0.6 & 0 & 0 & 0 & 0 & 0 & 0.3 & 0 \\ 0.9 & 1 & 0 & 0.6 & 0 & 0 & 0 & 0 & 0 & 0.3 & 0 \\ 0 & 0 & 1 & 0 & 0 & 0 & 0.6 & 0 & 0 & 0.3 & 0 \\ 0.6 & 0.6 & 0 & 1 & 0.6 & 0 & 0 & 0 & 0 & 0 & 0 \\ 0 & 0 & 0 & 0.6 & 1 & 0.3 & 0.3 & 0.3 & 0.3 & 0 & 0 \\ 0 & 0 & 0 & 0 & 0.3 & 1 & 0.9 & 0 & 0 & 0 & 0.3 \\ 0 & 0 & 0.6 & 0 & 0.3 & 0.9 & 1 & 0 & 0 & 0 & 0.9 \\ 0 & 0 & 0 & 0 & 0.3 & 0 & 0 & 1 & 0.9 & 0.3 & 0 \\ 0 & 0 & 0 & 0 & 0.3 & 0 & 0 & 0.9 & 1 & 0.3 & 0 \\ 0.3 & 0.3 & 0.3 & 0 & 0 & 0 & 0 & 0.3 & 0.3 & 1 & 0.3 \\ 0 & 0 & 0 & 0 & 0 & 0.3 & 0.9 & 0.9 & 0 & 0 & 1 \end{bmatrix}$$

几何相关性矩阵 M_G 为

$$M_G=\begin{bmatrix} 1 & 0.3 & 0 & 0 & 0 & 0 & 0 & 0 & 0 & 0.3 & 0.3 \\ 0.3 & 1 & 0 & 0.3 & 0 & 0 & 0 & 0 & 0 & 0.3 & 0 \\ 0 & 0 & 1 & 0 & 0 & 0 & 0 & 0 & 0 & 0 & 0 \\ 0 & 0.3 & 0 & 1 & 0 & 0.3 & 0 & 0 & 0 & 0 & 0 \\ 0 & 0 & 0 & 0 & 1 & 0 & 0.3 & 0.3 & 0.3 & 0.3 & 0 \\ 0 & 0 & 0 & 0.3 & 0 & 1 & 0.6 & 0 & 0 & 0 & 0 \\ 0 & 0 & 0 & 0 & 0.3 & 0.6 & 1 & 0 & 0 & 0 & 0 \\ 0 & 0 & 0 & 0 & 0.3 & 0 & 0 & 1 & 0 & 0.3 & 0 \\ 0 & 0 & 0 & 0 & 0.3 & 0 & 0 & 0 & 1 & 0.3 & 0 \\ 0.3 & 0.3 & 0 & 0 & 0.3 & 0 & 0 & 0.3 & 0.3 & 1 & 0.3 \\ 0.3 & 0 & 0 & 0 & 0 & 0 & 0 & 0 & 0 & 0 & 1 \end{bmatrix}$$

计算功能相关性与几何相关性间的综合平均值为

$$M_R=M_F \cdot W_F + M_G \cdot W_G \tag{2-1}$$

式中，W_F 和 W_G 分别为功能相关性和几何相关性两个准则的权重，满足 $W_F+W_G=1$，设功能相关性和几何相关性在模块划分过程中的地位比重相同，因此取 $W_F=0.5$，$W_G=0.5$，代入式(2-1)进行计算，得到综合相关矩阵 M_R 为

$$M_R=\begin{bmatrix} 1 & 0.6 & 0 & 0.3 & 0 & 0 & 0 & 0 & 0 & 0.3 & 0.15 \\ 0.6 & 1 & 0 & 0.45 & 0 & 0 & 0 & 0 & 0 & 0.3 & 0 \\ 0 & 0 & 1 & 0 & 0 & 0 & 0.3 & 0 & 0 & 0.15 & 0 \\ 0.3 & 0.45 & 0 & 1 & 0.3 & 0.15 & 0 & 0 & 0 & 0 & 0 \\ 0 & 0 & 0 & 0.3 & 1 & 0.15 & 0.3 & 0.3 & 0.3 & 0.15 & 0 \\ 0 & 0 & 0 & 0.15 & 0.15 & 1 & 0.75 & 0 & 0 & 0 & 0.15 \\ 0 & 0 & 0.3 & 0 & 0.3 & 0.75 & 1 & 0 & 0 & 0 & 0.45 \\ 0 & 0 & 0 & 0 & 0 & 0 & 0 & 1 & 0.45 & 0.3 & 0 \\ 0 & 0 & 0 & 0 & 0.3 & 0 & 0 & 0.45 & 1 & 0.3 & 0 \\ 0.3 & 0.3 & 0.15 & 0 & 0.15 & 0 & 0 & 0.3 & 0.3 & 1 & 0.3 \\ 0.15 & 0 & 0 & 0 & 0 & 0.15 & 0.45 & 0 & 0 & 0.3 & 1 \end{bmatrix}$$

2.3.3 模块聚类

利用模糊聚类的最大树法对综合相关矩阵进行聚类分析，得到其模糊最大树如图 2-5 所示。

首先确定截割阈值 λ，然后根据阈值 λ 对最大树进行切割。分别比较阈值 λ 与最大树各零部件间的相关数值之间的大小，当阈值 λ 大于相关数值时，就将相关数值对应的边截断，剩余的且相互连通的零部件单元就构成了一类，以此类推可以计算得出多种模块分类方案。当 λ=0.75 时，可分为{6、7}、{1、2、3、4、5、8、9、10、11}两类；当 λ=0.6 时，可分为{1、2}、{6、7}、{3、4、5、8、9、10、11}三类；当 λ=0.45 时，可分为{1、2、4}、{3}、{5}、{6、7、11}、{8、9}、{10}六类；当 λ=0.3 时，零部件组合成为一类。根据阈值 λ 取值绘制出零部件单元的聚类树状图，如图 2-6 所示。不同的 λ 值对应不同的模块划分方案，但为保证模块分组的合理性，在播种装备模块分类三原则的基础上，结合播种装备的六个主要功能划分

结果，选择阈值 λ=0.45 的分类方案，即将零部件单元编号分为{1、2、4}、{6、7、11}、{8、9}、{3}、{5}、{10}六类。

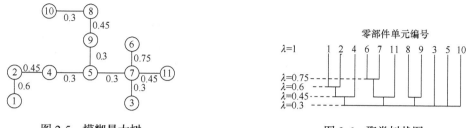

图 2-5 模糊最大树   图 2-6 聚类树状图

因此，在谱系层次结构的前提下，首先依据零件行业标准的实际要求，将播种装备零部件一级分解为专用件模块、通用件模块和标准件模块，此模块层次定义为类别模块，如图 2-7(a) 所示。其中，排种器为播种装备的核心关键零部件，需要对其进行专门研发与创新设计，因此将零部件编号为 7 的排种器零件作为一个单独的专用件模块；而标准件零部件与其他零部件间的相关性均较弱，因此将标准件零部件均归为一个单独的模块，作为标准件模块；剩余零部件均归类于通用件模块，通过对图 2-6 中阈值为 0.45 的模块分类结果进行综合分析与调整，并结合实际应用中的播种装备功能划分结果，将通用件模块进行二级分解，此模块层次定义为功能模块，主要包括施肥模块、播种开沟模块、覆土镇压模块、机架模块、仿形模块和辅助模块，如图 2-7(b) 所示。

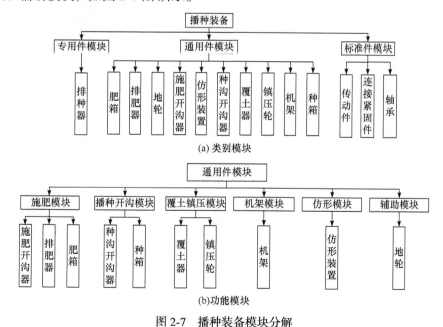

图 2-7 播种装备模块分解

2.4 拓扑图构建

根据最终模块分解结果，结合谱系层次进行归纳与整合构建出播种装备谱系拓扑图，如图 2-8 所示。播种装备谱系拓扑图以播种机分类方式为基本组成单元，具有与模块化分解相

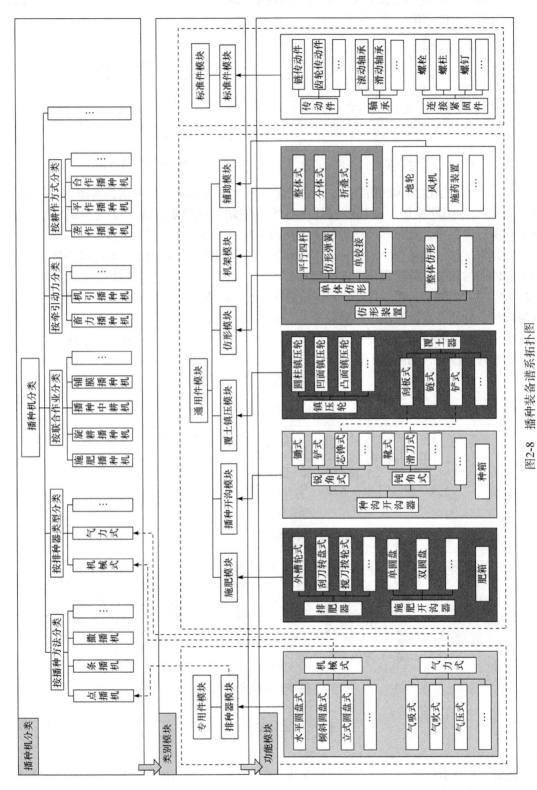

图2-8　播种装备谱系拓扑图

注：模块间颜色相同代表模块间具有较强的相关性，无颜色代表与其他模块间的相关性不明显。

对应的层次结构，具体分解为专用件模块、标准件模块和若干个功能模块，该谱系拓扑图不仅为模型的资源组织、索引与重复利用提供了路径支持，也为三维模型资源相关性较高的零部件间提供了优先匹配检索与可程序转换基础。

2.5　谱系语义与模型编码

2.5.1　作用与流程

在模型或系统不需要复杂的全息标识情况下，仅依靠谱系及拓谱图也可简单快速地进行编码，以支持模型的管理与检索，下面就该项技术与过程进行讲解。

为了使计算机能够准确地识别与理解模型信息，需要对模型进行语义标识。语义标识是检索技术中一个关键部分，直接影响检索结果。因此，提出谱系语义编码的概念，旨为实现模型存储信息的路径定位与结构属性的全面体现，并将其分为上层谱系与下层物元。通过谱系语义编码构建模型标签，将标识要素与模型的拓扑位置、基本尺寸、结构特征等有机联系，对零件模型特征信息进行完整而准确的表达，以求达到有利于模型的快速、准确检出与调用目的，使其具有良好的可用性与易用性，为用程序进行规范处理及识别奠定基础。因此，编码需满足完整性、普适性及特征性，同时在考虑全面性的基础上，做到编码尽可能短小精简。图 2-9 和图 2-10 分别为谱系语义编码的标识流程和标识规则。

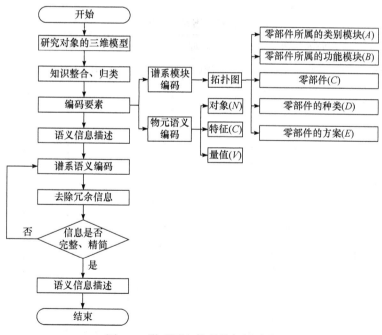

图 2-9　谱系语义编码的标识流程

2.5.2　谱系模块编码及标识规则

上层谱系主要用来表示零部件的谱系路径，是进行快速查询与调用的基础，用谱系模块编码表示，此处定义为根据拓扑图谱系路径实现零件定位与标识。谱系模块编码根据谱系拓扑图定义为类别模块编码、功能模块编码、零部件编码、零部件种类编码及零部件方案编码。

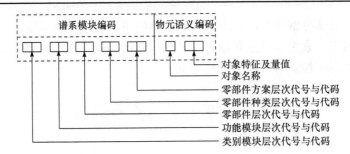

図 2-10　谱系语义编码的标识规则

谱系模块标识以有序的 5 元组：$R_1=(A, B, C, D, E)$ 来表达，其中，A 表示零部件所属的类别模块，B 表示零部件所属的功能模块，C 表示零部件，D 表示零部件的种类，E 表示零部件的方案。

　　谱系模块编码对零件谱系路径进行信息编码标识，旨为零件的提取进行信息路径支持。通过谱系模块编码的五个要素可以清晰地表达零部件所属的谱系模块地址，五个要素均具有单一性。其中，由于零部件种类繁多，限于篇幅，D、E 元组在此处省略。谱系模块编码标识如表 2-13 所示，相同模块不同数字表示不同子结构，以保证要素的单一性和可寻性，以便系统快速定位零部件的所属位置。就播种装备而言，核心零部件是排种器，因此以 2B-JP-FL 双腔立式圆盘复合机械式排种器为例，其主要由左右排种器壳体、复合排种盘、排种轴、轴承和护种板凳组成，谱系地址为 T1F1P1K1S1。

表 2-13　谱系模块编码

类别模块(A)		功能模块(B)		零部件(C)		种类(D)		方案(E)	
层次代号	代码	层次代号	代码	零部件代号	代码	种类代号	代码	方案代号	代码
T	1	F	1	P	1	K	—	S	—
	2		1		1				
	2		1		2				
	2		1		3				
	2		2		1				
	2		2		2				
	2		3		1				
	2		3		2				
	2		4		1				
	2		5		1				
	2		6		1				
	2		6		2				
	2		6		3				
	3		1		1				
	3		1		2				
	3		1		3				

注：由于零件种类及方案较多，限于篇幅，D、E 代码在此省略。

2.5.3　物元语义编码及标识规则

　　下层物元主要用来描述零部件的结构属性，不仅继承了上层谱系的分类特性，还可描述零件的几何、功能、设计需求等，用物元语义编码表示，此处定义为通过物元三要素对零部件属性信息特征进行表达与标识。物元语义编码通过一个有序的三元组 $R_2=(N, F, V)$ 来表示，其中 N 表示对象，F 表示对象的特征，V 表示对象 N 关于特征 F 的量值。

物元三要素的表达不仅可以实现零部件信息描述的标准性与完整性，还有利于模型调用的精准性，并且减少模型库中零件模型的存储数量，优化模型数据库结构。如果对象 N 以 n 个特征 f_1，f_2，$\cdots$，f_n 及相应量值 v_1，v_2，$\cdots$，v_n 描述，则 R_2 为

$$R_2 = (N, F, V) = \begin{bmatrix} R_{21} \\ R_{22} \\ \vdots \\ R_{2n} \end{bmatrix} = \begin{bmatrix} N & f_1 & v_1 \\ & f_2 & v_2 \\ & \vdots & \vdots \\ & f_n & v_n \end{bmatrix}$$

由于零部件特征描述量很大，因此将物元要素 n 个特征从设计与应用需求角度进行分类，可分为结构方案 f_1、主要参数 f_2 和技术要求 f_3 等特征属性信息，使信息得到有序的整合，如表 2-14 所示。其中，规定特征元用三个英文字母标识，量值元用三个数字进行标识，当不足三位时用底线补位，以便于程序能进行规范与识别。

表 2-14 物元语义编码

物元三要素 R_2		
对象(N)	特征(F)	量值(V)
N	f_1	f_{11} f_{12} $\vdots$ f_{1n}	v_{11} v_{12} $\vdots$ v_{1n}
	f_2	f_{21} f_{22} $\vdots$ f_{2n}	v_{21} v_{22} $\vdots$ v_{2n}
	f_3	f_{31} f_{32} $\vdots$ f_{3n}	v_{31} v_{32} $\vdots$ v_{3n}

以 2B-JP-FL 双腔立式圆盘复合机械式排种器为例，分析其特征属性信息，并进行语义编码，完成相应的标识，物元信息及语义编码如下：

$$R_2 = (N, F, V) = \begin{bmatrix} 双腔立式 & 形式 & 立式圆盘 \\ 圆盘复合 & 腔数 & 双腔 \\ 机械式 & 种盘直径 & 200\text{mm} \\ 排种器 & 作业速度 & 6\sim10\text{km/h} \\ & 播种深度 & 30\sim50\text{mm} \\ & 株距 & 70\sim120\text{mm} \end{bmatrix}$$

物元语义编码为 FLX 2BX MPA20_SPE061 DEP35_SPA712。

将谱系语义编码标识在 2B-JP-FL 双腔立式圆盘复合机械式排种器零件模型的文件名上，即 T1F1P1K1S1 FLX2BXMPA20_SPE610DEP35_SPA712。

2.6　基于谱系编码的检索算法

构建完成播种装备三维模型的谱系语义编码规则后，将依据谱系语义编码进行三维模型的检索。利用 Visual Basic 将谱系拓扑图的谱系语义信息转化为程序代码，用于完成模型信息的获取与分析，以谱系及拓扑图基础索引路径结合物元形式组织与标识模型资源，利用语义相似度计算结合模糊匹配判断，完成播种装备数字模型检索界面设计，数字模型检索流程如图 2-11 所示。三维模型检索的策略为层次检索，包括零件层与特征层。其中，零件层是指利用关键字模糊匹配方法通过谱系拓扑路径来定位零件所属位置，即模糊检索；特征层是指根据零件特征模型所标识的物元语义编码来匹配检索，即精确匹配。

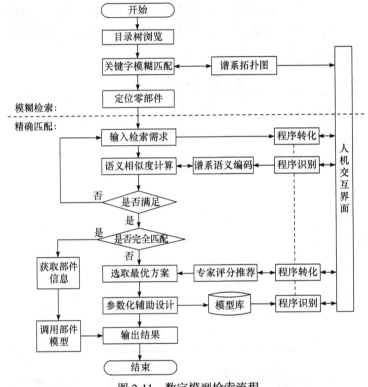

图 2-11　数字模型检索流程

模糊检索主要通过目录树浏览结合关键字模糊匹配通过定位谱系拓扑图中零件所属模块来实现检索过程，由于语义的多样性与多元化，可以通过不同的表达方式来检索用户需求，易造成检索结果不准确，很难保证检索的查全率与查准率，并且检索方式单一，未能完全表达用户的检索需求与实现人机交互的良好性。而精确匹配是指通过比对模型所标识的谱系语义编码来进行检索，检索结果准确，但由于零件模型数量巨大，检索效率较低。因此，采用模糊检索算法与精确匹配算法相结合的方式为解决这一问题提供了关键的研究方法。

首先，通过模糊检索对谱系拓扑图下的零件进行定位，缩小进一步精确匹配的范围，减少待匹配对象的数量；然后，采用精确匹配进一步检索过程，该检索方式不仅不会影响检索的查全率与查准率，而且解决了由于待精确匹配对象数量较大而导致的检索效率下降的问题。其中，精确匹配是整个模型检索过程用于实现检索的查全率与查准率的关键技术。

2.6.1　模糊检索算法

模糊检索主要是通过目录树浏览与关键字模糊匹配两种方式来实现的，其中，目录树浏览用于辅助关键字匹配来实现模型的定位检索。

1）目录树浏览

目录树浏览主要是将模型信息根据谱系拓扑图模块分类以目录树形式展示给用户，使得用户在缺少检索要求或难以表达检索要求时，可以从总体上了解模型的分类，实现通过单击目录树节点对模型信息进行浏览。

（1）浏览目录路径。

首先，利用 TreeView 控件将谱系拓扑图信息类别模块中的专用件模块、通用件模块及标准件模块整合，以分级视图目录树形式显示。获取其目录路径的代码为

```
Route="Provider=Microsoft.Jet.OLEDB.4.0; Data Source=App.Path \dadoubozhongji.
mdb; Persist Security Info=False"
```

（2）信息的显示。

通过单击目录树节点事件实现零部件节点信息的可视化，其语法为

```
TreeView.SelectedItem.Key
```

其中，SelectedItem.Key 为所选 TreeView 目录树的节点值。

2）关键字模糊匹配

关键字模糊匹配是指根据用户需求通过输入检索关键字，基于谱系拓扑图目录树路径，采用两两比较方式进行关键字匹配查询，实现模型的定位检索，若仍未满足需求，直接进行下一步的精确匹配并进行检索。关键字模糊匹配的代码为

```
If objNode.Text Like "*" & Text1 & "*" Then
  objNode.Selected = True
  Call TreeView(i)_NodeClick(objNode)
  blnNoMatch = False
  Exit For
End If
```

2.6.2　精确匹配算法

模糊检索完成后，找到要检索的零件模块，然后通过精确匹配进行匹配检索。精确匹配主要是指在语义预处理的基础上，利用语义相似度计算方法依次识别和比对谱系模块编码与物元语义编码，实现模型检索的查全率与查准率。当无完全匹配检索结果时，根据专家评分推荐选取最优检索方案，利用参数化辅助变型设计方法修改模型以满足需求，重新设计模型并存入模型库中。精确匹配算法包括特征项权重划分、语义分析与转化、编码信息提取、语义相似度计算等。其中，特征项权重划分、语义分析与转化及编码信息提取是保证零件模型精确匹配准确性与全面性的一个重要前期准备，直接影响模型检索的效果，是实现三维模型语义相似度计算的基础。

1）特征项权重划分

一个模型对象 N 包含 n 个不同的特征 f_1，f_2，$\cdots$，f_n，并且 n 个不同特征的重要性不同，为进一步提高语义相似度计算的准确性，在语义相似度计算时，应考虑到模型所具有特征的

重要性，并赋予不同的权重。特征项权重主要用于表示模型对象语义的重要性，当特征项权值越大时，表示其对零件的影响越大，反之表示对零件的影响越小，其特征项权值 $w_n \in [0,1]$，具体如下：

$$w_n = \begin{cases} 0, & \text{对零件无影响} \\ 1, & \text{对零件有完全的影响} \end{cases} \tag{2-2}$$

并且特征项权值满足

$$\sum_{n=1}^{m} w_n = 1 \tag{2-3}$$

当进行匹配检索时，根据所含特征在零件模型中的重要程度将特征分为首要特征和次要特征，首要特征包括结构方案 f_1 与主要参数 f_2，次要特征包括技术要求 f_3。在相似度计算时，首要特征对模型相似度计算的影响大于次要特征，并且满足

$$\sum w_{n1} + \sum w_{n2} + \sum w_{n3} = 1 \tag{2-4}$$

式中，$\sum w_{n1}$ 为结构方案 f_1 的权重总和；$\sum w_{n2}$ 为主要参数 f_2 的权重总和；$\sum w_{n3}$ 为技术要求 f_3 的权重总和。

目前，特征权重值的计算方式主要可分为主观赋值法和函数解析式法两种。函数解析式法是利用数据统计来求得对应的特征权值，虽然此方法能不受人为主观因素的干扰，并且更具有科学性，但是对于一些实际情况，很难用函数解析式法来刻画零件模型特征的权重大小。根据专家或有经验的人对各特征的重要性进行权重赋值，虽然存在人为因素，主观性较强，使得权重赋值的结果有偏差，但是由于其不仅能反映特征在相似度计算过程中的重要程度，而且方法简单，因此采用主观赋值法针对大豆播种装备零部件特点，以其零件模型的特征在相似度计算时的影响程度为依据进行专家评价，特征项权重值定义如表 2-15 所示。

表 2-15　特征项权值定义

	特征项		权值
首要特征	结构方案 f_1	f_{11} f_{12} $\vdots$ f_{1n}	$\sum w_{n1} = 0.4$
	主要参数 f_2	f_{21} f_{22} $\vdots$ f_{2n}	$\sum w_{n2} = 0.4$
次要特征	技术要求 f_3	f_{31} f_{32} $\vdots$ f_{3n}	$\sum w_{n3} = 0.2$

2) 语义分析与转化

当用户通过输入的检索信息进行模型信息检索时，所输入的信息为文字或数字，无法直接与谱系语义编码进行匹配判断，因此采用语义分析与转化方式将用户输入的检索信息进行转化处理，使得其能够用于与模型文件名的谱系语义编码进行语义相似度匹配判断，以便快

速、准确地检索到所需的模型。检索语义分析与转化方式是指通过程序将用户输入的检索信息转换为与谱系语义编码相对应的"对象 N，特征 F，量值 V"的物元三要素的形式。由于输入检索信息时，所输入的信息不仅包括文字类型也包括数值类型，因此针对不同类型信息将采用不同的方式来进行语义分析与转化。对于文字类型信息，将其文字类型转化为字符串；而对于数值类型信息，不需要进行语义分析与转化，可将数值提取出来直接与语义编码进行比较。

当文字类型信息通过语义分析并转化为字符串，并与所有模型文件名的谱系语义编码中的字符串进行匹配后，若检索到某个完全相同的字符串，则匹配成功；若未检索到，则对下一个字符串进行匹配。

利用 if 语句实现语义转化为字符串，以选择"立式圆盘"信息为例，将其转化为字符串，其语法为

```
If Combo1.Text = "立式圆盘" Then
  Str1 = "FLX"
ElseIf Combo1.Text = "倾斜圆盘" Then
  Str1 = "ILX"
……
End If
```

以"排种盘直径"为例，提取文本框数值的代码为

```
Val3 = Val(Text1.Text)
```

以"作业速度"为例，由于作业速度处于一个范围内，当数值属于这个范围时，将其直接转化为代码，用于匹配；但是当数值不属于这个范围时，将通过直接提取数值与编码进行比较，其语法为

```
If Val(Text4.Text) >= Val(Left(strName4, 1)) And Val(Text4.Text) <= Val(Mid
(strName4, 2, 2)) Then
  ElseIf Val(Text4.Text) > Val(Mid(strName4, 2, 2)) Then '…………将 Val(Text4.
Text)与字符串的后两位 Mid(strName4, 2, 1)比较
……
End If
```

3）编码信息提取

编码信息提取是指将零件库内被赋予谱系语义编码的全部零件文件名提取出来，具体方式是通过创建 FSO 对象模型，并利用 Filesystemobject 对象获取全部零件的文件名，同时使用 GetBaseName 方法得到全部零件的文件名并将所有零件的文件名组合成一个全部文件名，然后采用 Split 方法将全部文件名拆分给各个单独文件名数组，便于程序识别。

创建 FSO 对象模型的代码为

```
Set fso = CreateObject("scripting.Filesystemobject")
Set folder = fso.GetFolder(App.Path + " ")
```

获取全部文件名的代码为

```
FileName_All = ""
  For Each file In folder.Files
    FileName = CreateObject("Scripting.FileSystemObject").GetBaseName(file)
```

```
    FileName_All = FileName_All & FileName & Chr(32)
  Next
FileName_All = Left(FileName_All, Len(FileName_All) - 1)
```

将全部文件名拆分为单独文件名数组的代码为

```
Fname = Split(FileName_All, " ")
  For a = 0 To UBound(Fname())
  Next
```

为使经过语义分析与转化后的字符串可以被用于与所有模型文件名匹配，因此将文件名进行字符串分词，而文件名由谱系语义编码定义，所以首先将其按照谱系模块编码与物元语义编码两种编码形式分别进行字符串分词，其中，由于谱系模块编码是对零件模型进行定位，编码仅代表所属零件，不需要与语义分析与转化后的字符串进行匹配，因此不提取其编码信息。而物元语义编码是由一系列的特征元与量值元对应的字符串组成的，因此需要对其进行字符串分词，字符串的分词原则是依据物元语义编码的编码规则进行的，将其特征元与量值元分别以三个字符为一组进行分词，以便于程序识别，并将其与转化后的字符串进行两两匹配，分词提取规则如表 2-16 所示。

表 2-16　分词提取规则

提取信息	提取编码		提取位置
物元语义编码	f_1	f_{11} f_{12} $\vdots$ f_{1n}	$[11, 10+3n]$
	f_2	f_{21} f_{22} $\vdots$ f_{2n}	$[11+6n, 16+6n]$
	f_3	f_{31} f_{32} $\vdots$ f_{3n}	$[17+6n, 22+6n]$

利用 Mid 函数提取分词的语法为

```
For i = 0 To a - 1
strName(i) = Mid(Fname(i), m, n)
Next
```

其中，Fname(i) 代表文件名；m 代表提取第 m 位字符串；n 代表提取 n 个字符串。

2.6.3　语义相似度计算

三维模型的语义相似度计算是按照三维模型的谱系语义编码属性特性的距离实现的。在三维模型检索技术中，三维模型的谱系语义编码属性特性均以文件名的方式存储在模型库中，当用户在进行模型检索时，系统首先提取用户的检索需求，进行检索语义分析与转化，然后根据某种距离计算方法，采用相似度计算策略与所有模型进行比对，计算其相似度值的大小，并根据相似度的值将其按从大到小的顺序进行排列,将结果显示在检索界面中,从而完成检索过程,其计算流程如图 2-12 所示。

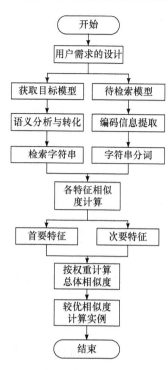

图 2-12 语义相似度计算流程

模型间的相似度计算主要通过计算模型间的语义距离进行度量,两个模型间的语义距离是指连接模型间的最小路径的长度。模型计算的距离越小,说明两个模型越相似;模型计算的距离越大,说明两个模型越不相似。当模型计算的距离等于 0 时,表示两模型间的相似度为 1;当模型计算的距离为无限大时,表示两模型间的相似度是 0。其中,计算模型间的语义距离的方法很多,包括欧氏距离、编辑距离等。

三维模型语义标识后,不仅包括字符串,也包括数字。当对谱系语义编码进行相似度计算时,不仅要对字符串进行相似度计算,还要对数值型进行相似度计算,因此针对不同字符类型将采用不同的语义距离计算方式。

1) 数值型相似度计算

在对属性特征进行数值型相似度计算时,其中包括数值和数值间的相似度计算,也包括数值与区间之间的相似度计算,为了提高数值型相似度计算的准确性,针对数值型将采用两种相似度计算方案。

(1) 数值与数值之间的相似度计算。

数值与数值进行比较时,将数值限定在一个特定区间内,在此特定区间内计算两个数值 A_m 与 B_m 的相似度值,为

$$\text{Valsim}(A_m, B_m) = 1 - \frac{|A_m - B_m|}{\beta - \alpha} \tag{2-5}$$

式中,A_m,$B_m \in [\alpha, \beta]$;$|A_m - B_m|$ 为两个数值 A_m、B_m 的差的绝对值;α、β 分别为区间的下界、上界。

(2) 数值与区间之间的相似度计算。

在进行数值与区间之间的相似度计算时,不要求数值完全相同,只需将两者的差别限制在一定的范围内,数值 A_m 与区间 $[B_{m1}, B_{m2}]$ 之间的相似度表达式为

$$\text{Valsim}(A_m, [B_{m1}, B_{m2}]) = \frac{\int_{B_{m1}}^{B_{m2}} \text{Valsim}(A_m, x) \mathrm{d}x}{B_{m2} - B_{m1}} \tag{2-6}$$

该相似度值是区间 $[B_{m1}, B_{m2}]$ 内所有指 B_m 与 A_m 之间数值相似度 $\text{Valsim}(A_m, B_m)$ 的平均。

将式 (2-5) 中的相似度计算公式代入式 (2-6),得

$$\begin{aligned}
\text{Valsim}(A_m, [B_{m1}, B_{m2}]) &= \frac{\int_{B_{m1}}^{B_{m2}} \left(1 - \frac{x - A_m}{\beta - \alpha}\right) \mathrm{d}x}{B_{m2} - B_{m1}} \\
&= 1 - \frac{\int_{B_{m1}}^{B_{m2}} (x - A_m) \mathrm{d}x}{(\beta - \alpha)(B_{m2} - B_{m1})}
\end{aligned} \tag{2-7}$$

式中，A_m，B_{m1}，$B_{m2} \in [\alpha, \beta]$；积分求解取决于点数值 A_m 与区间 $[B_{m1}, B_{m2}]$ 之间的关系。

$$\text{Valsim}(A_m, [B_{m1}, B_{m2}]) = \begin{cases} 1 - \dfrac{\displaystyle\int_{B_{m1}}^{B_{m2}} (x - A_m)\,\mathrm{d}x}{(\beta - \alpha)(B_{m2} - B_{m1})}, & A_m \leqslant B_{m1} \\[3ex] 1 - \dfrac{\displaystyle\int_{A_m}^{B_{m2}} (x - A_m)\,\mathrm{d}x - \displaystyle\int_{B_{m2}}^{A_m} (x - A_m)\,\mathrm{d}x}{(\beta - \alpha)(B_{m2} - B_{m1})}, & B_{m1} < A_m < B_{m2} \\[3ex] 1 - \dfrac{-\displaystyle\int_{B_{m1}}^{B_{m2}} (x - A_m)\,\mathrm{d}x}{(\beta - \alpha)(B_{m2} - B_{m1})}, & A_m \geqslant B_{m2} \end{cases} \tag{2-8}$$

求解得

$$\text{Valsim}(A_m, [B_{m1}, B_{m2}]) = \begin{cases} 1 - \dfrac{B_{m2} + B_{m1} - 2A_m}{\beta - \alpha}, & A_m \leqslant B_{m1} \\[2ex] 1 - \dfrac{(B_{m2} - B_{m2})^2 + (B_{m1} - A_m)^2}{2(\beta - \alpha)(-B_{m1})}, & B_{m1} < A_m < B_{m2} \\[2ex] 1 - \dfrac{B_{m2} + B_{m1} - 2A_m}{2(\beta - \alpha)}, & A_m \geqslant B_{m2} \end{cases} \tag{2-9}$$

以"排种盘直径"为例，其数值型相似度计算的代码为

```
strName3 = Mid(Fname(i1), 20, 3)  ''……提取拆分后的字符串的某位置的字符
S3 = Left(Text1.Text, 2)          ''……提取直径文本框数值的前两位
n3 = Abs(Val(S3)*10 - Val(strName3))/Max(strName3)-Min(strName3)  ''……计算
相似度的值
Vsim3 = 1 - n3
Valsim3 = Round(Vsim3, 3)
```

2)字符串型相似度计算

对于字符串型在进行相似度计算时，编辑距离的计算方法可以很好地衡量两个字符串间的相似程度，通过计算两个字符串属性特征值的差异来表示其属性的相似度，两个字符串相似度计算的方式是指在两个字符串间，将目标检索字符串转化为待检索字符串时需要的最少转化的次数，即通过转化的次数来表示两个字符串间的相似度，如果转化的次数越多，表示两个字符串间越不相似，相反，表示两个字符串间越相似。相似度计算时只对有顺序排列的字符串可以实现有用的检索，即匹配时要求字符串是有一定顺序的。

以"结构形式"为例，编辑距离的说明如表 2-17 所示。

表 2-17　编辑距离的说明

字符串 1	字符串 2	操作次数	编辑距离
FLX	FLX	0	0
FLX	ILX	1	1
FLX	LSX	2	2
FLX	KDS	3	3

两个字符串型间语义相似度计算表达式为

$$\text{Strsim}\left(A_n, B_n\right)=1-\frac{\text{Distance}}{\text{Len}\left(A_n, B_n\right)} \qquad (2\text{-}10)$$

式中，Distance 为字符串 A 与 B 之间的编辑距离；Len(A_n, B_n) 为字符串 A 与 B 的字符串长度。

以"结构形式"为例，字符串型相似度计算的语法为

```
If Left(Str1, 1) = Left(strName1, 1) And Mid(Str1, 2, 1) = Mid(strName1, 2, 1)
And Right(Str1, 1) = Left(strName1, 1) Then
n1 = 0
......
End If
'计算相似度的值
Ssim1 = 1 - n1 / Len(Str1)
Strsim1 = Round(Ssim1, 3)
```

3）混合型相似度计算

在实际相似度计算中，应视具体情况选择对应的语义相似度计算方法。因此，在计算特征项之间的相似度时，要根据特征元及量值元的具体取值类型选择相应的相似度计算方法。将各个特征项的权重值考虑在其中，可得混合型相似度计算表达式为

$$\text{Sim}\left(A,B\right)=\sum_{i=1}^{n1}w_i\text{Strsim}\left(A_i, B_i\right)+\sum_{i=1}^{m1}w_i\text{Valsim}\left(A_i, B_i\right)+\sum_{i=1}^{m2}w_i\text{Valsim}\left(A_i, B_i\right) \qquad (2\text{-}11)$$

混合型相似度计算的语法为

```
Sim1 = wn1/n * (Strsim1 + Strsim2)
Val1 = wm1 * Strsim3
Val2 = wm2/m * (Strsim4 + Strsim5 + Strsim6)
Sim = Sim1 + Val1 + Val2
```

将相似度的值显示到 List 中的代码为

```
List1.AddItem Val(Sim)
```

对 List 中相似度的值进行排序的代码为

```
Dim a() As Single
For m = 0 To List1.ListCount - 1
a(m) = List1.List(m)
Next m
For j = 0 To List1.ListCount - 1
For k = 0 To List1.ListCount - 1
If a(j) > a(k) Then
Ls = a(j)
a(j) = a(k)
a(k) = Ls
End If
Next k
Next j
For l = 0 To List1.ListCount - 1
List1.AddItem a(l)              '将相似度的值顺序排好后，添加到 List 中
List1.RemoveItem a(m)          '删除原来的值
Next l
```

选中相似度的值, 单击按钮打开文件夹中对应 CATIA 文件的代码为

```
Private Sub Command2_Click()
Dim n As String
For i1 = 0 To i - 1
n = Fname(i1)
Next
If List1.ListIndex = i1 Then
  Dim CATIA As Object
  On Error Resume Next
  Set CATIA = GetObject(, "CATIA.Application")
  If Err.Number <> 0 Then
    Set CATIA = CreateObject("CATIA.Application")
    CATIA.Visible = True
  End If
  On Error GoTo 0
  Set documents1 = CATIA.Documents
  Set productDocument1 = documents1.Open("App.Path+" & n & ".CATProduct")
  Set productDocument1 = CATIA.ActiveDocument
  Set product1 = productDocument1.product
  product1.Update
End If
End Sub
```

第 3 章　数字模型物元化全息标识

3.1　概　　述

物元化全息标识可为模型资源的虚拟装配提供丰富的可重用资源和信息。全面的标识信息与合理的标识流程是人机交互式虚拟装配和辅助标识技术的基础。

规定农机装备数字模型物元化全息标识的术语和定义、全息标识的结构与要素、标识规则及代码编制，用于农机装备数字模型资源重用与共享的标准化标识。以其中的装配信息为例，智能虚拟装配的效率有效性取决于装配信息的全面体现和清晰表达，也是人机交互平台的基础。数字模型装配物元标识流程如图 3-1 所示。

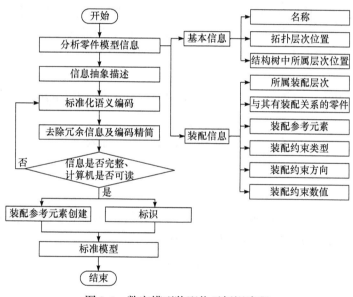

图 3-1　数字模型装配物元标识流程

为清晰表达数字模型的全部信息，本节提出以下术语及定义。

1) 装备谱系

谱系即系谱，本意是有关遗传学用于表述记载有世族源流关系的家族系统，现其他领域也开始使用谱系的概念。谱系图或称系谱图等，是一种描绘关系的树状结构图，每个成员可找到其他相关的人联系起来，共同构成巨大网络家族。装备谱系(equipment pedigree)定义为装备零部件按照组成与类型进行逐层分解，形成具有单一继承关系以表示装备构成的树状拓扑结构。

2) 全息标识

全息标识(holographic identity)是指全面、系统、规范地表达数字模型的基本信息、谱系信息、特征信息和装配信息，将三维数字模型资源性重用与共享过程中所需信息通过规范格式表达的过程。标识存储于与模型相关联的特定数据库中。全息标识体系可为标准数字模型的构建提供方法和规则。

3）基本物元

基本物元（basic matter-element）是所属领域、所属类别、所属单元、零部件名称、零部件类别及零部件代号的统称。

4）谱系物元

谱系物元（pedigree matter-element）是零部件所处农机装备拓扑层次位置、零部件在装配结构树中所属层次位置及装配层次上一级层次位置的统称。

5）特征物元

特征物元（characteristic matter-element）是零部件建模方法、零部件数字模型数据格式、创建零部件软件的版本号、零部件的材料的统称。

6）装配物元

装配物元（assembly matter-element）是零部件所属装配层次、在相应的装配层次中与其有装配关系的零部件、装配参考元素、装配约束类型、装配约束方向和装配约束数值的统称。装配物元又分为基本拓扑层次装配物元和其他拓扑层次装配物元。基本拓扑层次装配物元为每个最基本单元内部的装配信息；其他拓扑层次装配物元为最基本单元之间或模块之间的装配信息，为数字模型的重用和替换提供信息基础。

7）拓扑层次

拓扑层次（topological hierarchy）是指零部件所属谱系结构树上的层次位置。

3.2　全息标识的结构与要素

3.2.1　全息标识的结构

全息标识的结构如图 3-2 所示，由基本物元标识段、谱系物元标识段、特征物元标识段、装配物元标识段组成（各标识段间用"//"间隔）。

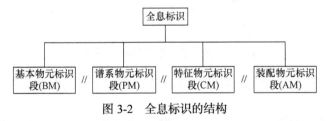

图 3-2　全息标识的结构

3.2.2　全息标识的要素

1）基本物元标识段

基本物元以有序的六元组表示：BM={F-G-U-N-T-C}，用于标识所属领域、所属类别、所属单元、零部件名称、零部件类别和零部件代号。具体如下：

(1) F (field) 表示所属领域；

(2) G (genre) 表示所属类别；

(3) U (unit) 表示所属单元；

(4) N (name) 表示零部件名称;

(5) T (type) 表示零部件类别, 如零件或部件;

(6) C (code) 表示零部件代号。

2) 谱系物元标识段

谱系物元以有序的三元组表示: PM={TH-STH-HL}, 用于标识零部件谱系层次位置信息。具体如下:

(1) TH (topology hierarchy) 表示零部件所处农机装备拓扑层次位置;

(2) STH (structure tree hierarchy) 表示零部件在装配结构树中所属层次位置;

(3) HL (high level) 表示装配层次 STH 的上一级层次位置。

3) 特征物元标识段

特征物元以有序的四元组表示: CM={MM-DF-V-M}, 用于标识零部件的特征信息。具体如下:

(1) MM (modeling method) 表示零部件的建模方法;

(2) DF (data format) 表示零部件数字模型的数据格式;

(3) V (version) 表示创建零部件软件的版本号;

(4) M (material) 表示零部件的材料。

4) 装配物元标识段

装配物元以有序的六元组表示: AM={AH-IP-RE-CT-CD-CV}, 用于标识零部件的装配信息。具体如下:

(1) AH (assembly hierarchy) 表示该零部件所属装配层次, 一个零部件可同属多个装配层次;

(2) IP (interrelated part) 表示在相应的装配层次中与其有装配关系的零部件;

(3) RE (reference element) 表示装配参考元素;

(4) CT (constraint type) 表示装配约束类型;

(5) CD (constraint direction) 表示装配约束方向;

(6) CV (constraint value) 表示装配约束数值。

3.3　标识规则及代码编制

3.3.1　基本要求与符号规则

1) 基本要求

装配物元语义信息此处定义为虚拟环境中完成装配所需的全部信息, 只有使这些物元信息抽象化、形式化、代码化、算法化, 计算机才能实现对其智能处理。因此, 为实现智能装配技术驱动程序识别、提取装配物元信息、捕捉装配意图, 需对装配零部件间的装配关系进行抽象描述, 即进行代码编制。代码编制需满足完整性、普适性、特征性、唯一性、便于计算机识别及程序处理的基本要求, 同时在考虑全面性的基础上, 做到编码尽可能短小、精简, 去除冗余信息。制定合理高效的标识规则, 并将该规则作为智能虚拟装配技术的知识体系, 为模型的调用与组装功能提供提取规则, 也为数字模型辅助标识技术提供标识规则。

2)符号规则

(1)物元要素代码用其英文名称的首字母组合表示，无法区分时，增加第二位字母，依此类推；

(2)不同物元标识段间用"//"分隔；

(3)同一物元标识段内要素间用"-"分隔；

(4)装配物元编码中装配层次间用"＿"分隔；

(5)装配物元编码中有装配关系的零部件间用"!"分隔；

(6)装配物元编码中装配物元要素间用"#"分隔；

(7)装配物元编码中参考元素各元素间用"+"分隔；

(8)不需要填写或无信息的要素用占位符"*"填充；

(9)为确保计算机准确读取标识信息，代码中避免使用以上分隔符"//"、"-"、"＿"、"!"、"#"、"+"和占位符"*"。

3.3.2 标识段代码编制

1)基本物元代码编制

基本物元(BM)的六要素 F、G、U、N、T、C 的代码编制规则如图 3-3 所示。其中，所属领域：本文件目前用于农业机械分类，所属领域为农业机械；所属类别：对应《农业机械分类》(NY/T 1640—2015)中的代码。

2)谱系物元代码编制

谱系物元(PM)的三要素 TH、STH、HL 的代码编制规则如图 3-4 所示。

图 3-3　基本物元代码编制规则　　　　　图 3-4　谱系物元代码编制规则

3)特征物元代码编制

特征物元(CM)的四要素 MM、DF、V、M 的代码编制规则如图 3-5 所示。其中，零部件数字模型的数据格式：创建模型所用的机械软件如 CAT 或标准数据格式如 STP。零部件的建模方法：参数化建模(parametric modeling)编码为 RM；非参数化建模(nonparametric modeling)编码为 NM；骨架建模(skeleton modeling)编码为 SM。

4)装配物元代码编制

装配物元(AM)的六要素 AH、IP、RE、CT、CD、CV 的代码编制规则如图 3-6 所示。装配物元又分为基本拓扑层次装配物元 A_0 和其他拓扑层次装配物元 A_1，基本拓扑层次装配物元信息为每个最基本单元内部的装配信息，其他拓扑层次装配物元为最基本单元之间或模块之间的装配信息，二者有不同的标识规则。

一个零件可能与不同装配层次的零件有装配约束关系，即一个零件可同属多个装配层次 AH_1, AH_2, $\cdots$, AH_i。在 AH_i 装配层次下与该零件可存在多个与其有装配关系的零部件 IP_{i1}, IP_{i2}, $\cdots$,

IP$_{ij}$。本书中所规定的在 CATIA 虚拟装配环境中的装配物元编码规则如表 3-1 所示，表中 i、j、k 均为正整数。

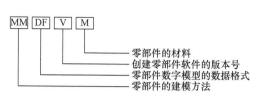

图 3-5　特征物元代码编制规则

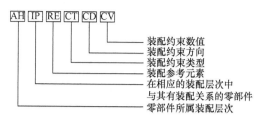

图 3-6　装配物元代码编制规则

表 3-1　装配物元编码规则

		装配物元			
装配层次(AH)	有装配关系的零部件(IP)	参考元素(RE)	约束类型(CT)	约束方向(CD)	约束数值(CV)
AH$_1$	IP$_{11}$	RE$_{111}$,RE$_{112}$,$\cdots$,RE$_{11k_1}$	CT$_{111}$,CT$_{112}$,$\cdots$,CT$_{11k_1}$	CD$_{111}$,CD$_{112}$,$\cdots$,CD$_{11k_1}$	CV$_{111}$,CV$_{112}$,$\cdots$,CV$_{11k_1}$
	IP$_{12}$	RE$_{121}$,RE$_{122}$,$\cdots$,RE$_{12k_2}$	CT$_{121}$,CT$_{122}$,$\cdots$,CT$_{12k_2}$	CD$_{121}$,CD$_{122}$,$\cdots$,CD$_{12k_2}$	CV$_{121}$,CV$_{122}$,$\cdots$,CV$_{12k_2}$
	$\cdots$	$\cdots$	$\cdots$	$\cdots$	$\cdots$
	IP$_{1j_1}$	RE$_{1j_11}$,RE$_{1j_12}$,$\cdots$,RE$_{1j_1k_h}$	CT$_{1j_11}$,CT$_{1j_12}$,$\cdots$,CT$_{1j_1k_h}$	CD$_{1j_11}$,CD$_{1j_12}$,$\cdots$,CD$_{1j_1k_h}$	CV$_{1j_11}$,CV$_{1j_12}$,$\cdots$,CV$_{1j_1k_h}$
AH$_2$	IP$_{21}$	RE$_{211}$,RE$_{212}$,$\cdots$,RE$_{21k_1}$	CT$_{211}$,CT$_{212}$,$\cdots$,CT$_{21k_1}$	CD$_{211}$,CD$_{212}$,$\cdots$,CD$_{21k_1}$	CV$_{211}$,CV$_{212}$,$\cdots$,CV$_{21k_1}$
	IP$_{22}$	RE$_{221}$,RE$_{222}$,$\cdots$,RE$_{22k_2}$	CT$_{221}$,CT$_{222}$,$\cdots$,CT$_{22k_2}$	CD$_{221}$,CD$_{222}$,$\cdots$,CD$_{22k_2}$	CV$_{221}$,CV$_{222}$,$\cdots$,CV$_{22k_2}$
	$\cdots$	$\cdots$	$\cdots$	$\cdots$	$\cdots$
	IP$_{2j_2}$	RE$_{2j_21}$,RE$_{2j_22}$,$\cdots$,RE$_{2j_2k_h}$	CT$_{2j_21}$,CT$_{2j_22}$,$\cdots$,CT$_{2j_2k_h}$	CD$_{2j_21}$,CD$_{2j_22}$,$\cdots$,CD$_{2j_2k_h}$	CV$_{2j_21}$,CV$_{2j_22}$,$\cdots$,CV$_{2j_2k_h}$
$\cdots$	$\cdots$	$\cdots$	$\cdots$	$\cdots$	$\cdots$
AH$_i$	IP$_{i1}$	RE$_{i11}$,RE$_{i12}$,$\cdots$,RE$_{i1k_1}$	CT$_{i11}$,CT$_{i12}$,$\cdots$,CT$_{i1k_1}$	CD$_{i11}$,CD$_{i12}$,$\cdots$,CD$_{i1k_1}$	CV$_{i11}$,CV$_{i12}$,$\cdots$,CV$_{i1k_1}$
	IP$_{i2}$	RE$_{i21}$,RE$_{i22}$,$\cdots$,RE$_{i2k_2}$	CT$_{i21}$,CT$_{i22}$,$\cdots$,CT$_{i2k_2}$	CD$_{i21}$,CD$_{i22}$,$\cdots$,CD$_{i2k_2}$	CV$_{i21}$,CV$_{i22}$,$\cdots$,CV$_{i2k_2}$
	$\cdots$	$\cdots$	$\cdots$	$\cdots$	$\cdots$
	IP$_{ij_i}$	RE$_{ij_i1}$,RE$_{ij_i2}$,$\cdots$,RE$_{ij_ik_h}$	CT$_{ij_i1}$,CT$_{ij_i2}$,$\cdots$,CT$_{ij_ik_h}$	CD$_{ij_i1}$,CD$_{ij_i2}$,$\cdots$,CD$_{ij_ik_h}$	CV$_{ij_i1}$,CV$_{ij_i2}$,$\cdots$,CV$_{ij_ik_h}$

基础拓扑层次装配物元要素 AH 和 IP 的标识规则如图 3-7 所示。

基础拓扑层次装配物元要素 RE 的标识规则如图 3-8 所示。零部件名称编码 N 与该零部件有装配关系的零部件 IP 按照编码名称排序。

其他拓扑层次装配物元要素 RE 的标识规则如图 3-9 所示。

（1）约束类型。

相合约束（coincidence constraint）编码为 CC；接触约束（touch constraint）编码为 TC；偏移约束（offset constraint）编码为 OC；角度约束（angle constraint）编码为 AC；固定约束（fix constraint）编码为 FC。

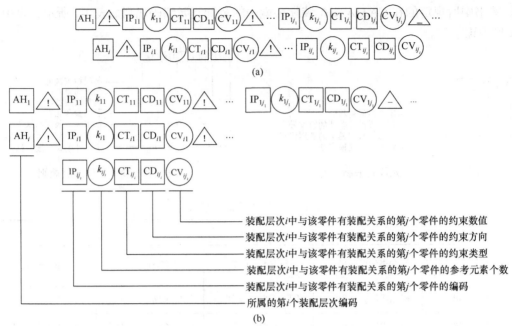

(b)

图 3-7　基础拓扑层次装配物元要素 AH 和 IP 的标识规则

注：□表示英文字母；○表示阿拉伯数字；△表示分隔符

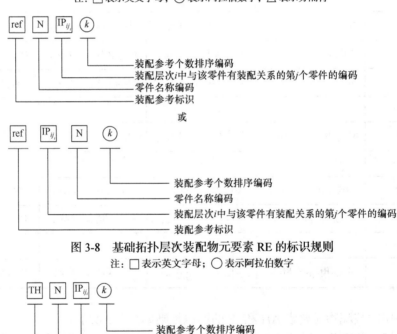

图 3-8　基础拓扑层次装配物元要素 RE 的标识规则

注：□表示英文字母；○表示阿拉伯数字

图 3-9　其他拓扑层次装配物元要素 RE 的标识规则

注：□表示英文字母；○表示阿拉伯数字

(2) 约束方向。

约束方向相同(same direction)编码为 SD；相反(opposite direction)编码为 OD；角度约束象限 1-4(quadrant1-4)编码为 Q1、Q2、Q3、Q4；内部接触(inside touch)编码为 IT；外部接

触（outside touch）编码为 OT。

　　（3）约束数值。

　　长度（length）（单位为 mm）编码为长度数值；角度（angle）（单位为 deg）编码为角度数值。

3.4　示 例 分 析

　　以 2B-JP-FL-02 双腔立式复合圆盘排种器的左壳体为例，分析其基本物元、谱系物元、特征物元和装配物元信息，并进行编码，完成相应的全息标识。2B-JP-FL-02 双腔立式复合圆盘排种器如图 3-10 所示。

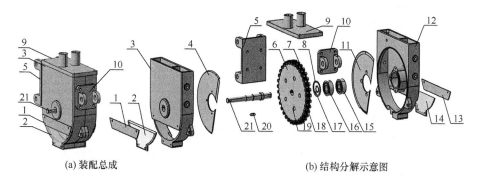

(a) 装配总成　　　　　　　　　　　　　　(b) 结构分解示意图

图 3-10　2B-JP-FL-02 双腔立式复合圆盘排种器

1、13. 右、左挡条；2、14. 右、左检视窗；3、12. 左、右壳体；4、11. 左、右护种板；5. 连接板 1；6、7. 左、右排种盘；8、17. 卡簧；9. 上盖；10. 连接板 2；15、16. 轴承；18. 隔板；19. 铆钉（5 个）；20. 键；21. 排种轴

　　左壳体隶属于 2 个装配，即左壳体装配和总装配，两个装配为不同的装配层次，左壳体装配为子装配层次，而总装配为总装配层次。左壳体在左壳体装配中，与左护种板、左挡条和左检视窗均分别有 3 个相合关系的装配约束。在总装配中，与右壳体和上盖均分别有 3 个相合关系的装配约束，与隔板有 1 个相合关系的装配约束。

3.4.1　基本物元标识

　　左壳体的基本物元（BM）由所属领域（F）、所属类别（G）、所属单元（U）、零部件名称（N）、零部件类别（T）以及零部件代号（C）组成。排种器的左壳体，其所属领域为农业机械（agricultural machinery），编码为 AM；所属类别为播种机械，编码为 0201；所属单元为排种器（seed-metering device），编码为 SMD；零部件名称为左壳体（left shell），编码为 LS；零部件类别为零件，编码为 Part；双腔立式复合圆盘排种器代号为 2B-JP-FL-02，去掉"-"后，编码为 2BJPFL02。

　　综上可知，左壳体的基本物元（BM）编码为

$$AM-0201-SMD-LS-Part-2BJPFL02$$

3.4.2　谱系物元标识

　　左壳体的谱系物元（PM）由零部件所处农机装备拓扑层次位置（TH）、零部件在装配结构树中所属层次位置（STH）和装配层次的上一级层次位置（HL）组成。左壳体所处农机装备拓扑层次位置为排种器（seed-metering device），编码为 SMD；左壳体在装配结构树中所属层次位

置为左壳体装配(left shell assembly)，编码为 LSA；左壳体所处的左壳体装配的上一级层次位置为总装配(total assembly)，编码为 TA。

综上可知，左壳体的谱系物元(PM)编码为

```
SMD-LSA-TA
```

3.4.3　特征物元标识

左壳体的特征物元(CM)由零部件建模方法(MM)、零部件数字模型数据格式(DF)、创建零部件软件的版本号(V)和零部件的材料(M)组成。左壳体采用参数化方法建模(parametric modeling)，编码为 RM；左壳体所用的机械软件为 CATIA，数字模型数据格式编码为 CAT；创建左壳体的软件版本号为 V5R21，编码为 V5R21；左壳体材料为铝，编码为 Aluminum。

综上可知，左壳体的特征物元(CM)编码为

```
RM-CAT-V5R21-Aluminum
```

3.4.4　装配物元标识

本例在模型创建过程中将全部约束方式均转化为点、轴或线、面之间的约束，并定义面与面之间的约束方向为相反，同时在三维模型中手动创建相应的点、线、面作为装配参考元素。因此，装配约束类型(CT)为相合约束(CC)，装配约束方向(CD)为相反 OD，装配约束数值(CV)为无，用占位符"*"表示。

对于谱系拓扑层次内的装配信息，左壳体的装配物元编码信息如表 3-2 所示。

表 3-2　左壳体的装配物元编码

			要素信息及编码			
	装配层次(AH)	有装配关系的零部件(IP)	参考元素(RE)	约束类型(CT)	约束方向(CD)	约束数值(CV)
左壳体 (LS)	左壳体装配 (LSA)	左检视窗(LIW)	面	曲面接触	相反	无
			轴	相合	无	无
			轴	相合	无	无
		左挡条(LOB)	面	曲面接触	相反	无
			轴	相合	无	无
			轴	相合	无	无
		左护种板(LPS)	面	曲面接触	相反	无
			轴	相合	无	无
			轴	相合	无	无
	总装配(TA)	连接板1(CP1)	面	曲面接触	相反	无
			轴	相合	无	无
			轴	相合	无	无
		连接板2(CP2)	面	曲面接触	相反	无
			轴	相合	无	无
			轴	相合	无	无

续表

	要素信息及编码					
	装配层次(AH)	有装配关系的零部件(IP)	参考元素(RE)	约束类型(CT)	约束方向(CD)	约束数值(CV)
左壳体 (LS)	总装配(TA)	右壳体(RS)	面	曲面接触	相反	无
			轴	相合	无	无
			轴	相合	无	无
		上盖(UC)	面	曲面接触	相反	无
			轴	相合	无	无
			轴	相合	无	无

左壳体基础拓扑层次装配物元 A_0 的要素 AH 和 IP 的编码为

LSA!LIW3CCOD*!LOB3CCOD*!LPS3CCOD*_TA!CP13CCOD*!CP23CCOD*!RS3CCOD*!UC3CCOD*

基础拓扑层次装配物元 A_0 的要素 RE 的标识如图 3-11 所示。

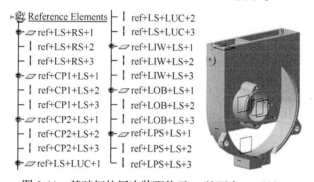

图 3-11　基础拓扑层次装配物元 A_0 的要素 RE 的标识

综上可知，左壳体一级拓扑层次装配物元 A_0 的要素 RE 的编码为

ref+LS+RS+1#ref+LS+RS+2#ref+LS+RS+3#ref+CP1+LS+1#...

一级拓扑层次装配物元 A_1 的要素 RE 的标识如图 3-12 所示。

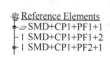

图 3-12　一级拓扑层次装配物元 A_1 的要素 RE 的标识

左壳体的一级拓扑层次装配物元 A_1 的要素 RE 由零件所处拓扑层次零件编码(TH)、零件名称编码(N)、装配层次 i 中该零件有装配关系的第 j 个零件的编码(IP_{ij_i})和装配参考个数排序编码(k)组成。左壳体所处拓扑层次位置的编码为 SMD(seed-metering device，排种器)，其中，连接板 1(CP1)与其所属装配层次为 PU(planting unit，播种单元)的平行四杆 1(PF1)存在两轴和两平面之间的相合约束；连接板 1(CP1)与其所属装配层次为 PU 的平行四杆 2(PF2)存在两轴之间的相合约束；连接板 2(CP2)与其所属装配层次为 PU 的弹簧杆(SR)存在两平面

之间的相合约束。

综上可知，左壳体一级拓扑层次装配物元 A_1 的要素 RE 的编码为

SMD+CP1+PF1+1#SMD+CP1+PF1+2#SMD+CP1+PF2+1#SMD+CP2+SR+1

3.4.5　全息标识结果

分析双腔立式复合圆盘排种器左壳体的基本物元、谱系物元、特征物元和装配物元信息，进行语义编码并标识，左壳体全息标识结果如表 3-3 所示。

表 3-3　左壳体全息标识结果

零件	全息标识	
	物元名称	编码标识
左壳体	基本物元(BM)	AM-0201-SMD-LS-Part-2BJPFL02
	谱系物元(PM)	SMD-LSA-TA
	特征物元(CM)	RM-CAT-V5R21-Aluminum
	装配物元(AM) — A_0 的要素 AH 和 IP	LSA!LIW3CCOD*!LOB3CCOD*!LPS3CCOD*_TA!CP13CCOD*!CP23CCOD*!RS3CCOD*!UC3CCOD*
	装配物元(AM) — A_0 的要素 RE	ref+LS+RS+1#ref+LS+RS+2#ref+LS+RS+3#ref+CP1+LS+1#…
	装配物元(AM) — A_1 的要素 RE	SMD+CP1+PF1+1#SMD+CP1+PF1+2#SMD+CP1+PF2+1#SMD+CP2+SR+1

综上可知，左壳体全息标识编码如下：

AM-0201-SMD-LS-Part-2BJPFL02//SMD-LSA-TA//RM-CAT-V5R21-Aluminum//
LSA!LIW3CCOD*!LOB3CCOD*!LPS3CCOD*_TA!CP13CCOD*!CP23CCOD*!RS3CCOD*!U
C3CCOD*_ref+LS+RS+1#ref+LS+RS+2#ref+LS+RS+3#ref+CP1+LS+1#…_SMD+CP1
+PF1+1#SMD+CP1+PF1+2#SMD+CP1+PF2+1#SMD+CP2+SR+1

3.5　辅助标识技术

为减轻系统设计者的工作量提供有效工具，同时为用户对模型库的自定义扩充提供基本条件，本节提出一种数字模型辅助标识方法，以全息标识规则和方法为基准，基于 CATIA 的二次开发技术，以 Visual Basic 为开发语言，并使用 SQL Server(structured query language server) 作为后台数据库，设计一种基于数字模型物元标识的人机交互平台。

辅助标识方法的初始研究对象为任何一般装配体，通过对装配体装配信息的分析与提取，以人机交互的形式实现模型的标准化全息物元标识的创建，流程如图 3-13 所示。

打开待标识装配体模型，获取模型文件名、扩展名和模型数据格式信息；确定标识对象，查询设计表获取该零部件材料信息。根据行业标准 NY/T 1640—2015，确定模型所属类别、所属单元以及零部件所处农机装配拓扑层次位置信息。通过输出 .txt 格式装配模型结构树信息文本文档来获取装配模型零部件个数、实例名称和零件编码等基本信息，输出的文本文档作为临时文件，完成辅助标识后即可删除，此种方法相较于在模型结构树中逐级分析探索更加高效。装配模型结构树信息文本文档能确定装配体名称和各零部件名称，并可在系统调用

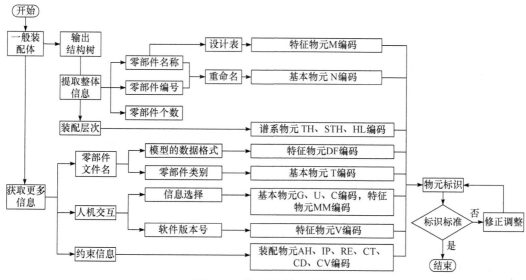

图 3-13 模型辅助标识流程

和查看，按规则重命名装配体及全部零部件名称，方便标识基本物元零部件名称；重新遍历装配模型结构树，利用获取的重命名后的零部件个数和名称等信息，得到装配层次信息，并将信息转化为物元编码；利用人机交互界面，得到装配物元信息。各信息都是利用人机交互界面结合编码及标识规则进行整合和标识的。

3.5.1 连接 CATIA

CATIA 进程外开发方式最主要的有两种方法：一种是开放的基于构件的应用编程接口 CAA（component application architecture，组件应用架构）技术，另一种是自动化对象编程 CATIA Automation 技术。本书利用自动化对象编程 CATIA Automation 技术，以交互方式进行定制开发，此种方法相较于 CAA 技术更加简单。在 CATIA Automation 中，所有的数据都被封装成对象的形式，并形成建模时常见的逐层包含的树状结构。Application（应用）是根对象，下面又派生出许多子对象。每一个对象都有其自己的操纵集合的方法和属性。本章所用到的对象之间的结构关系如图 3-14 所示。

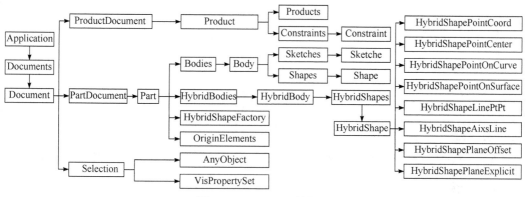

图 3-14 CATIA 文档结构

利用 CreateObject 方法访问 CATIA，语句参见 2.6.3 节 "语义相似度计算" 部分。

利用 OpenFileDialog 控件选择并打开 CATIA 模型文件，语句为

```
OpenFileDialog1.FileName = ""
OpenFileDialog1.ShowDialog()
strFilePath = System.IO.Path.GetFullPath(OpenFileDialog1.FileName)
productDocument1 = documents1.Open _
(strFilePath)
```

以上面提到的 2B-JP-FL-02 双腔立式复合圆盘排种器模型为例，取左壳体为标识对象，按照辅助标识系统中的步骤提示进行操作能够确保标识结果正确。

辅助标识系统连接 CATIA 打开模型界面如图 3-15 所示，根据步骤提示打开 2B-JP-FL-02 双腔立式复合圆盘排种器模型。

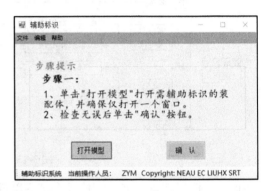

图 3-15　打开模型界面

3.5.2　信息提取

输出结构树、获取零部件文件名和零部件个数均为系统后台完成过程，其他提取步骤需结合人机交互界面完成。

1）模型所属类别、所属单元以及零部件所处农机装配拓扑层次位置信息确定

根据行业标准 NY/T 1640—2015，利用人机交互界面，用户在操作框处选择 2B-JP-FL-02 双腔立式复合圆盘排种器模型类型，获得模型所属类别 G、所属单元 U 以及零部件所处农机装配拓扑层次位置 TH 信息，交互界面如图 3-16 所示。

2）零部件代号确定

在文本框中输入 2B-JP-FL-02，交互界面如图 3-17 所示。

图 3-16　选择模型所属类别及单元对话框

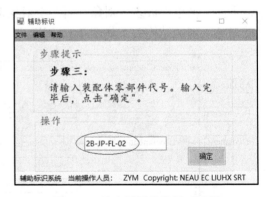

图 3-17　输入零部件代号对话框

3）结构树输出

利用 ProductDocument（产品文档）对象的 ExportData（输出数据）方法快速输出装配模型结构树，语句为

```
oProductDocument.ExportData(iFileName, iFormat)
```

其中，**iFileName** 为输出文件名(包括完整路径)，**iFormat** 为输出格式类型。本书输出格式类型定义为.txt。

利用文本格式的结构树信息，可快速获取零部件个数、实例名称和零件编码，为遍历结构树和准确获取更多装配信息提供基础信息。完成辅助标识后，系统自动删除该文本文件，语句为

```
My.Computer.FileSystem.DeleteFile("",FileIO.UIOption.OnlyErrorDialogs,Fil
eIO.RecycleOption.SendToRecycleBin, FileIO.UICancelOption. DoNothing)
```

4)零部件文件名(含扩展名)获取

通过获取 2B-JP-FL-02 双腔立式复合圆盘排种器模型文件的路径，自动获取该文件扩展名，即零部件数字模型的数据格式 DF，语句为

```
System.IO.Path.GetExtension(strFilePath)
```

5)重命名

遍历 2B-JP-FL-02 双腔立式复合圆盘排种器模型结构树输出.txt 文本文件，读取文本文件内容，获得装配体名称、零部件个数和名称，利用人机交互的方式，重命名装配体和零部件名称。

自动读取结构树输出的.txt 文本文件信息，其语句为

```
New StreamReader("", System.Text.Encoding.Default)
s = sr.ReadLine
```

获取信息后，系统将总装配体名称和各零部件名称反映在交互界面上。
反映总装配体名称的语句为

```
If InStr(TextLine1, "RootProduct :") Then
RootPro_Name = Mid(TextLine1, 15, Len(TextLine1) - 14)
End If
Label4.Text = RootPro_Name
```

反映零部件名称的语句为

```
If InStr(TextLine1, "|- Product : ") Then
Space_Num_Str = Space_Str(TextLine1)
Instance_Name = Instance_Name_tran(TextLine1)
Part_Name = Part_Name_tran(TextLine1)
Arr_Space_Line = Arr_Space_Line & Space_Num_Str & "|"
Instance_Name_Line = Instance_Name_Line & Instance_Name & "|"
End If
Arr_Instance_Name = Split(Instance_Name_Line, "|")
Label4.Text = Arr_Instance_Name(0)
```

用户根据步骤提示在文本框中输入"重命名"，系统自动更新总装配体名称和各零部件名称。

重命名后总装配体名称的语句为

```
New_RootPro_Name = TextBox1.Text
```

更新重命名后各零部件名称，其语句为

```
New_PartNum = TextBox1.Text
```

交互界面如图 3-18 和图 3-19 所示。

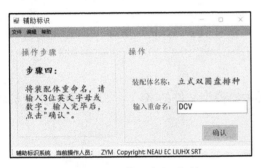

图 3-18　装配体重命名对话框

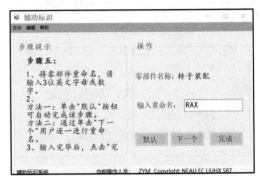

图 3-19　零部件重命名对话框

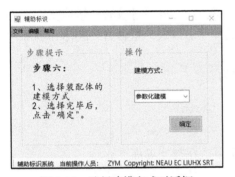

图 3-20　选择建模方式对话框

6）模型建模方式确定

利用人机交互界面通过下拉框选择模型建模方式为参数化建模，交互界面如图 3-20 所示。

7）版本号确定

提示框提示用户需选择创建 2B-JP- FL-02 双腔立式复合圆盘排种器模型所使用的建模软件，如图 3-21 所示。单击"确定"按钮后，系统利用 OpenFileDialog 控件获取用户计算机文件，并将文件类型限制为.exe 格式，如图 3-22 所示，其语句为

```
OpenFileDialog1.Filter = "executable files (*.exe)|*.exe|All files (*.*)|*.*"
```

建模软件选择完毕后，用户单击"确定"按钮，系统将自动获取软件属性信息即得到创建零部件软件的版本号 V，交互界面如图 3-23 所示，其语句为

```
Dim FileProperties As FileVersionInfo = FileVersionInfo.
GetVersionInfo(strFilePath)
```

8）零部件材料信息获取

选择左壳体作为标识对象 N 后，系统将连接设计表并利用 API 函数逐层查询标识对象的材料信息，获取标识对象的材料 M。

连接 Excel 数据表的语句为

图 3-21　提示对话框

```
xlApp = New Microsoft.Office.Interop.Excel.Application()
xlBooks = xlApp.Workbooks
xlBook = xlBooks.Open(strFilePath)
```

```
xlSheets = xlBook.Worksheets
xlApp.visible = True
```

图 3-22　选择建模软件对话框

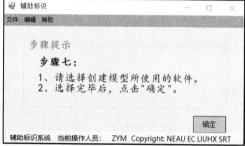

图 3-23　确定版本号对话框

API 函数语句为

```
wshShell = CreateObject("WScript.Shell")
```

9) 约束信息获取

约束信息包括不同装配层次的约束个数、约束名称、约束类型和约束参考元素。

根据得到的基本信息和装配层次信息，利用 Constraints (约束) 对象的 Count (数量) 属性获取各装配层次的约束个数。

利用 Constraints 对象的 Item (项目) 方法遍历各装配层次的全部约束 Constraint (约束) 对象，返回类型为 Constraint，语句为

```
oConstraint= oConstraints.Item(iIndex)
```

其中，iIndex 为约束集合中对象的名称或顺序号，本书顺序号根据获取的约束个数确定。

分别利用 Constraint 对象的 Name 和 Type (类型) 属性获取约束名称与种类。利用 Constraint 对象的 GetConstraintElement (获取约束元素) 方法获取装配参考元素，返回类型为 Reference，语句为

```
oReference= oConstraint. GetConstraintElement(iElementNumber)
```

利用 Reference (参考) 对象的 DisplayName (显示名称) 属性获取参考的 GenericNaming label (通用命名标识)。GenericNaming label 中包含的信息有参考所属零件名称和路径、参考元素类型、参考元素名称等。

读取.txt 结构树文本文件，将文件信息反映在交互界面上，语句为

```
TreeView1.Nodes.Add(AllLine)
```

利用.txt结构树文本文件的装配层次关系获取左壳体在装配结构树中所属层次位置STH，语句为

```
TreeView1.SelectedNode.Parent.Text
```

根据左壳体的装配层次信息，利用后测型循环结构，将基础拓扑层次装配物元要素 AH 和 IP 连续标识，语句为

```
Do
Exit Do
Loop Until MStop = True
```

用户按照界面步骤提示完成装配物元等信息的获取，如图 3-24 所示。

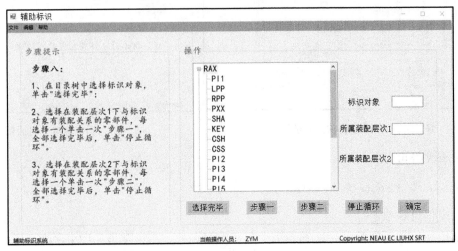

图 3-24　装配物元信息提取对话框

3.5.3　信息转化与标识

最后完成辅助标识，系统不仅将标识结果反映在交互界面上，如图3-25所示，而且将自动保存全部零部件，并在SQL Server中创建数据库和数据表，如图3-26所示，将标识结果存入数据表中，如图3-27所示。

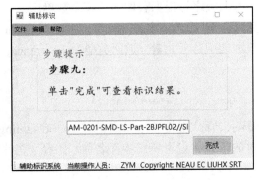

图 3-25　完成辅助标识对话框

图 3-26　自动创建数据表

物元名称	编码标识
基本物元	AM-0201-SMD-LS-Part-2BJPFL02
谱系物元	SMD-LSA-TA
特征物元	RM-CAT-V5R21-Aluminum
装配物元	RS3CCOD*!UC3CCOD*_ref+LS+RS+1#ref+LS+RS+2#ref+LS+RS+3#ref+CP1+LS+1#..._SMD+CP1+PF1+1#SMD+CP1+PF1+2#SMD+CP1+PF2+1#SMD+CP2+SR+1

图 3-27　数据表

自动保存语句为

```
CATIA.ActiveDocument.Save
```

连接数据库语句为

```
strConn = "Integrated Security= SSPI;Persist Security Info= False;Data Source=(local)"
```

创建数据库语句为

```
Create database [database_name]
```

创建数据表语句为

```
create table [table_name] (column_name data_type,...)
```

向数据表存储数据语句为

```
INSERT INTO table_name (column_name,...) VALUES (" "'" & Trim("date") & "',"& ... & "')
```

第 4 章　系列变型与变异变型设计

4.1　概　　述

对于设计资源，数字模型检索完成后，当检索出的模型与目标模型间存在一定差异时，只能检索出相似度最大的模型，而检索出的普通相似模型并不能给出对应的修改方案，也不能很好地支持产品的快速设计。因此，需要对参数化变型设计应用技术进行研究，以利用参数化变型设计方法来实现产品的快速设计，通过修改检索到的相似模型的某些关键参数来修改模型，快速设计出满足检索人员需求的目标模型。

传统的参数化设计是指通过改变模型的某些关键尺寸，实现在模型几何拓扑关系不变的情况下驱动模型关键尺寸变化生成一系列尺寸不同的模型的设计过程。装配体通过参数化设计可根据市场需求对产品进行结构形式更新，实现产品结构改进的变型设计。变型设计是现代工业产品研发与升级换代的主要形式。

国内外针对装配体参数化设计大多为传统的具有几何拓扑关系的参数化系列模型的变型设计，而对于结构发生变化的装配体变异模型的参数化设计的研究鲜有报道。因此，研究装配体可同时实现系列变型与变异变型的设计方法，可大幅提高产品的设计效率，在参数化变型设计中具有更大的应用价值。

4.2　参数化层次与参数化设计流程

4.2.1　装配体参数化层次分析

装配体是指一组具有装配约束关系的零件的集合，对于一个完整的装配体，除了要对装配体中各个零件进行描述，还需明确零件间相互关联的性质。因此，装配体的参数化模型应该包括两方面：零件参数化模型和装配体内零件间的参数关联。

装配体的变型是由关键零件变型引起的，因此装配体进行变型设计前，需要对零件进行变型设计。本章采用自下而上的装配体建模方法，将装配体的设计主参数转化为零件的驱动参数，建立参数化模型。装配体参数化层次关系如图 4-1 所示。

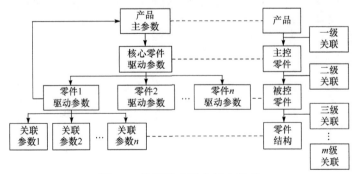

图 4-1　装配体参数化层次关系

4.2.2　参数化变型设计流程

图 4-2 为参数化变型设计流程。

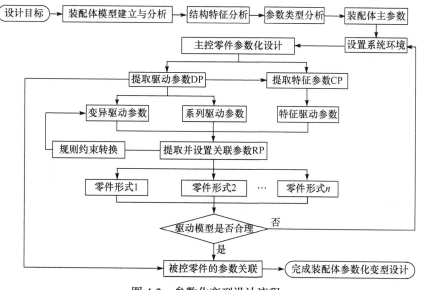

图 4-2　参数化变型设计流程

4.3　参数化对象模型分析

对于播种装备，排种器是整个播种装备设计过程中的核心零部件。以 2B-JP-FX 系列排种器中 2B-JP-FL 立式圆盘及 2B-JP-FP 浅盆形同类两型机械式排种器为研究对象，以装配体内部零件装配关系为完全约束，通过在 CATIA 环境下进行参数化变型设计，利用规则转换法构建具有特征联动装配体的参数化模型，以最少基础模型与驱动参数完成排种器装配体系列模型变型设计与多型排种器间变异模型转换，为利用播种装备数字模型资源实现产品的快速设计提供技术支持。

2B-JP-FX 系列双腔复合排种盘机械式精密排种器利用"内部降速充填、外部组合增频"的理论，使机械式精密排种器的作业速度大幅提高，通过结构变型与变异衍生出多种技术型号。系列排种器能适应现代机械化作业的高速要求，使机械式精密排种器的结构简单、成本低、无附属辅助系统等优点充分发挥。该系列排种器研发过程中，现代数字样机与仿真技术运用需大量模型设计与装配工作，很多为重复性劳动。利用参数化设计研究针对装配体和系列与变异变型设计方法，可有效减少基础模型的数量，提高工作效率。

图 4-3 分别为 2B-JP-FL 立式圆盘排种器、2B-JP-FP 浅盆形排种器的总成装配模型，主要由左右排种器壳体、复合排种盘、排种轴、轴承和护种板等组成。

其中，装配体包含多种变型种类，为了明确零件间的变型关联，将排种器装配体中零件进行变型类型划分，主要包括主控零件（master component，MC）、被控零件（controlled component，TC）和同一零件（identical component，IC），其中被控零件包括变异被控零件和系列被控零件。被控零件随着主控零件的变动而发生相应的变型，被控零件与同一零件仅在装配完全约束条件下发生相对位置的改变，零件形状尺寸不发生变化。

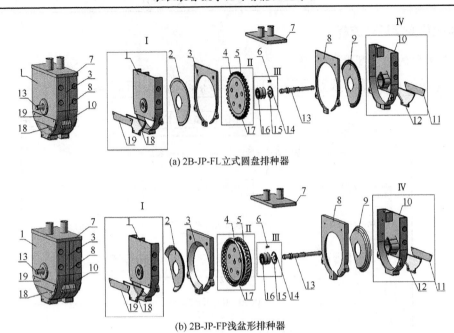

(a) 2B-JP-FL立式圆盘排种器

(b) 2B-JP-FP浅盆形排种器

图 4-3　排种器总成装配模型及其零部件

1、10. 左、右壳体；2、9. 左、右护种板；3、8. 左、右壳体内板；4、5. 左、右排种盘；6. 键；7. 上盖；
11、19. 右、左挡板；12、18. 右、左检视窗；13. 排种轴；14、15. 卡簧；16. 轴承；17. 隔板
注：Ⅰ、Ⅳ为系列被控零件，如 1、10、11、12、18、19；Ⅱ为主控零件，如 4、5；
Ⅲ为同一零件，如 6、14、15、16；未进行编号的均为变异被控零件

4.4　系列变型设计

就排种器而言，关键部件是排种盘。排种盘的变化会带来一系列特征联动，最直接的就是引起护种板、壳体的变动。因此，以左排种盘的参数化变型设计为核心，作为主控零件来实现排种器系列变型与变异变型设计。

图 4-4 为排种盘模型变型设计流程。

4.4.1　核心零件参数化建模

零件参数化建模是指将零件模型中的关键参数变量化，通过参数的修改使零件模型产生特征联动，实现几何模型的修改。建立零件参数化模型的关键是对零件参数进行分析，包括零件结构特征分析和零件参数类型分析。

1）零件结构特征分析

以核心零件左排种盘的系列变型为目标，对排种盘结构进行特征分析。左排种盘的系列变型设计，通过改变左排种盘的直径实现在几何拓扑关系下生成一系列尺寸不同的左排种盘模型。图 4-5 为立式排种盘模型。

立式排种盘的主要参数有排种盘外圆直径(pzd)、型孔分度圆直径(pzd_k)、台肩直径(pzd_s)、型孔个数(n)、铆钉孔分度圆直径(pzd_f)、排种盘厚度(B_z)和型孔尺寸，其中，排种盘型孔结构复杂，需专门设计，同一系列排种盘的型孔分度圆直径(pzd_k)、台肩直径(pzd_s)、型孔个数(n)和铆钉孔分度圆直径(pzd_f)均随排种盘直径变化而变化，因此选择排种盘外圆直径(pzd)作为系列驱动参数，对立式排种盘进行系列变型设计。

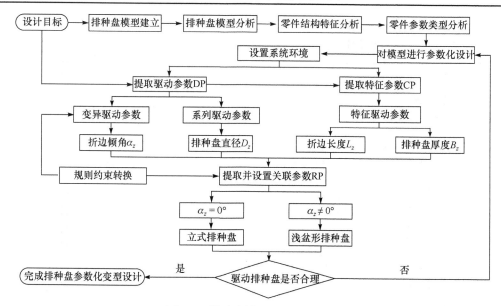

图 4-4　排种盘模型变型设计流程

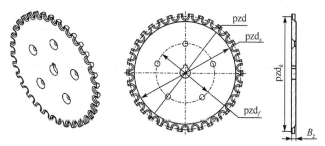

图 4-5　立式排种盘模型

注：pzd 为排种盘外圆直径，mm；pzd_s 为台肩直径，mm；pzd_f 为铆钉孔分度圆直径，mm；pzd_k 为型孔分度圆直径，mm；B_z 为排种盘厚度，mm

2）零件参数类型分析

参数化设计的零件往往包括多个参数，为确定参数间的函数关联，需根据参数功能对零件的各参数进行分析，以便于零件参数化模型的构建，并在零件参数中提取能直接驱动模型变化的参数。零件的参数有多种类型，这里主要讨论零件的尺寸参数。对于立式排种盘，将尺寸参数分为驱动参数（drive parameter，DP）、特征参数（characteristic parameter，CP）和关联参数（relevant parameter，RP）。

（1）驱动参数是实现零件拓扑关系和定形定位尺寸变化的核心参数，其他绝大多数参数通过函数关系与其直接或间接关联。

（2）特征参数是驱动参数的补充，当零件某些参数无法与驱动参数建立函数关联时，可引入特征参数。

（3）关联参数是间接驱动零件模型形状的一类参数，通过函数公式与驱动参数直接关联。

3）零件参数化设计

（1）软件系统环境设置。

进行零件参数化设计前需要对 CATIA 软件进行功能设置，使"参数""关系"选项能够显示在结构树上，方便设计过程中设定的参数及关联函数的修改。软件环境设置的方式是激活"知识工程"选项下的"带值""带公式"两个选项和"显示"选项下的"在结构树中显示"区域中的所有复选框，分别如图 4-6 和图 4-7 所示。

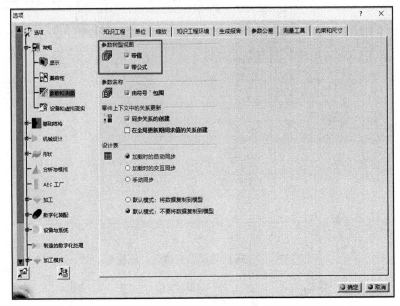

图 4-6　设置参数树型视图

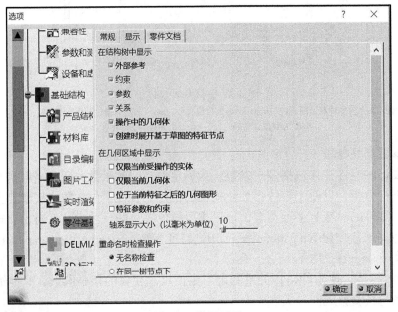

图 4-7　设置显示

(2)驱动参数的设定。

在左排种盘零件工作台下，通过激活"知识工程"工具栏中"公式" fᴍ 功能来设定驱动参数，如图 4-8 所示。

新建一个参数名为"D_z"的长度类型参数，将其作为系列驱动参数，用于系列排种盘的设计。根据国家标准以及零件组合尺寸配对原则，取排种盘常用尺寸 200mm 作为初始值，如图 4-9 所示。

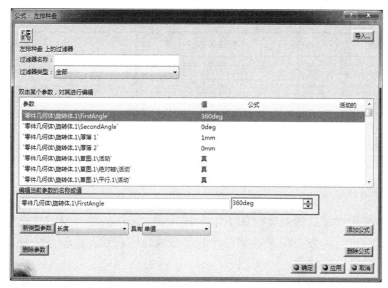

图 4-8 公式对话框

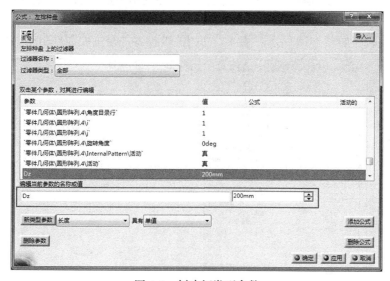

图 4-9 创建新类型参数

(3)关联函数的建立。

进入左排种盘生成旋转特征的草图编辑工作台，对左排种盘外圆半径尺寸进行公式编辑，为"零件几何体\旋转体.1\草图.1\偏移.1\Offset = D_z/2"，即完成左排种盘外圆直径与设定的驱动参数的关联。为保证左排种盘的尺寸约束关系，在左排种盘零件全约束条件下，对于零件中其他特征参数尺寸同样需要关联函数来定义，设定方法同上。左排种盘系列变型关键参数如表 4-1 所示。

表 4-1 左排种盘系列变型关键参数

参数类别	参数名称	关联函数
驱动参数	排种盘直径	$pzd=D_z$
特征参数	排种盘厚度	$B_z=8mm$

续表

参数类别	参数名称	关联函数
关联参数	型孔分度圆直径	$pzd_k=D_z-9\text{mm}$
	台肩直径	$pzd_s=D_z-26\text{mm}$
	型孔个数	$n=\text{round}(0.17D_z/1\text{mm})$
	铆钉孔分度圆直径	$pzd_f=0.5D_z$

4.4.2 装配体参数化建模

装配体的参数化建模是指对装配体下主参数(main parameter，MP)进行特征传递，通过其他参数与主参数进行函数关联来确定零件的参数值，实现装配体模型的驱动。

1)零件间关联函数的建立

若要保证排种器模型在装配约束完全的条件下，可以随着左排种盘变化而产生特征联动，需将左排种盘作为主控零件，其他相关被控零件利用函数关系式与主控零件进行参数关联。对于 CATIA 软件平台环境，其"外部参考"下"保持与选定对象的链接"功能，可实现零件间的参数关联，如图 4-10 所示。表 4-2 为相关被控零件与主控零件驱动参数的关联函数。

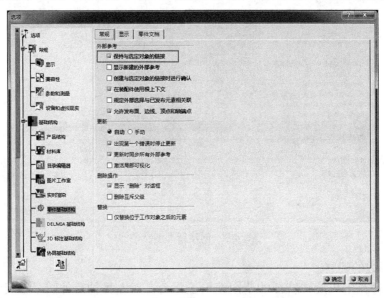

图 4-10　设置保持与选定对象链接

表 4-2　排种器系列变型驱动参数关系

零件类型	零件名称	参数名称	关联函数
主控零件	左排种盘	排种盘直径	D_z
被控零件	右排种盘	排种盘直径	$D_y=D_z$
	隔板	外圆直径	$D_g=D_z$
	左壳体	壳体内圆直径	$D_{zk}=D_z$
		壳体腔厚度	$B_{zk}=36\text{mm}$

续表

零件类型	零件名称	参数名称	关联函数
被控零件	左壳体内板	内板内圆直径	$D_{zn}=D_z$
		内板厚度	$B_{zn}=B_z$
	右壳体	壳体内圆直径	$D_{yk}=D_z$
		壳体腔厚度	$B_{yk}=36mm$
	右壳体内板	内板内圆直径	$D_{yn}=D_z$
		内板厚度	$B_{yn}=B_z$
	左护种板	护种板外圆直径	$D_{zh}=D_z$
	右护种板	护种板外圆直径	$D_{yh}=D_z$
	上盖	上盖长度	$L_s=D_z+15mm$
	左检视窗	检视窗直径	$D_{zj}=D_z+12mm$
	右检视窗	检视窗直径	$D_{yj}=D_z+12mm$
	左挡条	挡条直径	$D_{zd}=D_z+6mm$
	右挡条	挡条直径	$D_{yd}=D_z+6mm$

注：被控零件关联函数中 D_z 为外部参数，其中 B_z 为主控零件中的特征参数。

2) 参数组织

为建立装配体的参数化模型，需要激活 CATIA 软件中"结构树节点名"内的"参数"功能，通过该设置的参数能显示在装配体结构树上，如图 4-11 所示。

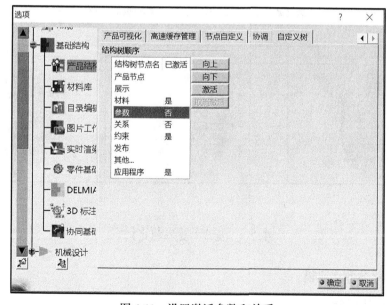

图 4-11　设置激活参数和关系

在排种器装配全约束条件下，若要保证相关零件能被装配体主参数驱动，需添加装配体的主参数与主控零件左排种盘的驱动参数的关联。

在排种器装配体平台下，新建一个初始值为 200mm 的长度类型参数"*D*"。以上参数作为排种器零件内主参数。进入左排种盘的零件平台下，建立与装配体主参数的函数关联，如表 4-3 所示，即完成了关联函数的建立，可直接通过修改装配体主参数的值来实现整个装配体的系列变型设计。

表 4-3　用于系列变型设计的装配体参数关系

参数类型	参数名称	关联函数
装配体主参数	排种盘直径	D
零件驱动参数	排种盘直径	$D_z=D$

注：零件驱动参数的关联函数中 *D* 为外部参数。

4.4.3　模型驱动

通过更改软件平台下装配体结构树中的主参数进行模型驱动，如图 4-12 所示，将排种盘直径 *D* 参数分别修改为 160mm、200mm、240mm 三组不同的数值，虚拟驱动前后的结构对比如表 4-4 所示。

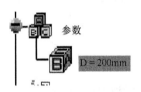
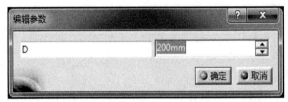

图 4-12　编辑主参数

表 4-4　立式排种器模型系列变型驱动变化

排种盘直径 *D*/mm		
160	200	240

4.5　变异变型设计

4.5.1　核心零件参数化建模

1) 零件结构特征分析

以核心零件左排种盘的变异变型为目标，对同类两型排种盘结构进行特征分析。而对于左排种盘的变异变型设计，是指通过定形定位参数的改变实现排种盘结构发生变化的过程。因此，需要对所需变异排种盘的类型进行分析。图 4-13 给出了立式排种盘模型和浅盆形排种盘模型。

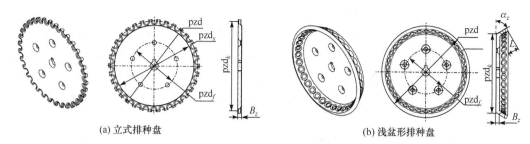

图 4-13　排种盘模型

注：pzd 为排种盘直径，mm；pzd_s 为台肩直径，mm；pzd_f 为铆钉孔分度圆直径，mm；pzd_k 为型孔分度圆直径，mm；
$α_z$ 为折边倾角，(°)；L_z 为折边长度，mm；B_z 为排种盘厚度，mm

浅盆形排种盘与立式排种盘相比，增加了一个折边倾角($α_z$)，因此需增设折边倾角($α_z$)作为变异驱动参数，通过改变折边倾角的尺寸参数值来实现立式排种盘到浅盆形排种盘的变异变型过程，但变异变型过程中可能会引起模型的结构不稳定，所以需在保证几何关系全约束的前提下，尺寸参数改变不受其他条件约束影响。

2）零件参数类型分析

对于同类两型排种器的变型设计，同样有驱动参数、特征参数和关联参数三种类型的尺寸参数。

3）零件参数化设计

（1）驱动参数的设定。

新建一个参数名为"D_z"的长度类型参数，将其作为系列驱动参数，用于系列排种盘设计，根据国家标准以及零件组合尺寸配对原则，取排种盘常用尺寸 200mm 作为初始值。然后，新建一个值为 0deg 的角度类型参数"$α_z$"，将其作为变异驱动参数，此时为立式排种盘，通过更改参数"$α_z$"角度尺寸，即可变型为浅盆形排种盘。改变折边倾角时，为了保证排种器实际作业时种子能顺利排出，折边倾角应具有最小值约束。

（2）关联函数的建立。

对于零件中其他特征参数尺寸同样需要关联函数来定义，设定方法同系列变型设计方法。左排种盘变异变型关键参数如表 4-5 所示。

表 4-5　左排种盘变异变型关键参数

参数类别	参数名称	关联函数
驱动参数	外圆直径	$pzd=D_z$
	折边倾角	$α_z$
特征参数	折边长度	$L_z=22.4mm$
	排种盘厚度	$B_z=8mm$
关联参数	型孔分度圆直径	$pzd_k=D_z-9mm$ （立式） $pzd_k=(D_z/2-L_z/2*\cos('α_z'))*2$ （浅盆形）
	台肩直径	$pzd_s=D_z-26mm$ （立式） $pzd_s=0mm$ （浅盆形）
	型孔个数	$n=\mathrm{round}(0.17D_z/1mm)$ （立式） $n=\mathrm{round}(0.31D_z/2mm)$ （浅盆形）
	铆钉孔分度圆直径	$pzd_f=0.5D_z$

（3）规则转化法建立关联参数。

为了实现变异变型设计过程，需要在关键零件左排种盘创建过程中，对某些关键尺寸进行"规则"设置，通过引入新的尺寸值来替换原有尺寸值，称为规则转换法。立式排种盘变异变型过程主要是通过改变折边倾角实现的，改变折边倾角时，会引起型孔分度圆直径、台肩直径及型孔个数的变化，因此需要对型孔分度圆直径"pzd_k"、台肩直径"pzd_s"、型孔个数"n"进行规则编辑。

在对左排种盘零件型孔分度圆直径"pzd_k"进行草图编辑后，激活"知识工程"中的"Knowledge Advisor"模块，通过"规则"功能，创建规则名称为"pzd_k"的规则编辑器，在规则编辑器对话框中编辑"pzd_k"的规则条件语句计算"pzd_k"值。当折边倾角参数"α_z"为0deg时，此时为立式排种盘；当折边倾角参数"α_z"不为0deg时，为浅盆形排种盘。因此，条件语句如下：

```
if 'αz' = = 0deg
    pzdk =Dz-9mm
else if 'αz'< > 0deg
    pzdk =(Dz/2-Lz/2*cos('αz'))*2
```

利用此方法对左排种盘的台肩直径"pzd_s"、型孔个数"n"进行设置。

4.5.2　装配体参数化建模

1）零件间关联函数的建立

表4-6为相关被控零件与主控零件驱动参数的关联函数。

表4-6　排种器变异变型驱动参数关系

零件类型	零件名称	参数名称	关联函数
主控零件	左排种盘	排种盘直径	D_z
		折边倾角	α_z
被控零件	右排种盘	排种盘直径	$D_y=D_z$
		折边倾角	$\alpha_y=\alpha_z$
	隔板	外圆直径	$D_g=D_z$（立式） $D_g=(D_z/2-\sin('\alpha_z')*B_z-\cos('\alpha_z')*L_z+\tan('\alpha_z'/2)*B_z)*2$（浅盆形）
	左壳体	壳体内圆直径	$D_{zk}=D_z$
		壳体腔厚度	$B_{zk}=36mm$
	左壳体内板	内板内圆直径	$D_{zn}=D_z$
		内板厚度	$B_{zn}=B_z$（立式） $B_{zn}=B_z+L_z*\sin('\alpha_z')+1mm$（浅盆形）
	右壳体	壳体内圆直径	$D_{yk}=D_z$
		壳体腔厚度	$B_{yk}=36mm$
	右壳体内板	内板内圆直径	$D_{yn}=D_z$
		内板厚度	$B_{yn}=B_z$（立式） $B_{yn}=B_z+L_z*\sin('\alpha_z')+1mm$（浅盆形）
	左护种板	护种板外圆直径	$D_{zh}=D_z/2-\sin('\alpha_z')*B_z$

续表

零件类型	零件名称	参数名称	关联函数
被控零件	左护种板	护种板折边倾角	$\alpha_{zh}=\alpha_z$
	右护种板	护种板外圆直径	$D_{yh}=D_z/2-\sin('\alpha_z')*B_z$
		护种板折边倾角	$\alpha_{yh}=\alpha_z$
	上盖	上盖长度	$L_s=D_z+15\text{mm}$
		上盖宽度	$B_s=(B_z+L_z*\sin('\alpha_z')+36\text{mm})*2+5\text{mm}$
	左检视窗	检视窗直径	$D_{zj}=D_z+12\text{mm}$
	右检视窗	检视窗直径	$D_{yj}=D_z+12\text{mm}$
	左挡条	挡条直径	$D_{zd}=D_z+6\text{mm}$
	右挡条	挡条直径	$D_{yd}=D_z+6\text{mm}$
	排种轴	排种轴的长度	$L_p=150\text{mm}+B_z+L_z*\sin('\alpha_z')$

注：被控零件关联函数中 D_z、α_z 为外部参数，其中 B_z、L_z 为主控零件中的特征参数。

2）参数组织

在排种器装配体平台下，新建一个初始值为 200mm 的长度类型参数 "D"，再新建一个初始值为 0deg 的角度类型参数 "α_p"。进入左排种盘的零件平台下，建立与装配体主参数的函数关联，如表 4-7 所示，即完成了关联函数的建立，可直接通过修改装配体主参数的值来实现整个装配体的变型设计。

表 4-7　用于变异变型设计的装配体参数关系

参数类型	参数名称	关联函数
装配体主参数	排种盘直径	D
	折边倾角	α_p
零件驱动参数	排种盘直径	$D_z=D$
	折边倾角	$\alpha_z=\alpha_p$

注：零件驱动参数的关联函数中 D、α_p 为外部参数。

4.5.3　模型驱动

通过更改软件平台下装配体结构树中的主参数进行模型驱动，如图 4-14 所示，将排种盘

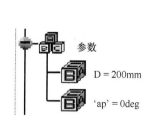

图 4-14　编辑主参数

直径与折边倾角以(D, α_p)组合形式进行参数更改，参数值分别为$(160, 0)$、$(200, 0)$、$(240, 0)$、$(160, 40)$、$(200, 40)$、$(240, 40)$、$(160, 70)$、$(200, 70)$、$(240, 70)$九组不同数值，虚拟驱动前后的结构对比如表 4-8 所示。

表 4-8　排种器模型系列与变异变型驱动变化的对比

类型	折边倾角 α_p/(°)	排种盘直径 D/mm		
		160	200	240
立式排种器	0			
浅盆形排种器	40			
	70			

采用进程外编程访问 CATIA，即将 CATIA 作为一个 OLE（object linking embedding）自动化服务器，当外部程序通过 COM 接口来访问 CATIA 内部对象时，若 CATIA 未启动，则用 CreateObject 函数打开 CATIA；若 CATIA 已启动，则使用 GetObject 函数直接与 CATIA 建立连接，其代码参见 2.6.3 节"语义相似度计算"内容。

在人机交互界面中实现对模型参数的修改及模型的驱动，可将部分宏程序复制到程序中进行修改，或对程序直接进行编译。实现驱动的关键程序代码如下：

```
Text1.SetFocus                          '..........文本框获取焦点
Text2.SetFocus
  Do While Text1.Text = ""              '..........文本框为空时提示错误并重输
Text2.Text = ""
    MsgBox "wrong"
  Exit Sub
  Loop
Set Documents1 = CATIA.Documents        '..........打开装配体模型
Set ProductDocument1=Documents1.Open(App.Path"\canshuhua\Product1.CATProduct ")
  Set ProductDocument1 = CATIA.ActiveDocument    '.........将输入数值赋予装配体模型主参数
```

```
    Set Product1 = ProductDocument1. Product
    Set parameters1 = Product1.Parameters
parameters1.Item("D").Value = Val(Text1.Text)
parameters1.Item("αp").Value = Val(Text2.Text)
Product1.Update
```

第 5 章　知识库系统

5.1　概　述

知识库系统主要用于研究农机装备设计知识的获取和分类方法，能解决复杂农机装备整机及零部件设计知识种类繁多、更新迅速、总量庞大的问题。通过谱系拓扑图将设计知识层次化组织，应用合适的知识表示方法建立通用的联合收割机零部件设计体系。基于知识工程的理论方法，集成数据关联、二次开发等技术，为实现知识库系统中知识的组织存储、浏览、查询、推理及模型辅助设计等功能提供解决方案，使之适用于农机装备系列产品设计的要求，减少传统研发过程中存在的反复性设计问题，缩短研发周期，提高设计水平。知识库系统可以将知识高效获取并继承运用，使设计过程程序化、模块化、自动化。

国内外研究表明，建立知识库系统的目的在于弱化用户的专业性要求，构建智能工具，使其具备简捷的交互式操作方式求解设计问题的能力，同时将产品设计知识整理形成统一的知识框架体系，辅助设计人员完成产品设计过程。知识库系统在诸多研究领域的开发应用的研究成果斐然，但是在农机装备领域的研究才初步开展，远不及其他领域。就农机装备智能化设计的整体研发水平而言，我国仍处于起步阶段，尚未建立有效的智能化设计平台。下面以联合收割机为例进行简单介绍。

(1) 在联合收割机整机及零部件的设计过程中，缺乏有效的知识获取方法将设计知识给予系统有效的收集归纳和整理，存在知识共享性差、在新产品开发中继承困难等问题，导致同样的设计失误反复出现，增加了联合收割机的开发成本，延长了设计时间。

(2) 联合收割机的设计知识种类多样且形式复杂，需要花费大量的时间来分析并组织，也缺乏清晰的组织形式、方法和管理工具，设计知识的集成化管理程度降低，导致设计知识难以进行系统化组织、分类与存储，延长了设计周期。

(3) 目前针对联合收割机设计过程中所涉及的知识表达、推理技术等方面还没有很好的解决方案，难以针对标准化、系列化的设计需求建立通用的设计体系。同时，联合收割机在设计过程中难以实现设计与分析过程的自动化，存在设计效率低、跨平台操作复杂等诸多问题。

本章针对联合收割机这种具有作业环境复杂多变、作业对象类别多、使用季节性强、配置需求多样等特点的典型农机装备，通过构建并应用知识库系统，将设计知识集成管理，提高设计知识的高效获取、继承并运用的程度，进而提高设计效率与水平。

构建知识库系统的技术路线如图 5-1 所示。首先以智能化设计需求为牵引，基于联合收割机智能化设计平台对知识库系统进行体系架构；接着提出适用于联合收割机整机及零部件设计知识的获取方法；然后制作谱系拓扑图，将联合收割机设计进行知识层次化组织，并应用混合知识表示法建立通用的零部件设计体系；最后研究通过知识库系统实现设计过程中知识的存储、管理、浏览、查询、推理及模型辅助设计的方法，将知识高效获取、继承并应用，来解决联合收割机零部件的设计问题。

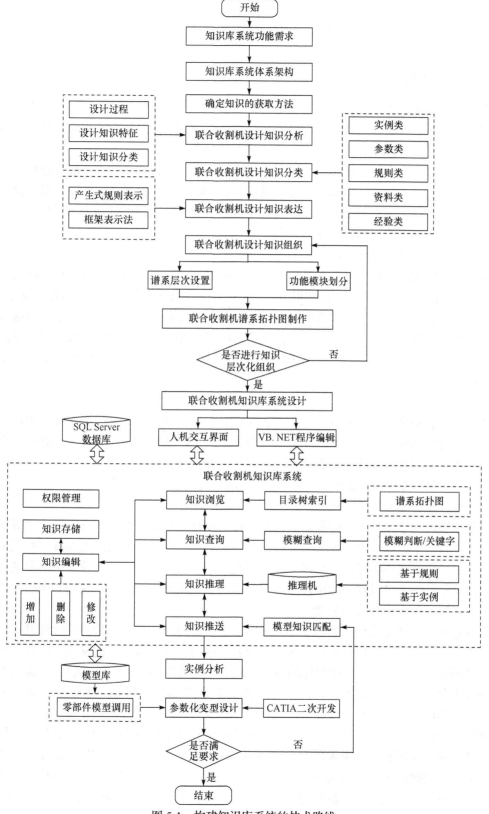

图 5-1 构建知识库系统的技术路线

5.2 知识库系统架构

5.2.1 总体架构方案

联合收割机知识库系统总体结构的确定，要综合考虑其基本功能与用途、组织方式和设计知识的特点等多方面，根据对系统功能需求的分析，构建的知识库系统需满足以下要求。

1）合理组织管理设计知识

联合收割机的设计知识具有种类繁多、形式复杂等特点，在知识库系统构建时可以采用层次化的知识结构，反映各类知识的关联关系；制作联合收割机谱系拓扑图并以目录树形式来体现知识库系统中知识的层次关系；通过与数据库的程序关联，将知识进行分类存储，实现知识库系统与数据库间知识的双向传递。

2）具备知识查询、推理功能

设计人员应能充分应用知识库系统的智能推理机制进行知识的查询与推理。通过人机交互的方式，用户根据设计需求，从知识库系统中查询出与设计要求相匹配或满意的设计信息。例如，在设计联合收割机脱粒装置的滚筒时，在系统的知识查询模块中的检索区域输入喂入量与滚筒转速等约束条件，可从系统中检索到与约束条件匹配的设计知识和相关信息，利用计算机代替手动查询书籍的方式，缩短查询时间。同时，可以调用系统中的方法函数规则等进行推理计算，提高设计效率。

3）知识的管理和维护

随着联合收割机设计领域的不断发展，知识会不断扩充更新，知识库系统在进行架构设计时需要考虑知识库系统的补充、完善、管理维护以及新知识的添加、编辑、修改及更新，同时需要考虑对知识库系统中知识处理的时间效率以及知识的存储空间。用户可以短时间查询且获取与设计需求相匹配的设计知识，并保证设计知识的存储效率。

4）与设计平台开发软件集成

知识库系统除了按照合理的数据结构形式存储设计知识并进行知识查询、推理等功能，通过将产品设计平台和知识库系统集成，用户能在模型设计的同时及时查询推理并调用知识库系统中的知识，而不需要跨平台操作，只用将需要的设计信息直接从系统中调取推送给用户进行模型设计，而且设计过程中涉及的系统中不存在的知识能直接存储到知识库系统中，为当前和之后的研究设计提供参考。

以联合收割机智能化设计平台功能需求为牵引可以对知识库系统的总体结构进行设计，如图 5-2 所示，联合收割机知识库系统是联合收割机智能化设计平台的基础，联合收割机设计时需考虑标准化、系列化、通用化的设计方法、功能结构要求、整机/部件设计需求等，并有效融合相关 CAX 工具。智能化设计平台中按照技术区域分别设置了模型库、数据库、虚拟现实、知识库系统等模块，设计人员或用户根据设计要求获取知识并表达，建立设计体系后与知识库系统推理机制相融合，通过知识库系统实现知识的存储、浏览、查询、编辑、推理及推送过程，并按照设计需求将推送出的知识传递给模型库，完成模型调用及参数化驱动变型过程，通过数据关联技术实现数据库与知识库系统间知识的双向传递，各模块之间彼此关联、相互协作，知识库系统在智能化设计平台中发挥着至关重要的作用。

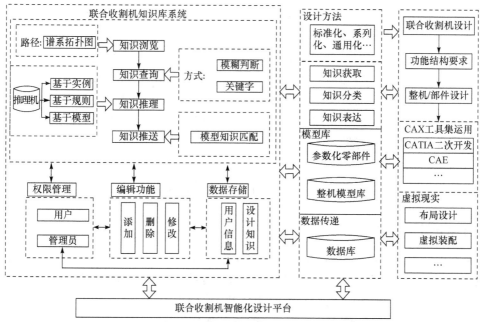

图 5-2 系统总体架构与组织关系

5.2.2 技术模块架构

根据联合收割机知识库系统总体架构方案对系统内部技术模块进行架构，联合收割机知识库系统包括"知识的浏览与查询"、"知识的存储与管理"、"基于知识的设计"和"系统的权限管理"的功能模块，其中"基于知识的设计"功能模块包括知识的匹配与推送以及模型调用子模块，各模块彼此之间通过人机交互界面以程序编辑的方式相互关联。人机交互界面是用户与知识库系统进行知识交流的媒介，将人的思维方式与计算机的运作方式相互转换，以实现人与计算机之间的动作的双向传递，能起到智能引导作用，将操作简单化。

(1)知识的浏览与查询：以谱系拓扑图作为索引路径，通过目录树选择对系统中的知识进行浏览，应用模糊判断或关键词定位的模糊查询方法从系统中查询出满足设计需求的知识。

(2)知识的存储与管理：将联合收割机设计知识以数据表的形式在数据库中存储并通过数据关联技术建立接口的方式连接知识库系统，实现知识的双向传递。知识库系统在构建时需要按照一定的规则将知识进行分类，使知识的管理有序化，将联合收割机的设计知识进行有效的组织并转化成计算机可以存储的形式，可缩短知识再利用的时间，从而加快知识的更新速度，便于新知识的获取。随着联合收割机的设计知识不断更新，知识库系统需要具备知识的增加、删除、修改的编辑功能，实现系统中知识更新的动态过程，同时提高知识的集成化程度及用户对知识库系统的使用效率。

(3)知识的匹配与推送：知识库系统的智能程度很大一部分取决于推理机制的工作性能，它是系统解决问题的思维；推理机制利用基于规则、基于实例的推理等方法对联合收割机的知识进行处理。运用基于知识的设计思想，通过将公式规则转化为程序计算来解决问题，可以提供给设计者和用户更加高效的求解过程。通过数据关联技术连接知识库系统和数据库，可以将用户输入的知识存入数据表并反馈到模型库中。

(4)模型调用：利用数据库实现知识库与模型库之间的知识传递，形成一种具有可供浏览、调用、查询、智能辅助设计等功能的设计体系框架，有利于提高模型的灵活性、适应性和可重用性，通过知识表达建立设计体系后，能够根据知识的匹配与推送结果在不同需求下快速构建模型，提高设计效率，避免设计失误，缩短设计周期。

(5)权限管理：分为用户和管理员。用户可以对知识库系统中的知识进行添加、修改、删除以及查询等，然后进行知识的调用与推理等过程；管理员可以对系统的用户权限进行管理。在系统登录界面主要通过输入账号密码的方式区别两者，即使系统用户发生变化，也不会将系统中的知识流失，便于新用户对知识进行获取利用，并且可在已有知识的基础上进行深入的知识查询、推理与存储。

5.3　知识的分类及获取

5.3.1　装备设计知识的特点

农机装备的设计知识不但拥有通用机械设计知识的特征，还拥有农机领域特定的设计特点，只有充分分析农机装备的设计知识，才能将其设计过程中涉及的知识进行表达，从而形成知识框架。经总结可以得出农机装备设计知识具有以下特点。

(1)模糊性：主要是指设计时某些试验数据和参数值往往是不确定的，存在经验值与估计值。例如，根据农作物的材料力学特性无法确定其边界条件，但通过查阅文献书籍以及模拟仿真分析，能够获取模糊分析结果以及数据的取值范围；对于某些设计对象的设计参数的状态、性能要求等也存在模糊性，没有明确的界限，例如，脱粒线速度根据作物种类具有不同的取值范围；清选装置工作效果的好与差，有些状态在这二者之间，没有明确的界限划分。

(2)全面性：农机装备的设计不但要像一般通用机械设计时考虑需求、功能、加工、装配、干涉等方面的问题，还需要考虑作业环境、作物种类、种植模式等诸多约束条件，涉及的知识领域多、技术范围广。农机装备设计包括需求分析、概念设计、技术研究到具体的设计等不同阶段，每个阶段使用到的装备设计知识不尽相同。例如，概念设计过程中，设计人员需要将设计产品的功能模块分解、功能类型划分、技术理论、技术研究和具体设计等方面知识进行整理，其中又涉及《机械设计手册》、公式方法函数、模型构建、试验经验、试验分析及研究反馈等设计知识。

(3)关联性：农机装备的设计知识可以分解为整机及内部零部件设计知识的集合，农机装备整机及内部零部件之间具有装配尺寸约束关系、动力输出匹配关系、运动仿真约束前提等诸多限制关系，因此其设计知识不是孤立存在的，也存在着联系。由于农机装备的设计知识与农机装备的设计过程紧密关联，农机装备的设计过程也是装备设计知识产生和继承并应用的过程，因此设计知识是随着设计过程的进行不停地更新，装备设计知识的来源和重用过程都是与设计人员密切相关的，其获取、编辑、存储和应用都是需要设计人员参与其中，并形成清晰的理论知识框架与设计体系。

(4)多样性：在农机装备设计过程中，运用 CATIA、SolidWorks、ADAMS 等建模分析软件对装备整机及零部件进行建模、结构设计以及仿真分析时，其结果是以函数公式、表格、叙述性规则、图像及三维模型等多种形式体现在设计的各个阶段，种类复杂，形式多样。同时，在使用不同的装配约束条件，遇到零部件模型的安装位置不同时，试验得到的仿真分析结果无论是曲线图表还是图形的显示结果与形式都会有所不同，将这些知识进行统一的整理且总结提取出新知识是一个复杂的过程。

5.3.2　知识的分类结果

通过分析农机装备设计过程及设计知识的特点，在农机装备设计领域问题中，通常包含标准性知识和研究性知识。

（1）标准性知识：这类知识来自理论书籍、专利、《农业机械设计手册》等，是农机装备领域中共同的一些理论知识，获取途径方便且可以通过理论学习来掌握。

（2）研究性知识：通常指用于解决具体设计问题的经验公式、设计方法和试验数据，这类知识具有主观性和模糊性，完全依靠设计人员长期设计或维修的经验，难以进行具体的描述，因此将这类知识进行获取且应用的难处在于如何将它们具体化和标准化。

根据农机装备设计知识的特点及其在设计过程中的表现形式，如图 5-3 所示，农机装备设计过程中所涉及的标准性知识与研究性知识可以分为实例类知识、规则类知识、参数类知识、资料类知识和经验类知识五大类，这些知识的存在对于缩短农机装备设计周期、提高设计水平具有至关重要的作用。

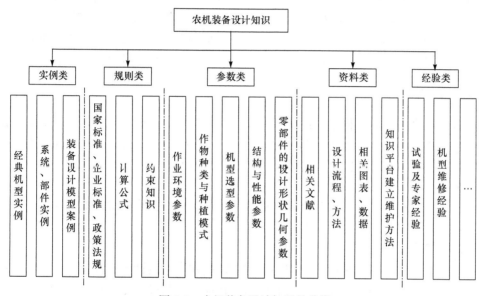

图 5-3　农机装备设计知识的分类

（1）实例类知识：是指农机装备设计的经典机型实例、整机部件实例、标准件实例、模型案例和参数化模型的信息数据，还包括已有的农机装备研究成果及模型信息等，在进行装备结构设计或者功能设计时可以为相似设计条件的设计方案提供借鉴，满足基于实例的设计重用需求。

（2）规则类知识：是指农机装备设计过程中所使用的《农业机械设计手册》等书籍中相关的计算公式、方法函数以及与农机装备设计相关的国家政策法规、国家标准、企业标准等；为了使农机装备设计趋于通用化、标准化，这些知识的存在必不可少，同时可以提高农机装备之间设计知识的兼容性管理，为农机装备产品的标准化和系列化提供借鉴。

（3）参数类知识：是指农机装备在工作时的作业环境参数、作物种类与种植模式、机型选型参数、结构与性能参数、零部件的设计形状几何参数等。如图 5-4 所示，其中将机型选型参数、结构与性能参数以及零部件的设计形状几何参数归类为辅助工作参数；工作参数是指零部件完成某些特定目标所需的参数以及直接关系到零部件设计结果的关联参数；零部件

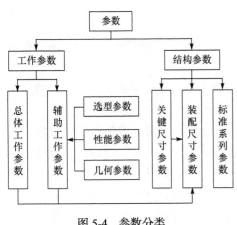

图 5-4　参数分类

关键尺寸参数、装配时确定相对位置关系的装配尺寸参数以及从文献资料中搜集的行业相关的标准系列参数都属于零部件结构参数，而联合收割机零部件的工作参数决定其关键尺寸参数。关键尺寸参数影响着装配尺寸参数，参数类知识直接影响基于规则的推理机解决问题的效率。在进行农机装备设计时，参数类知识与规则类知识满足基于规则计算的需求，这些参数选取的正确与否直接决定该装备的设计周期与水平。

（4）资料类知识：是指在农机装备设计领域中通过长期发展形成的设计所遵循的知识，其内容形式多样，包括农机装备设计过程中的相关图表、装备设计过程中的相关的由结构设计理论、组织原理、具体设计方法等内容构成的理论文献、产品设计流程、技术说明书以及农机装备领域知识平台的建立方法、数据库管理维护方法等。

（5）经验类知识：是指在农机装备设计领域中通过反复试验而得到的试验数据、领域专家交流经验，以及成熟机型在设计过程中涉及的装配设计经验、维修经验等。

5.3.3　知识的来源

在联合收割机的设计过程中，设计知识的主要来源包括标准和规范、领域专家、试验、理论和分析、用户的反馈信息等，具体为国家标准、机械行业标准、工厂调研、专利、领域专业书籍、设计师与专家经验、试验数据和产品说明书等。

1）标准和规范

设计人员通过查询和学习与联合收割机设计相关的标准，将标准作为产品设计的重要依据，提高产品设计的合理性和通用性。

2）调研经验类

经验类知识是知识库系统中进行问题求解的常用知识，设计人员在零部件设计过程中积累的经验知识、与工厂加工者学习获取的应用实践经验、与设计专家交流所获心得、装备试验经验等都是联合收割机进行设计的重要资源。

3）已有科研成果

已有科研成果主要包括专利、学术期刊等；同时经过多年的试验及改进的市场化的联合收割机成熟机型，如国外约翰迪尔 C 系列、W 系列联合收割机、久保田 PRO 系列联合收割机，以及国内新疆-2 联合收割机等，其结构形式、外形设计、安装尺寸等对联合收割机产品研发具有很高的参考价值，理论设计与实际相结合，使设计结果的可靠性增强。

4）设计理论知识与产品说明书

设计理论知识主要来源于与联合收割机设计相关的设计手册及领域内所认可的书籍著作，如《农业机械设计手册》《机械设计手册》《农业机械学》等。产品说明书是获取某种联合收割机机型设计知识的重要途径，产品说明书中包括整机的具体零部件名称、类型和安装位置，以及机型的技术规格、作业性能指标、安装位置及技术要求等，对联合收割机整机及内部零部件的设计具有重要的参考价值。

5)试验仿真数据和反馈信息

样机试验可以有效地反映产品设计中存在的问题和缺陷，将设计人员的设计方案进行验证，通过对试验结果的分析可以总结经验，并能根据问题改进设计的产品；应用计算机辅助技术对设计的模型进行虚拟仿真，并且应用 CAX 工具集、虚拟仿真分析软件对产品进行可靠性分析和优化设计，在产品试制且生产使用前发现设计不足，提高产品研发的成功率；同时，为了满足设计需求，将设计产品的表现进行反馈并进行设计方案的改善，增加联合收割机的设计合理性和可靠性。

5.3.4 知识获取的方法

农机装备设计知识的获取是指把用于设计过程问题求解的设计知识从农机装备领域的知识源中提取出来，通过对知识的发现、吸收、加工、组织等步骤转化为计算机所识别、存储并组织应用的过程。这个过程也是一个知识发掘的过程，就是从知识源中总结、归纳、识别出有效的、新的、可用的知识信息，使农机装备的设计过程从完全依赖人的经验设计向稳定的系统化、流程化、智能化设计方式转变。

在进行农机装备设计时，首先要解决的问题就是获取所设计的产品在农机装备设计领域相关的标准性知识和研究性知识，这些知识的获取来源与形式多种多样，如与农机装备领域设计师的交流，以及通过《农业机械设计手册》、各种书籍、专业期刊和学术会议学习等方式，还有诸多设计知识需要通过仿真试验才能获取，设计知识来源的广泛性和设计知识本身的多样性使得知识获取的过程变得比较复杂。目前，常用的知识获取方法主要分为三种：人工获取、半自动获取和全自动获取。

1)人工获取

人工获取又称知识的非自动获取，就是由计算机程序编辑人员与设计人员、专家配合，通过他们的指示和帮助进行知识的整理与表达，然后利用开发工具对知识进行存储。这种知识获取方法的弊端是对人力和时间的消耗大。目前人工获取知识的方法被大量选择，是目前知识库系统中知识获取应用最为广泛的一种方法。

2)半自动获取

半自动获取是人工获取向自动获取转变的中间环节。半自动获取方式是指利用互联网技术和开发工具，以计算机编辑取代人力查阅、整理、收集的方式，提供给设计人员基于问题求解的设计体系和方案并以可视化交互界面进行表示，辅助设计人员进入计算机系统进行浏览及查询所需的知识，同时可以修改并存储计算机系统中存储的知识，高效地获取、调用所需知识及相关的模型信息，从而提高设计的水平和效率。

3)全自动获取

全自动获取方式是指由计算机系统通过多功能程序智能全自动地从信息源(文献、数据库等)获取知识，是一种理想化的知识获取方式。由于农机装备设计领域涉及的知识种类繁多、更新速度快但更新周期长等特点，完全依赖全自动方式获取知识的计算机系统研究技术目前还未成熟。

考虑到开发周期、成本和实际应用的迫切要求以及智能研究领域技术不成熟等因素，并根据联合收割机设计的实际需要，知识库系统应能够运用人工获取方式建立数据库，实现用户对设计知识进行半自动获取。

5.4　知识的分析与表达

在进行联合收割机设计知识的分析与表达时，首先需要确定联合收割机设计知识的来源，运用人工获取和知识编辑与推理相结合的半自动获取方式对其进行获取并进行有效地整理；然后从设计过程、设计知识表现形式以及分类的角度对联合收割机设计知识进行分析；最后通过分析常用的知识表示方法，研究适合将联合收割机设计知识全面且有效表达的混合知识表示方法，建立设计体系，为应用知识库系统解决设计问题奠定基础。

5.4.1　知识的分析

联合收割机设计知识的种类繁多、知识信息总量大、增长迅速、数据种类多样，不仅具备一般机械设计知识的特点，还具备农机装备领域特定的设计特点，需要考虑作业环境、作物种类、种植模式，涉及整机与零部件间设计需求、功能、结构等诸多因素。本节首先从类型、结构组成及设计过程的角度出发，对联合收割机零部件的设计知识进行分析。如图 5-5 所示，按照喂入方式分类，联合收割机可以分为全喂入式、半喂入式和割前脱粒式；按照动力供给方式分类，联合收割机可以分为自走式、牵引式、悬挂式和通用底盘式；按照生产率分类，联合收割机可以分为大型、中型和小型；按照行走装置分类，联合收割机可以分为轮胎式、半履带式和履带式；按照收割作物分类，联合收割机可以分为麦类、水稻类、稻麦类和大豆类；按照地形适应性分类，联合收割机可以分为平地型和坡地型；按照作物流动方向分类，联合收割机可以分为 L 型、Π 型、T 型和直流型。

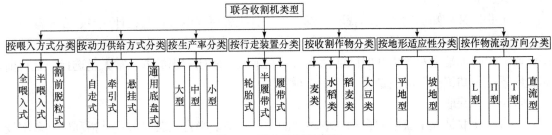

图 5-5　联合收割机类型

众多机型中，通用型的全喂入式作物联合收割机的市场占有率较高，同时系列化、通用化、标准化会成为未来联合收割机机型研发设计的重要发展方向。以全喂入式的稻麦类联合收割机的成熟机型为例，首先从其整机装置类型及内部零部件类型对联合收割机设计知识进行分析。

如图 5-6 所示，联合收割机一般包括割台、拨禾、扶禾装置、切割装置、中间输送装置、脱粒装置、清选装置、分离装置、行走装置、驾驶室及操纵控制装置、发动机、集粮装置、液压系统、传动系统、电气系统等部件及系统。

要完成作业过程，如图 5-7 所示，还需要有脱粒滚筒、凹板、逐稿轮、抖动板、清选筛、风扇、搅龙、升运器、底盘、粮箱、驱动转向轮、标准零部件等的支持。

联合收割机的作业环境复杂多变、作物种类多样、作业季节性强、配置需求较高，在设计时应该首先明确设计的目标需求，如收割作物的品种、产量、谷草比、含水率、脱粒特性、

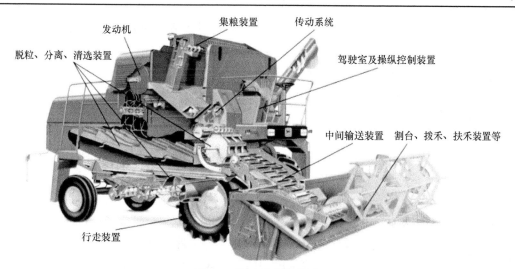

图 5-6 联合收割机组成

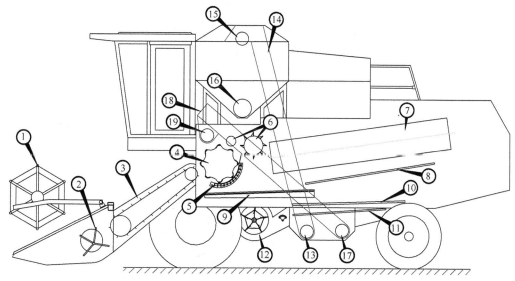

图 5-7 联合收割机部件

1. 拨禾轮；2. 割台装置；3. 输送装置；4. 脱粒滚筒；5. 凹板；6. 逐稿轮；7. 双轴流机构；8. 抖动板；9. 阶梯输送器；
10. 上筛；11. 下筛；12. 风扇；13. 谷物螺旋与升运器；14. 发动机；15. 粮食均布搅龙；16. 卸粮搅龙；
17. 杂余螺旋与复脱器；18. 杂余升运器；19. 上部杂余搅龙

高度和倒伏的程度等作物特性，以及土壤特性、土壤承载能力及道路情况等地面地形条件。除了获取并掌握上述知识，还需要参照国内外同类机型进行对比分析并加以确定，根据生产规模条件并逐步融合现代信息技术、微电子技术、传感器技术与自动控制技术等，实时地对联合收割机的发动机工作状态及联合收割机的作业状态进行监测，如发动机水温、油压、仪表盘转速、切割作物高度、谷物损失量、谷物水分、谷物流量、作业路径显示和粮箱填充量等，以提高联合收割机的工作性能、工作效率，满足通用化的设计需求。在设计过程中会遇到涉及农机装备领域的诸多问题，本节根据《农业机械设计手册》和《农业机械学》的要求，对联合收割机设计过程进行分析与总结。

(1)确定设计的联合收割机机型。根据设计的机型对整机零部件的组成结构进行整理和分析，并根据《农业机械设计手册》对联合收割机的零部件组成结构进行分析，如图 5-8 所示。

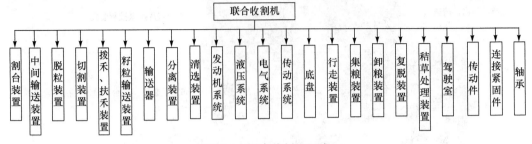

图 5-8　联合收割机组成

(2)确定整机的结构形式、主要工作部件的类型和主要参数。目前设计过程中多采用 E-R 图形式对其进行整理，如图 5-9 所示，矩形代表具体零部件、菱形代表关联关系、椭圆形代表零部件的属性，E-R 图可以将联合收割机的结构形式与装配关系进行有效表达。

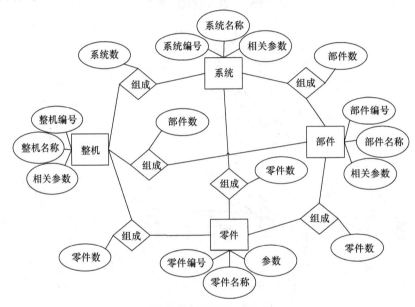

图 5-9　装配关系 E-R 图

(3)确定配用动力和配置形式。为适应多变的作业环境和作业需求，联合收割机的前进速度一般控制在 1～20km/h。整机的配用动力形式及配置形式需要通过分析联合收割机的动力传动形式以及作业时作物的流程进行规划。图 5-10 是联合收割机作业时的动力传动简图。

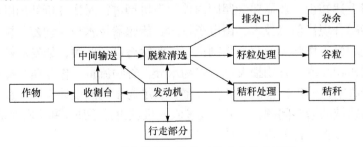

图 5-10　联合收割机作业时的动力传动简图

图 5-11 是联合收割机作业时作物在联合收割机上的流动过程。

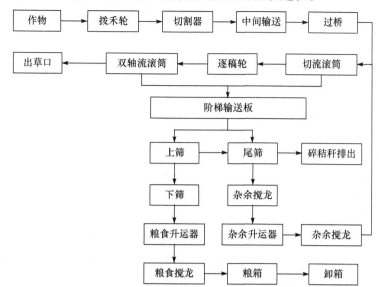

图 5-11　联合收割机作业时作物在联合收割机上的流动过程

(4) 确定整机的基本参数。这些参数主要是指喂入量、割副、前进速度、收缩比、滚筒长度、分离器的长度和宽度、整机重量、轮距、轴距、接地压力、最小离地间隙、发动机功率和整机的尺寸信息等，设计人员根据设计的联合收割机的配置需求，通过查询、整理、分析及计算等过程来确定整机的基本参数。

(5) 对整机液压油路及动力输出线路进行初步分析与设计。

(6) 进行工作部件的设计。结合联合收割机的性能及零部件的设计需求，根据联合收割机的部件组成依次进行知识整理，大多数的工作部件设计可以将国内外成熟机型的部件作为设计参考，同时针对特定的设计需求，某些部件需要专门定制化设计。

(7) 进行联合收割机电气系统、液压系统、整机操纵机构及相关功能附件的布置。

(8) 根据工作部件的配置要求，应用三维建模软件进行实例模型的构建并利用虚拟仿真软件进行试验分析，根据分析与试验结果不断对设计的零部件及设计方案进行完善。

(9) 总体配置。合理地确定联合收割机整机与内部零部件的位置，与设计方案中整机的总体尺寸设计进行对比；通过总体配置确定整机的重量和重心位置；总体布置需要将整机与内部零部件之间的装配尺寸约束关系、动力输出匹配关系、运动仿真约束前提等限制关系进行关联校对；根据虚拟仿真分析零部件之间的运动空间，将机械干涉现象排除，充分考虑联合收割机的定制要求、适应性等因素。

(10) 整机性能分析。根据功用的要求，采用不同的指标来评价不同农机装备的工作特性。联合收割机作为农机装备，其基本性能是满足农业生产的需求，即实现农作物收获的机械化，经查阅可知描述联合收割机的作业性能时一般选取整机最大爬坡度、整机最大作业速度、松软路面通过性、田埂通过性、抗翻倾稳定性、转向半径与最小转向空间等指标。

(11) 装备加工与试验。以上设计过程需要从联合收割机的整体性来考虑，逐步融合现代信息技术、传感器技术与自动控制技术等，使得零部件之间相互协作关联，确保联合收割机的使用效果良好、可靠，研究成本合适，在设计过程中需要根据情况进行调整。例如，进行零部件设计时某关键结构出现设计失误，造成对整体方案的修正甚至需要重新设计。联合收割机设计过程中，整机及零部件设计知识种类繁多，只有充分掌握联合收割机的设计知识的表现形式与分类结果，才能进行有效的知识获取并表达，进而应用知识库系统辅助完成整机及零部件的设计过程。

5.4.2　知识的表达方法和形式

联合收割机设计知识的表达决定了知识库系统中知识的应用形式，而且关系到知识库系统对设计知识分析与处理的效率。高效的知识表示方法应具备以下性质。

(1)能够将设计知识正确、有效地表达出来。

(2)表示的知识应易懂、易读，便于知识的推理。

(3)充分分析并表达领域内产品的设计过程。

(4)能够方便、灵活地对知识进行编辑并运用。

目前还没有一种通用完善的知识表示方法能将联合收割机的设计知识进行有效的表达，同时评价知识表示方法的好坏也没有统一的标准，知识表示方法的差异会对知识库系统中知识的推理模式及推理效率产生重大影响。目前常规的知识表示方法主要有逻辑表示法、产生式规则表示法、框架表示法、面向对象表示法和语义网络表示法等，其定义及主要特点如表5-1所示。

表 5-1　知识表示方法总结

表示方法	定义	特点
逻辑表示法	表示动作的主体、客体以谓语形式出现的叙述性知识表示方法	具有表达自然和易于实现等优点；主要缺点是难以表达不确定性知识、随着知识数量增大易造成组合爆炸、推理过程效率相对较低
产生式规则表示法	使用 IF-THEN 的形式对条件和结果关系进行表示的方法	表达自然、直观、便于推理以及知识的增删与修改；缺点在于随着知识的增加，推理效率降低，难以对结构性知识进行表达
框架表示法	将知识用槽和侧面的数据结构形式进行结构化表示	适应性强、结构化良好、具有继承性、推理方式灵活；不足之处在于不善于对过程知识进行表达
面向对象表示法	将对象功能、属性等知识封装在对象结构中的知识表示方法	具有良好的层次性、结构性、兼容性和灵活性，利于维护和进行增量设计，但对过程性知识表达效果差
语义网络表示法	通过概念和语义关系对知识进行表达的方法	可以将事物属性及事物间相互关系进行直观表示，对深层知识表达效果好，推理效率高，但对规则性和过程性知识难以表达

1)框架表示法

根据联合收割机设计知识的分类，实例类知识包括三维模型与成熟机型的模型信息、零部件的属性、零部件的设计方案等，由实例模型或零部件的装配约束关系和设计信息构成。例如，全喂入式联合收割机的实例类知识：新疆-3，采用轮胎自走式全喂入的结构形式；长度为6200mm，宽度为3000mm，高度为3200mm，重量为4400kg；割幅为2800mm；喂入量为2.5～3kg/s；发动机的功率为58kW；脱粒装置形式为纹杆式；清选装置形式为风筛式等。

实例类知识具有结构化、层次化明显的特点，使用框架表示法可以将结构性知识进行清晰的层次性表达。框架表示法是一种基于框架理论的结构化知识表示方法，其中框架将结构形式体现，应用半自动的知识获取方法提取设计知识，建立框架结构，将整理的知识信息填充到框架中进行表达，框架是一种用来描述设计部件属性知识的数据结构，一个框架由多个槽组成，一个槽又划分为多个侧面；利用槽将设计的零部件某方面的知识属性进行描述，利用侧面将对应属性的具体知识内容进行描述；槽值和侧面值分别是每个槽和侧面代表的属性值。框架主要由框架名、槽和约束条件三部分组成，其一般表示形式为

FRAME〈框架名〉
〈槽名 1〉：〈侧面名 11〉〈侧面值 11〉
　　　　....
　　　　〈侧面名 12〉〈侧面值 12〉...
　　....
　　〈槽名 2〉：〈侧面名 21〉〈侧面值 21〉...
　　〈侧面名 22〉〈侧面值 22〉...
　　....

应用框架表示法可以直观地表达实例类知识，而且知识的结构化与层次化组织易于用框架方法扩展。对其表现形式进行改善，应用树状框图的形式对实例类知识可以进行有效的表达，如图 5-12 所示。

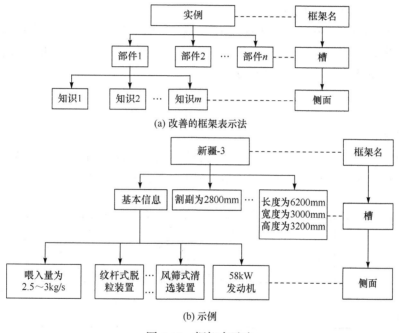

(a) 改善的框架表示法

(b) 示例

图 5-12　框架表示法

2)产生式规则表示法

将设计知识分为三个层次，即由"概念—事实—规则"所表示的三级知识体系，这种知识表达方式是产生式规则表示法，这是目前应用较普遍的一种知识表示方法，它的表达模式和人们的基本决策判断模式相似，通常可以用"如果那么"等形式来进行表达。参数类、规则类知识包括设计过程中涉及的公式函数、各类参数等，它们的表达一般要具备以下条件：知识表达需要保持结构模式统一；知识表达的形式基本一致；知识表达的模式与形式能构成一个合理的体系。满足这些条件的知识表示方法众多，但是基于知识的产生式规则表示法的优点在于可以通过独立的规则表达设计知识，结构简单，易于进行推理，通常一个原因对应一个或多个结论，逻辑推理性较强，能满足联合收割机知识库系统中对推理机制的基本需求。

联合收割机设计过程中具有设计条件前提和结论的参数类、规则类知识可以用产生式规则

表示法以"IF-THEN"的格式来表达。IF 部分是设计知识满足的前提，用于表达设计可用的条件；THEN 部分是设计结果或结论，用于指出前提条件被满足时，应该得出的结论或应该执行的方案。IF 和 THEN 部分都可以是一组计算公式或方法函数。产生式规则表示法的一般形式为

> IF 已知：〈条件 1〉 & （〈条件 2〉 OR 〈条件 3〉） &…& 〈条件 n〉
> THEN 可知：〈结论 1〉 & 〈结论 2〉 &…& 〈结论 n〉

以联合收割机核心部件——脱粒装置的滚筒与凹板为例，在它们设计过程中用到的规则类、参数类知识可以应用产生式规则表示法进行表达。

(1)直接影响到脱粒装置的工作性能的关键因素包括滚筒直径 D、滚筒长度 L 和纹杆根数 z 等，其中纹杆滚筒长度 L 主要由生产率 Q 决定，滚筒长度 L 知识可以表示为如下形式。

IF 已知：喂入量 q(kg/s)和单位滚筒长度允许承担的喂入量 q_0，取 3～4kg/s；以及公式：

$$L \geqslant \frac{q}{q_0} \tag{5-1}$$

THEN 可知：滚筒长度 L(m)。

(2)凹板面积 A 和凹板弧长 l 的确定与喂入量 q 有关，凹板面积 A 可表示为以下形式。

IF 已知：凹板宽度 B(m)；凹板弧长 l；草谷比 β；喂入量 q(kg/s)；单位凹板面积允许承担的喂入量 q_α，取 5～8kg/s；以及公式：

$$A = Bl \geqslant \frac{(1-\beta)q}{0.6q_\alpha} \tag{5-2}$$

THEN 可知：凹板面积 A(m^2)。

(3)对于图表类形式体现的规则类知识，以联合收割机纹杆式脱粒装置为例，其滚筒直径 D、滚筒长度 L 和纹杆根数 z 的选用标准根据 NJ 105—75 标准中的规定，如表 5-2 所示。

表 5-2　滚筒总体尺寸选用标准

滚筒直径 D/mm	纹杆根数 z	滚筒长度 L/mm					
		500	700	900	1200	1350	1500
450	6	△	△	△	—	—	—
550	8	—	△	△	△	△	△
600	8	—	—	—	△	△	△

注：△表示可选滚筒长度。

这类知识可以用产生式规则表示法表示，具体如下。

① IF 已知：滚筒直径 D=450mm，纹杆根数 z=6，THEN 可知：滚筒长度 L 可选 500mm/700mm/900mm；

② IF 已知：滚筒直径 D=550mm，纹杆根数 z=8，THEN 可知：滚筒长度 L 可选 700mm/900mm/1200mm/1350mm/1500mm；

③ IF 已知：滚筒直径 D=600mm，纹杆根数 z=8，THEN 可知：滚筒长度 L 可选 1200mm/1350mm/1500mm。

3)混合表示法

根据联合收割机的知识分类及其特点，实例类知识是存储在知识库系统中的表示三维模型与成熟机型的信息，它由该实例的实体参数或模型的基本参数构成，具有结构化特征，可

以用框架表示法对其进行表达。规则类、参数类知识结构简单、具有很强的逻辑性，通常一个原因对应一个或多个结论，可以用"如果那么"的形式即产生式规则表示法对它们进行表达，但资料类知识和经验类知识的表现形式多样、种类繁多，单独的知识表示方法很难对联合收割机种类多样的知识进行统一的表达。为了将联合收割机的设计知识进行整体表达，应用面向对象表示法的思想将框架表示法、产生式规则表示法封装在一起的基于知识的混合表示法是一种非常高效的知识表达方式。

面向对象的基本概念有对象、类、封装、消息、继承，其基本特征在于独立封装性、继承与扩展性、多态性以及易扩充性，面向对象表示法的一般形式为

```
Class(类名)：Public(父类名)
Data-structure(对象的静态结构、构成方式)
Method(实现对象功能的属性方法)
Restraint(限制条件与继承关系)
End class
```

本章运用面向对象表示法的思想将联合收割机的设计知识看成对象类，将框架表示法与产生式表示法混合封装作为结构方式与方法来表达领域内的知识，类库作为一个知识体系，而消息可作为对象之间的关系，继承则是一种推理机制，用类和继承来模拟人在设计过程中的思维方式，进而高效地表达设计知识。

如图 5-13 所示，研究联合收割机的设计过程，首先通过分析联合收割机零部件的功能目标、设计需求与结构组成，然后对关键部件设计知识进行表达，分成目标、输入参数、建立知识模型、查询推理、输出参数五个基本过程。从装备功能、设计要求、结构对目标属性知识进行分析，应用产生式规则表示法的思想通过输入已知参数，将设计过程中涉及的设计知识进行建模，查询并推理出满足需求的设计参数，应用框架表示法将联合收割机设计的特征属性和结构组成及设计知识封装在框架结构中，以框图形式使整个联合收割机的设计知识表达过程清晰明了。

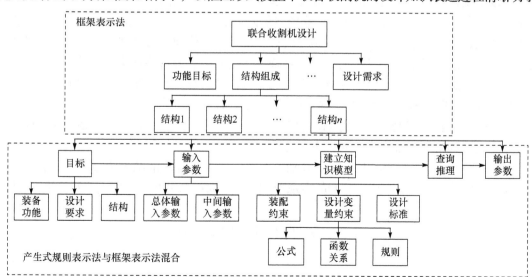

图 5-13　混合表示法

使用这种混合表示法的原因有以下方面。

(1)经过分析，单一的知识表示法存在各自的局限性，联合收割机的设计知识种类繁多，

单一的知识表示方法很难满足要求，不能完全表达联合收割机的设计知识。

（2）将框架表示法与产生式规则表示法融合的混合知识表示法可以有效地表达联合收割机整机及零部件的设计知识，建立联合收割机整机及零部件通用的设计体系，形成联合收割机知识库系统的推理机制，借助知识库系统中的内部技术功能模块实现知识在设计过程中的高效获取并运用。

同时，联合收割机设计知识的表达是数据结构和解释过程的结合，在通过谱系拓扑图将联合收割机设计知识层次化组织后，应用 SQL Server 关系型数据库作为主要存储工具，并在.NET 环境下构建知识库系统，通过各模块人机交互界面的设计与界面内容的布局安排，实现对联合收割机设计知识的组织存储与具体解释，同步实现其设计知识的表达。

根据农机装备设计知识特点及联合收割机设计过程中所涉及的知识的表现形式对联合收割机的设计知识进行分析，这些设计知识的表现形式多种多样，根据其应用领域特征、背景特征、使用特征、属性特征进行总结，设计过程中知识的表现形式主要有以下几种。

（1）公式：联合收割机设计中需要用到大量的方法函数、公式规则，有的是公理性的公式计算，利用存储在《农业机械设计手册》和《机械设计手册》中的方法函数相关公式进行计算；有的是设计人员从长期的实践经验中获取并整理出来的经验公式和数据参数。

（2）表格：在联合收割机的结构设计中，通过查询表格可获取满足设计要求的设计标准与信息，表格是将同类知识进行总结或者是将不同种类知识进行区分概括的高效表现形式。

（3）叙述性规则：在进行设计时，通常会遇到不能通过简单的知识查询、公式计算直接获取的知识，而是需要设计人员根据相关领域的零部件设计经验方法来进行获取。这类知识大体上可以分为工作流程知识和选择性决策知识。工作流程知识是指只有负责农机装备领域的设计人员才知道的产品的设计流程，如需要在设计过程中进行哪些准备、查阅哪些资料等，有经验的设计人员可以按照一定的方式和顺序结合自身的经验将设计流程规划得很完善，因此可以减少设计过程中反复性的设计流程，节约设计时间，提高设计效率；同时在进行三维建模时，会遇到类似以下问题：应该是选择自顶向下的建模方法，还是自底向上的建模方法；选择参数化建模方法还是非参数化建模方法；在进行参数化建模时是选择自顶向下的建模方式还是用骨架建模方法；有时不能根据已有条件通过研究、分析整理决定具体的设计方案，这类知识便是选择性决策知识，针对这类知识需要设计人员在考虑缩短设计时间、提高设计效率等因素的同时，根据经验做出判断选择来决定设计的方法或方案。

（4）图像：与文字相比，图像形式表现的知识往往更加直观，而且有些知识不能用文字来充分地表达如某种变量的趋势和大小，使用图像会更加形象。

（5）三维模型和二维工程图：联合收割机系列机型在设计时的结构方案与三维模型都是设计人员借鉴的重要知识来源，它们的表现形式就是产品说明书及其三维模型和二维工程图。

5.5　知识的组织与存储

联合收割机知识库系统中，设计知识的组织与存储过程主要借助数据库的数据结构通过数据关联技术来完成，应用开发工具在知识库系统中设置目录树控件，再结合谱系图将知识内容进行体现，同时对知识库系统中的知识进行组织管理时需要考虑以下几个方面：

（1）知识的组织形式，不会因系统内的知识流动影响系统的工作；

(2)能够做到无论做功能模块的扩展,还是做系统结构上的改进都要便于对知识库系统知识的补充、完善与修改;

(3)需要考虑知识库系统中知识运用的时间效率以及知识的存储空间。

本章采取应用数据库与知识库系统建立接口模块的形式进行两者的协调工作,不仅可以实现知识的高效组织与存储管理,还可以提高联合收割机知识库系统的工作性能与存储空间。

5.5.1 数据库连接

数据库就是将数据进行整合,并根据数据的结构来组织、存储和管理的知识仓库。随着对数据库领域的相关研究,数据库技术不断发展,其种类也在不断增加,主要包括 IBM 的 DB2 数据库、Oracle 数据库、Access 数据库、Informix 数据库、FoxPro 数据库、INFOBANK 数据库、Sybase 数据库、Postgre SQL 数据库、MYSQL 数据库、SQL Server 数据库等,其中 SQL Server 数据库是众多的数据库中应用范围最广泛的。

SQL Server 是 Microsoft 公司推出的大型数据库管理系统,它基于关系型数据结构模型,能够很好地支持对网络模式多样化的需求,同时满足多种类型的企事业单位、科研机构对建立网络数据库的需求,并且在数据库的易用性、可扩展性、可靠性以及数据仓库等方面处于世界领先地位。SQL Server 既是自含式的又是嵌入式的,能够独立地用于联机交互的使用过程,用户可以直接键入 SQL 命令对数据库进行操作;它还能嵌入 Visual Basic.NET(以下简称"VB.NET")等高级语言中。

本章选择 SQL Server 数据库作为联合收割机知识库系统中知识的存储工具,利用 SQL Server 数据库使用方便、与计算机软件集成程度高的特点,可实现知识的组织管理与维护;通过 SQL Server 数据库的索引、存储分类、数据类型约束、管理等功能能够实现对知识库系统本身及内部存储设计的有效组织与管理,同时数据结构和解释过程的结合过程是对知识的表达方式,使用 SQL Server 数据库在.NET 环境下实现对联合收割机知识的数据存储与解释,同步实现其设计知识的表达。在应用 SQL Server 数据库之前,如图 5-14 所示,首先在 Windows

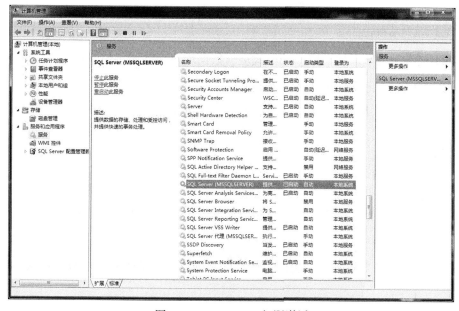

图 5-14 SQL Server 权限激活

环境下进入计算机管理界面，在服务和应用程序选择框中选择 SQL Server（MSSQLSERVER），启动 SQL Server 数据管理权限。

知识库系统以 Visual Studio 2015 作为开发工具，通过 SQL Server 数据库与其建立接口模块的形式进行两者的协调工作，实现知识的高效管理。为了有效应用 SQL Server 数据库的功能，.NET 环境提供了多种数据库开发技术和编程规范，但在.NET 环境下知识库系统本身不具备对 SQL Server 数据库进行操作的功能，它对数据库的处理是通过 Microsoft ActiveX Data Objects.NET（ADO.NET）实现的。知识库系统使用 ADO.NET 技术连接 SQL Server 数据库，通过程序关联在数据库中存储知识信息，以人机交互界面形式呈现。ADO.NET 主要包括 Connection、Command、DataReader 和 DataAdapter 四个对象，其对应功能如表 5-3 所示。

表 5-3 ADO.NET 对象与功能

对象	功能
Connection	用来建立与数据源的连接
Command	用于检索、插入、删除或修改数据源中的数据的 SQL 语句或存储过程
DataReader	数据读取器用于以只读和仅转发模式从数据源检索数据
DataAdapter	将数据从数据库读取到数据集并更新数据库

ADO.NET 包含不同类型的数据提供程序，知识库系统与数据库建立连接的关键程序及对应功能说明如下。

(1)声明命名空间，其语句如下：

```
Imports System.Data.SqlClient
Imports System.IO
Public strConn As String
```

(2)启动数据库与应用程序之间的连接，其语句如下：

```
Dim cn As SqlConnection
Dim cm As SqlCommand
```

(3)将不同类型的数据统一成一种格式进行数据填充，其语句如下：

```
Dim da As SqlDataAdapter
```

(4)通过程序编辑建立内存中的临时数据集，其语句如下：

```
Dim ds As DataSet
Dim myReader As SqlDataReader
Dim SqlSQJ As String
Public Sub GetConn()
```

(5)程序中调用函数读取临时数据集中存储的知识内容，其语句如下：

```
Dim strFileName As String = "db.ini"
```

(6)为指定的文件名初始化新实例，使其以一种特定的编码从字节流中读取字符，其语句如下：

```
Dim objReader As StreamReader = New StreamReader(strFileName)
```

```
StrConn = objReader.ReadToEnd()
```

(7)加载数据库文件，其语句如下：

```
StrConn = "Integrated Security=SSPI; Persist Security Info=False; Initial Catalog=数据库名称; Data Source=使用的电脑 IP 地址"
```

5.5.2　数据库的数据类型

知识库系统中的知识是以数据表的形式存储在 SQL Server 数据库中的，数据表的列属性包括字段名、字段数据类型、字段长度等，SQL Server 数据库中的数据表有多种数据类型，如表 5-4 所示，在创建数据表时需选择合适的数据类型。

表 5-4　常用数据类型

属性	类型表示	类型说明
数值型	Float (*n*)	浮点数，精度至少为 *n* 位数字
数值型	INT	长整型，4 字节
数值型	SMALLINT	短整型，2 字节
字符型	CHAR (*n*)	长度为 *n* 的定长字符串
字符型	VACHAR (*n*)	最大长度为 *n* 的变长字符串
字符型	NCHAR (*n*)	长度为 *n* 的定长统一编码字符串
日期时间型	DATE/DATETIME	对日期时间的表示

5.5.3　数据的存储格式

根据联合收割机的知识分类，可将知识组织存储。为了知识查询和计算的方便，分别将存储的设计知识以 ID 编号，并将同一模块的设计知识存储在同一张数据表中，存储格式示例如下。

1) 规则类知识的存储

规则类知识的存储格式如表 5-5 所示，包括公式的 ID、公式/标准名称、公式/标准内容、参数 1、参数 2、说明和知识来源等。

表 5-5　规则类知识存储表

ID	公式/标准名称	公式/标准内容	参数 1	参数 2	说明	知识来源
…	…	…	…	…	…	…

规则类知识存储示例如图 5-15 所示。

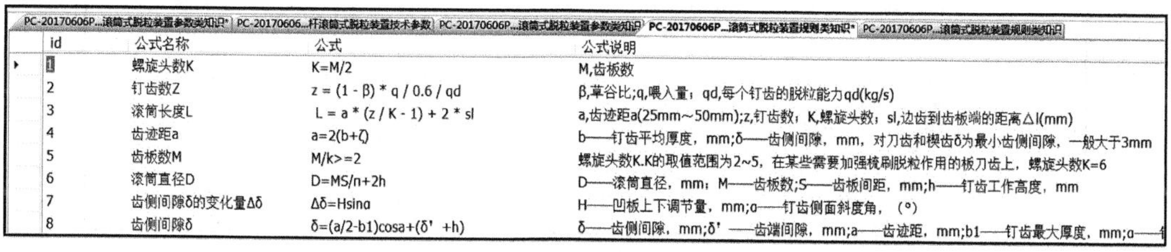

PC-20170606P...滚筒式脱粒装置参数类知识* | PC-20170606...杆滚筒式脱粒装置技术参数 | PC-20170606P...滚筒式脱粒装置参数类知识 | PC-20170606P...滚筒式脱粒装置规则类知识* | PC-20170606P...滚筒式脱粒装置规则类知识

id	公式名称	公式	公式说明
1	螺旋头数K	K=M/2	M,齿板数
2	钉齿数Z	z = (1 - β) * q / 0.6 / qd	β,草谷比;q,喂入量；qd,每个钉齿的脱粒能力qd(kg/s)
3	滚筒长度L	L = a * (z / K - 1) + 2 * sl	a,齿迹距a(25mm～50mm);z,钉齿数；K,螺旋头数；sl,边齿到齿板端的距离Δl(mm)
4	齿迹距a	a=2(b+ζ)	b——钉齿平均厚度，mm;δ——齿侧间隙，mm，对刀齿和楔齿δ为最小齿侧间隙，一般大于3mm
5	齿板数M	M/k>=2	螺旋头数K.K的取值范围为2~5，在某些需要加强梳刷脱粒作用的板刀齿上，螺旋头数K=6
6	滚筒直径D	D=MS/n+2h	D——滚筒直径，mm；M——齿板数;S——齿板间距，mm;h——钉齿工作高度，mm
7	齿侧间隙δ的变化量Δδ	Δδ=Hsinα	H——凹板上下调节量，mm;α——钉齿侧面斜度角，（°）
8	齿侧间隙δ	δ=(a/2-b1)cosα+(δ' +h)	δ——齿侧间隙，mm;δ' ——齿端间隙，mm;a——齿迹距，mm;b1——钉齿最大厚度，mm;α——

图 5-15　规则类知识存储示例

2) 参数类知识的存储

参数类知识的存储格式如表 5-6 所示，包括参数的 ID、参数名称、参数条件、参数值、说明和知识来源等。

表 5-6 参数类知识存储表

ID	参数名称	参数条件	参数值	说明	知识来源
…	…	…	…	…	…

参数类知识存储示例如图 5-16 所示。

PC-20170606P...滚筒式脱粒装置参数类知识* | PC-20170606...杆滚筒式脱粒装置技术参数 | PC-20170606P...滚筒式脱粒装置参数类知识 | PC-20170606P...滚筒式脱粒装置规则类

id	参数名称	参数条件	说明	知识来源
1	β	NULL	草谷比	农业机械设计手册下
2	Z	NULL	滚筒上的钉齿数	农业机械设计手册下
3	q	NULL	喂入量，kg/s	农业机械设计手册下
4	qd	当β=0.4时，qd取0.025kg/s	每个钉齿的脱粒能力，kg/s	农业机械设计手册下
5	a	25~50mm	齿迹距	农业机械设计手册下
6	b	NULL	钉齿平均厚度，mm	农业机械设计手册下
7	δ	对刀齿和楔齿δ为最小齿侧间...	齿侧间隙	农业机械设计手册下
8	K	·5,在某些需要加强梳刷脱粒作用	螺旋头数	农业机械设计手册下
9	L	NULL	滚筒长度，mm	农业机械设计手册下
10	Δl	15~20mm	边齿到齿板端部距离，mm	农业机械设计手册下
11	D	400~600mm	滚筒直径，mm	农业机械设计手册下
12	S	NULL	齿板间距，mm	农业机械设计手册下
13	h	NULL	钉齿工作高度，mm	农业机械设计手册下
14	Δδ	NULL	齿侧间隙δ的变化量，mm	农业机械设计手册下
15	H	NULL	凹板上下调节量，mm	农业机械设计手册下

图 5-16 参数类知识存储示例

3) 实例类知识的存储

实例类知识的存储格式如表 5-7 所示，包括实例类知识的 ID、具体知识信息、说明和知识来源等。

表 5-7 实例类知识存储表

ID	厂家	型号	全长	全宽	全高	参数 1	参数 2	…	说明	知识来源
…	…	…	…	…	…	…	…	…	…	…

实例类知识存储示例如图 5-17 所示。

PC-20170606P...联合收割机设计实例类知识 | PC-20170606PUW...息 - dbo.实例型号信息 | PC-20170606P...联合收割机设计实例类知识

Id	厂家型号	配套动力...	长	宽	高	驱动轮距（mm）
1	JOHN DEERE 小型联合收割机（L50（原3070）...	56	6720	3150	3230	1880（配15-24平...
2	JOHN DEERE 小型联合收割机（L60（原3080-A...	59	6720	3150	3230	1880（配15-24平...
3	JOHN DEERE 玉米果穗收割机（Y210（原6488...	117	9330	3050	3800	2000(前)、1950(...
4	JOHN DEERE 玉米果穗收割机（Y215）	NULL	NULL	NULL	NULL	2100(前)、2000(...
5	JOHN DEERE 中型联合收割机（C100（原3316...	103	7400	NULL	3400	2460(转向轮胎轮...
6	JOHN DEERE 中型联合收割机（W70（原1042）...	80	7400	NULL	3400	2150(转向轮胎轮...
7	JOHN DEERE 中型联合收割机（W80（原1048）...	85	7400	NULL	3400	2150(转向轮胎轮...
8	佳木斯佳联 玉米机（佳联（牧神）-4型）	110	8500	3250	3050	NULL
9	佳木斯佳联（佳联3086型）	62	6400	3100	3100	NULL
10	佳木斯佳联（佳联3106型）	NULL	6300	3100	3400	NULL
11	佳木斯佳联（佳联-3A6）	80	6100	3400	3100	NULL
12	佳木斯佳联（佳联-3A）	73.5	6300	3100	3400	NULL
13	佳木斯佳联（佳联-5）	92	5900	3100	3400	NULL
14	佳木斯佳联（佳联-6型）	118	6400	3400	3300	NULL
15	久保田（半喂入式联合收割机PRO208）	14.6	3240	1590	1760	NULL

图 5-17 实例类知识存储示例

4) 资料类知识的存储

资料类知识的存储格式如表 5-8 所示，包括资料类知识的 ID、获取日期、知识来源、知识内容和图片路径等。

表 5-8　资料类知识存储表

ID	获取日期	知识来源	知识内容	图片路径
…	…	…	…	…

资料类知识存储示例如图 5-18 所示。

ID	获取日期	知识来源	知识内容	图片路径信息
1	20170903	仿真	图片	D:\联合收割机图片\四阶模态.png
2	20170903	仿真	图片	D:\联合收割机图片\三阶模态.png
3	20170904	农业机械设计手册	图片	C:\Users\Administrator\Desktop\联合收割机知识整理\图片\…
4	20170905	农业机械设计手册	图片	C:\Users\Administrator\Desktop\联合收割机知识整理\图片\…
5	20170905	农业机械设计手册	间隙机构	C:\Users\Administrator\Desktop\联合收割机知识整理\图片\…
6	20171005	农业机械设计手册	调节机构	C:\Users\Administrator\Desktop\联合收割机知识整理\图片\…

图 5-18　资料类知识存储示例

5) 经验类知识的存储

经验类知识的存储格式如表 5-9 所示，包括 ID、获取日期、知识内容和知识来源等。

表 5-9　经验类知识存储表

ID	获取日期	知识内容	知识来源	专家名称	途径、方法
…	…	…	…	…	…

经验类知识存储示例如图 5-19 所示。

ID	获取日期	参数名称	知识来源	专家名称	about
1	20170901	齿面接触疲劳极限应力（MP…	发动机设计	*	查图
2	20170902	最小安全系数S_Hmin	发动机设计	*	查表
3	20170903	接触寿命系数Z_N	发动机设计	*	查图
4	20170904	轮齿弯曲折断极限应力σ_EF…	发动机设计	*	根据齿面…
5	20170905	最小安全系数S_Fmin	发动机设计	*	查表
6	20170906	接触寿命系数Y_N	发动机设计	*	根据N查图
7	20170907	齿宽系数φ_d	发动机设计	*	查表
8	20170908	载荷系数K	发动机设计	*	查表

图 5-19　经验类知识存储示例

5.5.4　知识的分离及附加

知识库系统中知识的分离就是从 SQL Server 数据库中将存储的知识文件库权限解除，SQL Server 数据库便不再管理该知识文件库，而保存知识的文件和对应的日志文件脱离权限被分离，分离成功后就可以对其进行备份保存或者管理分类。以创建的联合收割机脱粒装置数据文件库为例，将其从 SQL Server 数据库列表中分离。右击联合收割机脱粒装置数据文件库，在弹出的快捷菜单中选择属性，如图 5-20 所示。

图 5-20　数据库分离

通过"属性"窗口，如图 5-21 所示，在窗口左侧区域中选择"选项"，进入右侧区域的"其他选项"列表中选择"状态"项，进入"限制访问"选项，在"限制访问"文本框的下拉列表中选择"SINGLE_USER"。

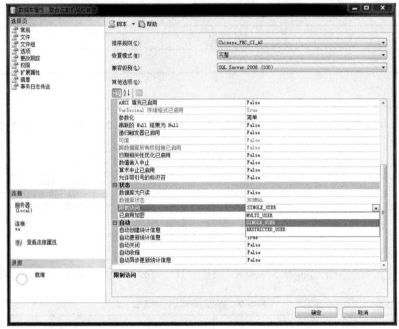

图 5-21　属性选择

单击"确定"按钮后，如图 5-22 所示，将出现更改数据库属性的提示框，单击"是"按钮，确定更改数据文件属性并关闭脱粒装置的数据文件库的所有连接。

图 5-22　提示框

联合收割机脱粒装置数据库名称后面增加显示单个用户，如图 5-23(a)所示，然后右击，在菜单中选择任务的二级菜单"分离"项，"分离数据库"窗口出现，如图 5-23(b)所示，"分离数据库"窗口中列出了要分离的数据库名称，选中"删除连接"和"更新统计信息"复选框。将其设置完成后，单击"确定"按钮，就完成了联合收割机脱粒装置数据文件的分离操作。

知识库系统中知识的附加就是将存储设计知识数据库文件和对应的日志文件附加到需要进行设计的计算机中，与 SQL Server 数据库服务器进行连接，使数据库对附加的文件进行管理。以将已分离的联合收割机脱粒装置数据库文件添加到 SQL Server 服务器为例，如图 5-24(a)所示，右击数据库选择"附加(A)"选项，在 SQL Server 数据库的存储路径下找到要进行附加的数据库文件，一般是.mdf 文件的形式，如图 5-24(b)所示，单击"确定"按钮，就完成了数据库的附加操作，之后可以通过 SQL Server 权限对新附加的数据库文件进行管理。根据构建的联合收割机谱系拓扑图，并借助 SQL Server 数据库的索引、存储、约束、管理等功能实现对知识库系统中设计知识的有效组织与管理。

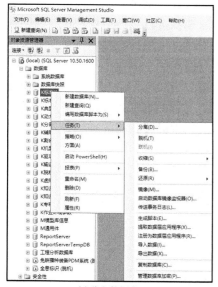
(a)分离数据库

(b)分离数据库结果

图 5-23 分离数据库界面

(a)附加数据库

(b)附加数据库结果

图 5-24 附加数据库界面

5.6 知识在设计过程中的运用方法

5.6.1 知识的查询

1)关键词定位查询

当用户根据设计需求应用知识库系统解决联合收割机的设计问题时,需要对知识库系统中组织存储的整机及零部件设计知识进行查询、编辑、推理等,进而实现知识在设计过程中的高效获取并继承应用。在进行知识查询时，本章所构建的联合收割机知识库系统中存储着大量的知识信息，用户需要从知识库系统中获取并调用所需知识进行设计或推理计算，而辅助用户完成该过程主要应用模糊查询的方法。模糊查询是指通过使用具有模糊特征的关键词对知识库系统中的知识进行查询，能够扩大检索范围，提高搜索的全面性。

关键词定位查询是指用户根据设计需求通过输入查询的关键字进行匹配定位的知识查询方式。在 Visual Studio 开发环境下应用 VB.NET 编程语言，同时利用 SQL 语言嵌入式的特点嵌套 Transact-SQL 语句，通过程序编辑在 Transact-SQL 语句中设置相应的查询条件进行匹配查询。程序中应用的关键语句与对应功能说明如下。

(1)启动查询，其语句如下：

```
Private Sub QueryData(ByVal S As String)
```

(2)连接数据库文件，其语句如下：

```
strConn = "Integrated Security=SSPI; Persist Security Info= False; Initial
Catalog=数据库名称; Data Source=电脑 PC 端"
LoadDataAll()
cn = New SqlConnection(strConn)
```

(3)应用 Transact-SQL 语句进行关键词定位查询。

首先查询表中*字段中有关键字的知识，其语句为

```
Dim Sql As String = select [数据库中表名称] where * like %字段名%'
```

然后查询表中*字段所有以"关键字"开头的知识，其语句为

```
select [数据库中表名称] where * like '字段名%
```

最后查询表中*字段所有以"关键字"结尾的知识，其语句为

```
select [数据库中表名称] where * like %字段名'
da = New SqlDataAdapter(Sql, cn)
Dim dt As New DataTable
da.Fill(dt)
DataGridView1.DataSource = dt
```

(4)将查询定位的知识推送至 TextBox 控件的文本框中显示，其语句为

```
Private Sub DataGridView1_CellContentClick
If e.RowIndex >= 0 Then
TextBox1.Text = Trim(DataGridView1.Rows(e.RowIndex).Cells(0).Value.To String)
```

2)模糊判断查询

模糊判断查询是指用户遇到不确定的具体数值，只能大概明确范围时进行的知识查询方式。模糊判断查询是通过程序编辑对设计条件进行设置，并应用模糊判断的方法进行查询，缩小查询范围，精确查询目标，提高查询效率。程序中应用的关键语句与对应功能说明如下。

(1)连接数据表，并通过程序编辑设置显示顺序及判断条件，其语句为

```
Dim a As String = "select * from [数据库中表名称] where order by [关键字]"
If CheckBox1.Checked = True Then
```

```
If TextBox1.Text <> "' And TextBox2.Text <> '" Then a = a + " and between " +
TextBox1.Text + " and " + TextBox2.Text
```

指定 MsgBox 返回值，使程序运行结果的可读性增强，其语句为

```
Else
MsgBox("请输入查询知识的范围")
End If
```

（2）反馈查询结果，其语句为

```
cn = New SqlConnection(strConn)
da = New SqlDataAdapter(kh, cn)
Dim dt As New DataTable
da.Fill(dt)
DataGridView1.DataSource = dt
Catch ex As Exception
MsgBox(ex.ToString())
```

知识的查询程序中创建的对象及功能如表 5-10 所示。

表 5-10　知识的查询程序中创建的对象及功能

对象	功能
QueryData	执行查询对象的方法语句的命令
SqlConnection	启动数据库与应用程序之间的连接
CellContentClick	单击单元格中的任何位置，获取该位置上的数据
SqlDataAdapter	提供一种从 SQL Server 数据库读取行的方式
DataTable	建立内存中的临时数据集
DataGridView	将数据以表格形式呈现
ExecuteReader	执行与命令匹配的所有行的内容
MsgBoxResult	指定 MsgBox 返回值，使程序运行结果的可读性增强
RowIndex	在进行检索时，获取单元格从零开始的行索引

5.6.2　知识的编辑

知识的编辑是指知识库系统中知识的添加、删除与修改功能，利用此功能可以在知识浏览与查询模块对知识进行添加、修改与删除操作，便于应用知识库系统学习新知识；在知识库系统的知识存储模块进行知识的编辑存储；同时在基于知识的设计模块及权限管理模块中完成对数据的更新及存储过程。程序中应用的关键语句与对应功能说明如下。

1）知识的添加

知识的添加语句为

```
Public Function GetNewIndex() As Integer
Dim Res As Integer
Return Res
End Function
Dim ID1 As Integer = GetNewIndex()
```

```
cn = New SqlConnection(strConn)
cn.Open()
Dim SqlString As String = "INSERT INTO [数据库中表名称](字段名 1,字段名 2,...)
VALUES("
SqlString = SqlString & ID1 & ","
SqlString = SqlString & "'" & Trim(TextBox2.Text) & "',"
cm = New SqlCommand(SqlString, cn)
cm.ExecuteNonQuery()
cn.Close()
MsgBox("知识信息添加完成! ")
LoadDataAll()
```

2) 知识的修改

首先根据修改的知识内容检查系统中的知识是否冗余，其语句如下：

```
cn = New SqlConnection(strConn)
cm = New SqlCommand
cm.Connection = cn
cm.CommandText = "select * from [数据库中表名称] where Id=" & Label1.Text
cn.Open()
myReader = cm.ExecuteReader
If myReader.Read Then
myReader.Close()
cn.Close()
MsgBox("该知识编号信息在数据库中不存在! ", vbInformation + vbOKOnly, "提示信息")
myReader.Close()
cn.Close()
End If
cn = New SqlConnection(strConn)
cn.Open()
```

然后进行知识的修改与更新，其语句如下：

```
Dim SqlString As String="update[数据库中表名称]set 字段名 1='" & Trim(TextBox1.Text)
cm = New SqlCommand(SqlString, cn)
cm.ExecuteNonQuery()
cn.Close()
MsgBox("知识信息修改成功! ", vbOKOnly + vbInformation, "提示信息: ")
LoadDataAll()
```

3) 知识的删除

知识的删除语句如下：

```
Dim temp As MsgBoxResult
temp = MsgBox("确实要删除此条知识信息记录吗?", MsgBoxStyle.YesNo, "提示信息:")
If temp = MsgBoxResult.Yes Then
cn = New SqlConnection(strConn)
cm = New SqlCommand
cm.Connection = cn
cm.CommandText = Dim SqlString As String="delete from [数据库中表名称] where ID="
&TextBox1.Text
cn.Open()
cm.ExecuteNonQuery()
```

```
cn.Close()
LoadDataAll()
```

知识的编辑程序中创建的对象及功能如表 5-11 所示。

表 5-11　知识的编辑程序中创建的对象及功能

对象	功能
GetNewIndex	在进行编辑时，获取新的行索引
ExecuteNonQuery	执行 SQL 语句的命令
SqlConnection	启动数据库与应用程序之间的连接
RowIndex	获取单元格从零开始的行索引
SqlDataReader	提供一种从 SQL Server 数据库读取行的方式
ExecuteReader	返回与命令匹配的所有行的内容
CommandText	执行 SqlCommand 对象的方法语句的命令
MsgBoxResult	指定 MsgBox 返回值，使程序运行结果的可读性增强
SqlCommand	利用 ADO.NET 通过执行 SqlCommand 对象的方法语句来向数据库发布命令

5.6.3　知识的推理

　　构建联合收割机知识库系统的根本任务是求解联合收割机设计领域的问题，问题的求解过程就是一个事实推理的过程，需要知识库系统具备一定的推理功能，并能根据设计人员或者用户提供的已知数据或初始参数，通过运用系统中存储的方法函数等设计知识进行有效的推理，获取设计参数以实现对问题的求解。不同的知识库系统的推理机制不完全相同，需要根据具体问题进行具体分析，以保证问题求解的有效性。基于实例的推理方法和基于规则的推理方法是知识推理研究领域常用的方法。基于实例的推理方法就是从用户的设计需求角度出发，从知识库系统中查询一个与当前设计要求相匹配的知识，如果该知识满足设计要求，则将知识推送给用户即可；否则，根据设计要求对查询出的知识进行编辑，编辑后的知识有效满足设计要求，同时作为一个新的知识存储到知识库系统中，进行知识的扩充，便于用户对新知识的获取。由于联合收割机的设计知识具有过程化的特点，即上一个推理的结果是下一个推理的依据，本节对基于规则的推理方法与基于实例的推理方法进行研究，并针对联合收割机的设计过程，规划其设计时的推理线路。

　　1）基于规则的推理方法

　　基于规则的推理是指将问题求解的依据（规则函数）和目标以合适的程序加以形式化描述，又称为产生式规则推理。基于规则的推理方法具有知识表达直观、形式统一、模块性强等特点。在联合收割机知识库系统中，基于规则的推理方法是其推理机制的重要组成部分，在知识库系统中，基于规则的推理方法主要是参数传递的过程，具备过程化的特征，即上一个推理的结果是下一个推理的依据，如图 5-25 所示，用户首先分析零部件的设计过程，从设计的零部件功能、设计要求和结构设计特点来确定设计目标；通过人机交互的方式，用户在知识库系统中输入已知的初始参数，提取需要进行设计求解的主要参数包括零部件工作参数、装配尺寸参数及标准系列参数等，然后调用知识库系统中存储的方法函数和公式规则，并根据所设计的零部件的装配约束关系和设计标准进行推理计算。

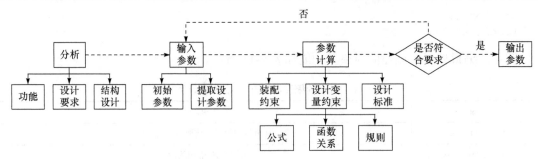

图 5-25　基于规则的推理流程

将知识库系统中的函数、公式等规则类、参数类知识通过面向对象的程序语言进行表达，应用知识库系统进行基于规则的推理计算过程，求解满足设计要求的参数，应用基于规则的推理方法对联合收割机整机及零部件的相关问题进行推理计算分析，输出具体设计参数，进而高效获取设计参数并辅助用户完成模型的参数化设计过程。以图 5-26 所示内容为例，当用户已知纹杆滚筒式脱粒装置的作物性质系数、滚筒长度、纹杆根数和滚筒转速时，应用知识库系统自动调取存储的设计公式与函数，可完成生产率的推理计算过程。

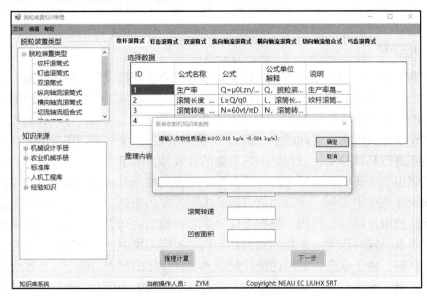

图 5-26　基于规则的推理计算示例

2）基于实例的推理方法

联合收割机的设计是一个不断借鉴、不断创新、不断改进和不断完善的过程，联合收割机知识库系统中包含的实例类知识、参数类知识等五类知识可以有效满足基于实例的推理原则，为用户提供有借鉴意义的设计知识。例如，实例类知识及参数类知识包括联合收割机设计领域成熟机型的设计信息和数据等，是联合收割机进行创新设计的依据，可为最新设计的问题提供有价值的参考。通过对已经或正在研制的装备设计知识的整理与分析，以及对经过生产实践试验的成熟机型设计知识的充分利用，不仅可以大大缩短产品设计周期，还可以避免设计失误，提高联合收割机的设计成功率，有效降低设计成本。

由此可知，在联合收割机设计过程中引入基于实例的推理方法，将其和知识库系统中存储的知识有效地结合起来，就会高效地继承并重用设计知识，为新的设计问题提供有借鉴意义的初始参考,从而提高系统中知识的应用效率。基于实例的推理方法是通过查询曾经成功解决过的问题的知识,比较设计需求和过去问题相关知识之间的差异,经过一系列的计算、查询后重新使用以前的知识和信息,最终解决当前设计需求问题的方法。查询的依据主要是实例类、资料类等知识之间的相似性,目的是快速地找到与当前设计问题相似的设计知识,基于实例的推理方法的过程是:首先分析设计需求、已知的基本参数及设计相关信息;接着提取设计参数及确定初始条件,在知识库系统中查询出一组相似的设计知识;然后通过相似度匹配计算,确定最相似的知识并重组,形成新设计问题的知识信息;最后若满足设计要求,则将结果保存并推送至界面呈现,若不满足则分析原因并进行处理。

在基于实例的推理中,通过计算知识特征向量和所需求特征向量的相似度来检索出与设计需求最为相似的知识,然后设计人员参考或自动选取最优的知识进行参考并应用,以下是两种基于实例的推理方法。

(1)余弦相似度法。

余弦相似度法是用两组向量之间的夹角大小来计算两组向量的相似度,余弦相似度 $\cos\alpha_i$ 的表达式如式(5-3)所示,两组向量的表达式如式(5-4)和式(5-5)所示。

$$\cos\alpha_i = \frac{A_i \cdot A_t}{\|A_i\| \cdot \|A_t\|} = \frac{\sum_{i=1}^{3} a_{ik} \cdot a_{tk}}{\left(\sum_{k=1}^{s} a_{ik}^2 \cdot \sum_{k=1}^{s} a_{tk}^2\right)^{\frac{1}{2}}} \tag{5-3}$$

$$A_i = \begin{bmatrix} a_{i1} & a_{i2} & \cdots & a_{is} \end{bmatrix} \tag{5-4}$$

$$A_t = \begin{bmatrix} a_{t1} & a_{t2} & \cdots & a_{ts} \end{bmatrix} \tag{5-5}$$

式中,$k=1, 2, \cdots, s$;$i=1, 2, \cdots, n$。

余弦相似度的取值范围为[0, 1],取值越大表示两组向量的夹角越小,两组向量越相近,当值为 1 时,两组向量完全相同;当值为 0 时,两组向量则完全不同。

(2)欧氏距离法。

欧氏距离法就是通过计算欧氏距离的大小来比较两组向量的相似度,欧氏距离的表达式如下:

$$\text{SIM}\|A_i - A_t\| = 1\sqrt{\sum_{k=1}^{n}(x_{1k} - x_{2k})^2} \tag{5-6}$$

式中,$k=1, 2, \cdots, s$;$i=1, 2, \cdots, n$;欧氏距离的取值范围为[0, 1],两组向量越接近,欧氏距离的取值在这个范围内越大,两组向量完全相同时欧氏距离为 1,两组向量完全不同时欧氏距离为 0。本章选用余弦相似度法和欧氏距离法相结合的方法进行基于实例的推理计算。以风扇筛子式清选装置技术参数的相似度匹配计算为例,如表 5-12 所示,目标参数为用户输入行中数据,实例一与实例二均为知识库系统中已存储的成熟机型的实例类知识。

表 5-12　清选装置技术参数

输入参数	清选上筛长度/mm	清选上筛宽度/mm	风扇叶片数	风扇叶轮直径/mm	曲轴转速/(r/min)
实例一	1018	950	5	550	278
实例二	900	880	4	450	305
用户输入	800	900	4	500	300

① 建立特征矩阵 A_{25}:

$$A_{25} = \begin{bmatrix} 1018 & 950 & 5 & 550 & 278 \\ 900 & 880 & 4 & 450 & 305 \end{bmatrix} \tag{5-7}$$

② 建立特征期望矩阵:

$$A_t = \begin{bmatrix} 800 & 900 & 4 & 500 & 300 \end{bmatrix} \tag{5-8}$$

③ 计算余弦相似度,结果如表 5-13 所示。

表 5-13　余弦相似度计算结果

实例一	实例二
$\cos\alpha_1$	$\cos\alpha_2$
0.995386	0.996788

④ 通过欧氏距离公式可得到表 5-14 所示的计算结果。

表 5-14　欧氏距离计算结果

实例一	实例二
$\|A_1 - A_t\|$	$\|A_2 - A_t\|$
170.9128	112.6882

由表 5-13 可知,实例一和实例二的余弦相似度计算结果接近,实例一的结果小于实例二的结果,无法确定实例二知识与目标知识更接近;但根据实例一与实例二的欧氏距离结果,由表 5-14 可知,实例一的结果大于实例二的结果,说明实例二的知识与目标知识更相近。通过该实例可知余弦相似度法不会将知识对研究对象重要的部分放大,欧氏距离法在一定程度上放大了在距离测量中存在的较大误差的作用,降低了余弦相似度法的不敏感度,从而减小了误差。随着联合收割机知识库系统中知识量的不断扩充,应用这两种基于实例的推理方法可以根据用户的设计需求进行知识的相似度匹配计算,相似的计算结果对应的知识信息可为当前设计提供参考。

3)混合推理方法

联合收割机设计知识的多样性可能会使单一的推理模式无法满足联合收割机设计的需求,所以结合联合收割机的设计过程,本章集成基于规则的推理方法和基于实例的推理方法进行联合收割机零部件的设计,如图 5-27 所示,首先进行基于实例的推理过程:根据具体零部件的设计要求,用户查询知识库系统中的设计知识,应用模糊查询的方法获取与设计要求最为接近的设计知识,如果用户满意,则作为当前设计的参考;否则,可以进行基于规则的推理过程:通过浏览、查询将设计参数提取,确定初始参数,之后进行基于规则的推理计算获取需要的设计参数,并通过知识库系统的推理机制进行知识推送与模型知识匹配过程,最后进行模型的参数化设计。对于复杂设计问题的推理,可以同步进行基于规则与基于实例的推理过程,混合推理方法能够实现联合收割机知识库系统中知识的高效获取及应用过程,进而成为支撑联合收割机知识库系统进行零部件智能化设计的重要手段。

5.6.4　设计体系的建立

应用混合知识表示方法对联合收割机的零部件设计知识进行表达,以联合收割机的脱粒装

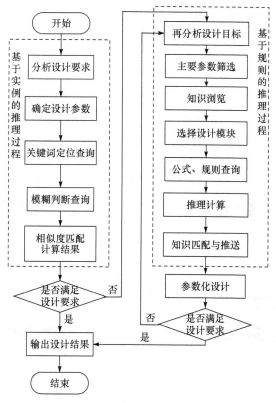

图 5-27　设计推理流程

置和清选装置为例，分别将其零部件设计过程中涉及的知识属性和特征封装在框架结构中，建立对应的设计体系，融合推理过程形成系统推理机制，实现用户对系统中设计知识的高效运用。

运用混合知识表示方法可以建立联合收割机零部件设计体系，即应用面向对象技术将结构化明显的框架与表示思想和逻辑性较强的产生式规则表示思想相互融合，采用自顶向下的设计理念分析零部件的设计过程，建立通用的零部件设计体系，如图 5-28 所示，首先分析零部件的设计功能、结构与设计要求，然后提取结构组成中的关键部件进行设计，并具体分析关键部件的设计需求，最后通过建立知识模型等手段得到满足要求的某一部件的设计参数。

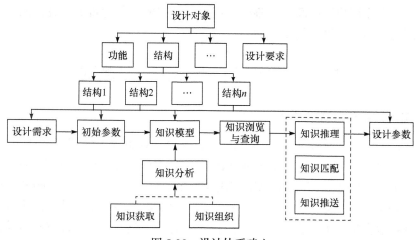

图 5-28　设计体系建立

知识模型是通过前期组织、分析得到的模型参数结构或参数标准，然后根据设计需求在知识库系统中以谱系拓扑图为索引路径进行知识的浏览与查询，并运用基于知识的设计方法完成知识的推理、匹配及推送过程；最后输出满足要求的设计参数，设计体系的建立为复杂零部件的设计过程提供了一种通用的方法。

将设计体系转化为联合收割机知识库系统推理机制，本章通过面向对象的程序设计来运行联合收割机知识库系统的推理机制，在知识库系统中基于知识的设计模块根据不同零部件设计建立的设计体系，形成对应的推理逻辑与解释机制，并在知识匹配与推送过程中利用辅助对话框形式进行引导，以图 5-29 所示内容为例，辅助用户完成零部件模型的设计参数推理及获取的过程，使联合收割机知识库系统能更好地实现按照具体推理思路即零部件设计体系进行推理的功能。

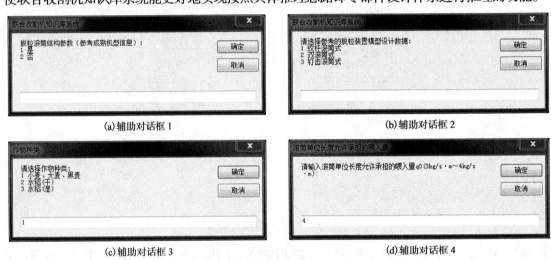

图 5-29　辅助对话框示例

联合收割机智能化设计的目的在于使用户在不需要对零部件设计过程充分了解的前提下，弱化用户的专业技术性要求，知识库系统能够提供用户方便易懂的交互性操作方式进行设计，从而实现零部件设计与分析过程的自动化，即联合收割机知识库系统根据用户的设计需求，利用知识表达形成的设计体系，并以辅助对话框形式指导用户快速而准确地获取设计知识或设计出满足要求的零部件模型。建立通用的零部件设计体系并形成联合收割机知识库系统推理机制，实现用户运用联合收割机知识库系统完成零部件智能化设计的过程，该方式可为联合收割机的智能化设计提供一种通用的方案。

5.7　知识库系统技术集成与测试

5.7.1　开发工具及编程语言的选择

Visual Studio 是 Microsoft Visual Studio 开发组件中最为强大的编程工具。Visual Studio 2015 是其最新版本，并基于.NET Framework4.5.2，其中包含 Visual Basic 的.NET 版本，但与 Visual Basic 6.0 有所不同，在开发的思维方式与架构上存在巨大差异，Visual Studio 更加具有普适性。以 Visual Studio 2015 作为开发工具，运用面向对象的程序设计方法来设计人机交互界面，可以有效地支持各类操作系统，并拥有较佳的程序执行效率和代码执行功能。

本章应用 CATIA V5R21 设计平台和 Visual Studio 2015 开发工具在.NET 环境下实现联合

收割机知识库系统与 CATIA 二次开发技术的集成，可应用于联合收割机零部件设计如脱粒装置和清选装置的知识浏览、知识查询、知识推理、知识推送与匹配及对应零部件参数化模型的模型驱动等智能辅助设计的过程中。VB.NET 作为一种面向对象的可视化高级程序编程语言，是 Visual Studio.NET 系列的重要组成之一。使用 VB.NET 作为开发语言的原因如下：①它是目前较为流行的程序系统开发语言；②考虑到它能与 Microsoft 的操作系统无缝衔接的能力，能够开发高性能的 Windows 程序系统；③在.NET 环境下它提供了多种数据库开发功能与数据关联技术，通过程序接口技术能对当前常用的 Oracle、SQL Server 和 Access 等数据库进行关联并访问。在 Visual Studio 环境下，使用.NET 环境下提供的数据库开发接口，并应用 ADO.NET 技术访问 SQL Server 数据库，实现系统与数据库间数据的双向传递，进而开发出功能模块化、满足设计需求的联合收割机知识库系统，实现联合收割机零部件设计知识获取及调用过程的自动化，体现智能化设计理念。

5.7.2　人机交互界面的设计

在知识库系统中设置人机交互界面，根据系统方案将界面与相关技术集成并通过程序编辑且关联数据库，进而构建联合收割机知识库系统。将人的思维方式与计算机的运作方式相互转换，以实现人与计算机之间的动作的双向传递，不仅系统界面的设计需要方便用户的使用，起到智能引导的作用，还应使功能模块化、操作简单化，极大地提高工作效率。

联合收割机知识库系统登录界面如图 5-30 所示，用户在界面中依次选择身份、账号、密码即可进入联合收割机知识库系统。

图 5-30　联合收割机知识库系统登录界面

单击"进入系统"按钮后，即可进入知识库系统的主界面，如图 5-31 所示，根据知识库系统的技术模块架构方案，在主界面中设计四大主功能模块，即知识浏览与查询、知识存储与管理、基于知识的设计和系统的权限管理。

知识浏览界面如图 5-32 所示，知识库系统目录结构的设计以目录树展示，为系统中知识查询提供了索引路径，用户可以通过该模块浏览系统中存储的知识，界面上方设置选择设计模块，方便用户在对知识浏览后，选取具体的零部件模块并利用知识库系统进行设计或进行知识的查询与知识的再学习过程。"添加模块"、"添加子模块"和"删除模块"功能按钮可对

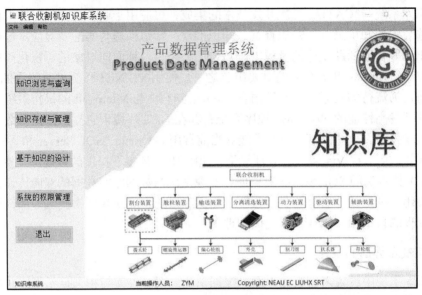

图 5-31　系统主界面

图 5-32　知识浏览界面

目录树进行修改，需要注意的是，删除模块时会将 SQL Server 数据库中的对应数据库或数据表进行删除。"打开"按钮是针对资料类知识设计的功能，选择数据表中的行数据后，单击"打开"按钮可打开对应的标准或专利文件或资料。

　　知识查询界面如图 5-33 所示，在该界面中用户可以根据需求单击目录树进行知识浏览，采用关键字定位查询方法可精准定位知识，同时可以进行知识的添加、修改、删除等操作，知识被编辑后将同步更新到 SQL Server 数据库中，进而不断地对知识库系统中的知识进行补充和完善，为今后的设计提供参考，实现对知识库系统中知识的获取并再学习的过程。

　　在知识存储管理模块下首先根据知识库系统结构目录树进行知识浏览，在确定知识信息是否冗余后，根据新知识的内容在知识存储目录树中选择存储知识的类型，填写所存储新知识的基本信息，完成对新知识的存储管理。同时，该界面可以对已存储的知识进行编辑，从而更好地对系统中的知识进行管理，图 5-34 为知识存储界面。

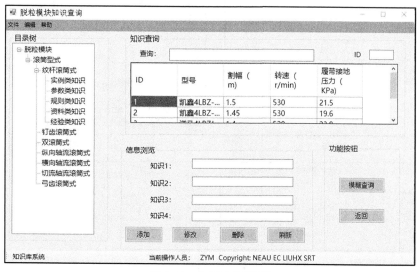

图 5-33 知识查询界面

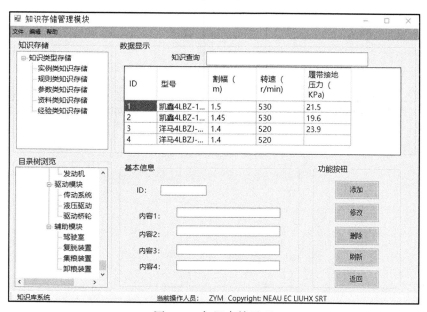

图 5-34 知识存储界面

基于知识设计模块包含知识匹配及推送和模型调用功能界面，采用人机交互的方式，在该模块下形成推理逻辑与解释机制，通过交互界面及辅助对话框形式展示给用户。图 5-35(a)为该模块主界面，通过单击相应功能按钮，可进入对应功能界面。图 5-35(b) 为模型调用界面。图 5-35(c) 为知识匹配及推送功能界面之一，用户单击"知识匹配"按钮可在对话框的提示下输入相关参数。除此之外，知识库在 Visual Studio 下运用选择语句命令 if…else 或 select{Case 0:…;Case 1:…;Case 2:…;……Case n:…}等实现不同界面及条件的选择，利用该语句命令知识推送按钮可连接到不同的交互界面，如图 5-35(d) 所示。

权限管理界面如图 5-36 所示，创建的基本信息包括账号、密码和权限。

(a)模块主界面

(b)模型调用界面

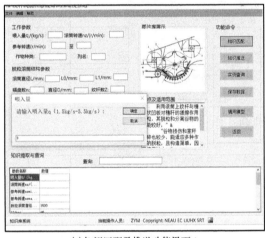

(c)知识匹配及推送功能界面 1

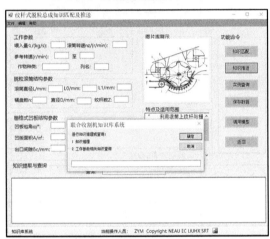

(d)知识匹配及推送功能界面 2

图 5-35　基于知识的设计界面

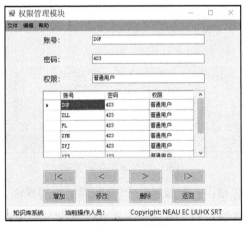

图 5-36　权限管理界面

5.7.3　交互式系统的操作流程

联合收割机知识库系统的运行流程如图 5-37 所示，通过人机交互的方式，用户对知识库系统进行操作时，首先进入知识浏览与查询模块，通过目录树索引进行知识浏览，并根据需求选取设计模块。在此模块中用户可采用模糊查询的方式进行知识查询，利用 ADO.NET 技术与数据库程序关联对知识进行编辑。在基于知识的设计模块中应用基于规则、基于实例的推理机进行知识推理并获取设计参数，用户根据设计需求借助辅助对话框形式将知识录入数据表中，数据库调用知识完成模型的参数化驱动，进而形成一套完善的集浏览、查询、推理、推送、参数化设计、存储等技术于一体的设计流程，增强知识在设计过程中的继承性与重用性以及模型的适应性，满足零部件多样化的设计需求。

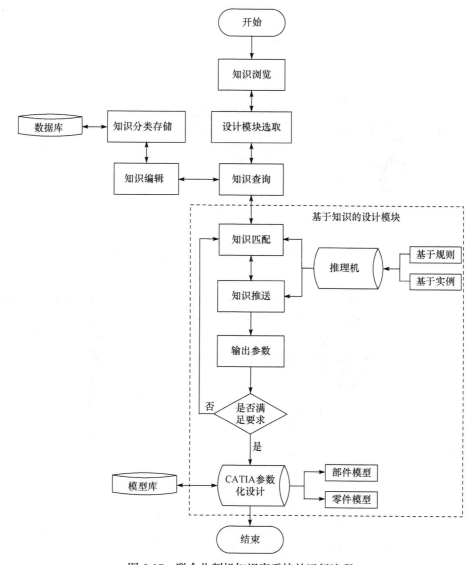

图 5-37　联合收割机知识库系统的运行流程

5.7.4　实例分析

本节基于 Visual Studio 2015 开发工具、编程语言 VB.NET 和集成数据关联技术，通过设计人机交互界面按照知识库系统总体架构方案将具体的功能模块解释并体现后，以纹杆滚筒式脱粒装置设计为例，在 Microsoft Visual Studio 下通过人机交互，具体从知识的浏览、查询、推理、匹配与推送功能的角度，以辅助用户完成纹杆滚筒式脱粒装置设计为目标，对知识库系统进行测试。

在"知识浏览与查询"模块中，单击界面上方的"选择设计模块"进入模块设计选择界面，如图 5-38 所示，对系统中的设计知识进行初步浏览后，针对性地选择零部件模块进行具体的设计。

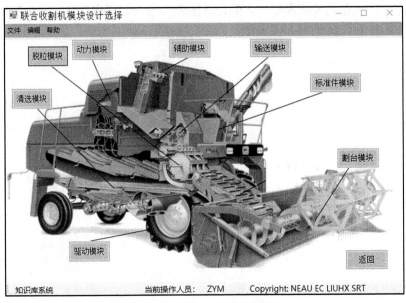

图 5-38　模块设计选择界面

单击"清选模块"进入清选总成知识浏览界面，如图 5-39 所示，首先选择设计的清选装置类型，界面包括图片库展示、特点及适用范围、清选装置类型、功能命令。

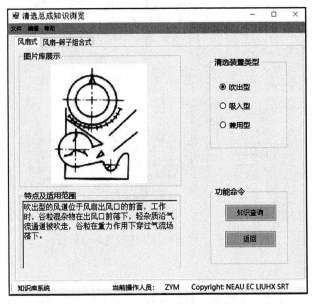

图 5-39　清选装置类型浏览

单击"知识查询"按钮，进入清选模块知识查询界面，如图 5-40 所示，用户可以对在设计各类清选装置时需要用到的各类知识进行浏览与查询。

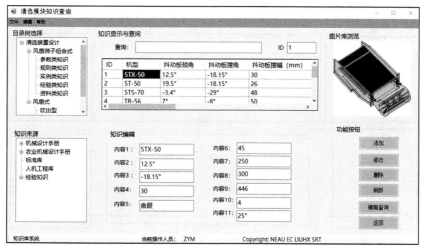

图 5-40 清选模块知识查询

在查询文本框中输入查询关键词，通过关键字定位的方式对存储在系统中的知识进行搜索并定位，如图 5-41 所示。例如，当用户需要叶片后倾角的相关知识时，在"查询"窗口输入倾角后，知识库系统快速定位并获取倾角相关的所有知识，还可以对查询的知识进行添加、修改、删除等操作，在系统中修改或编辑后的知识，可同步更新到 SQL Server 数据库中。

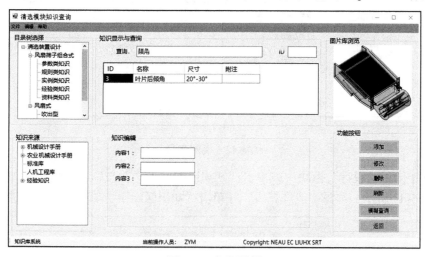

图 5-41 知识编辑

单击"模糊查询"按钮，即可进入清选模块知识模糊查询界面，如图 5-42(a)所示，用户可以根据设计需求输入所需知识的范围，查询系统中已经存储的设计知识。在风扇-筛子组合式清选装置设计时，可以根据用户对不同参数的要求进行模糊判断查询，查询最接近设计人员要求的设计知识，例如，用户想要设计风扇叶轮直径为 450～500mm 的清选装置，在界面中选择"叶轮直径"复选框，在其后文本框中输入 450～500，单击"查询"按钮，即可查询系统中已存储的风扇叶轮直径为 450～500mm 的实例类知识，如图 5-42(b)所示，利用基于实例的推理思想将查询到的知识作为当前设计的参考。

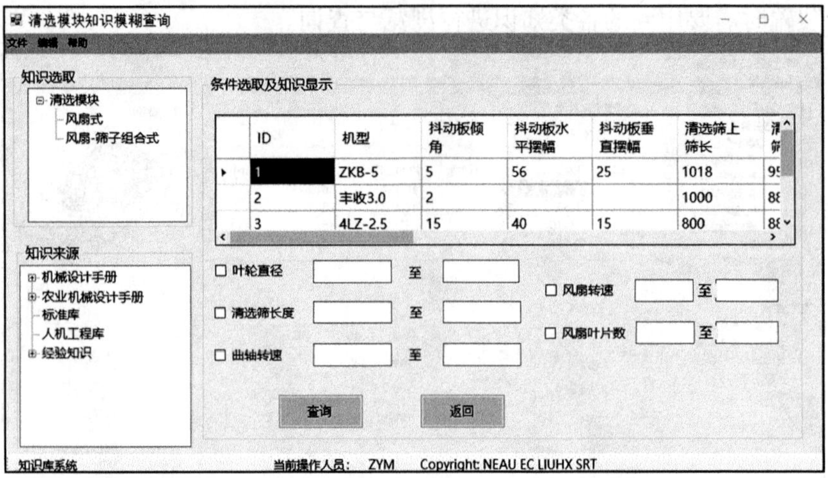

ID	机型	抖动板倾角	抖动板水平摆幅	抖动板垂直摆幅	清选筛上筛长	清选筛
1	ZKB-5	5	56	25	1018	95
2	丰收3.0	2			1000	88
3	4LZ-2.5	15	40	15	800	88

(a)查询前

ID	机型	抖动板倾角	抖动板水平摆幅	抖动板垂直摆幅	清选筛上筛长	清选筛
3	4LZ-2.5	15	40	15	800	88
4	4LQ-2.5	15	39	28	800	88

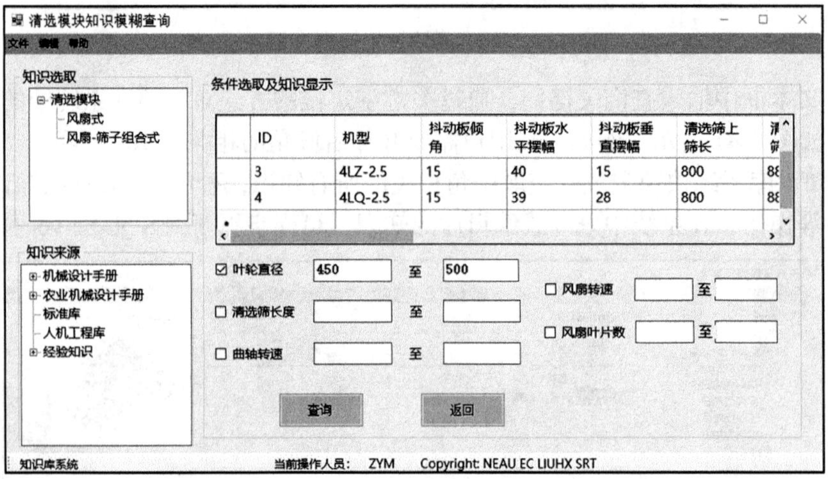

(b)查询后

图 5-42　模糊查询

在"基于知识的设计"模块中，单击"知识匹配及推送"按钮，即可进入知识匹配模块界面，如图 5-43 所示，选择"清选总成"并单击"知识匹配"功能按钮，即可进入清选装置

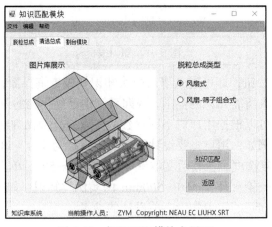

图 5-43　知识匹配模块主界面

知识推送及匹配界面, 如图 5-44(a)所示。

　　用户单击"知识推理"按钮, 即可进入清选模块知识推理界面, 如图 5-44(b)所示。单击"实例查询"按钮, 即可进入清选模块知识模糊查询界面, 如图 5-44(c)所示。在界面输入各类参数, 单击"保存"按钮并为该组数据命名, 如图 5-44(d)所示, 即可将这组数据保存到数据库中。单击"模型调用"按钮, 用户可调用模型库并选择该组数据进行参数化模型驱动。

　　在清选模块知识推理界面, 将获取的清选装置设计的公式转换为程序代码, 并将 TextBox 控件中输入的参数变量通过程序与对应的公式关联, 根据设计体系应用基于规则的推理方式来计算并获取关键设计参数。以风扇-筛子组合式清选装置的风量参数为例, 用户在"推理条件"处填写条件参数, 单击"推理计算"功能按钮, 可获得风扇-筛子组合式清选装置的风量, 如图 5-45 所示。

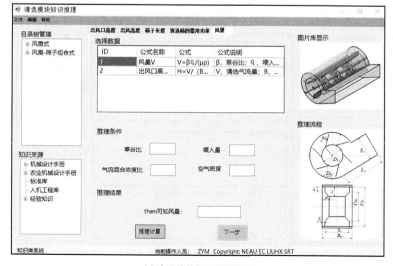

(a)清选装置知识推送及匹配界面

(b)清选模块知识推理界面

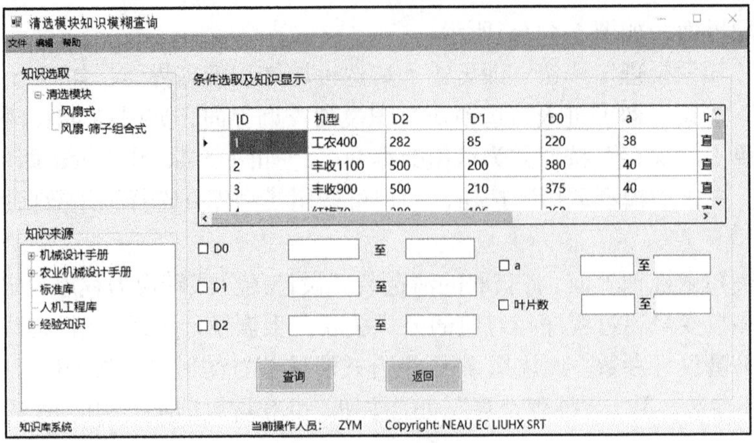

(c) 清选模块知识模糊查询界面

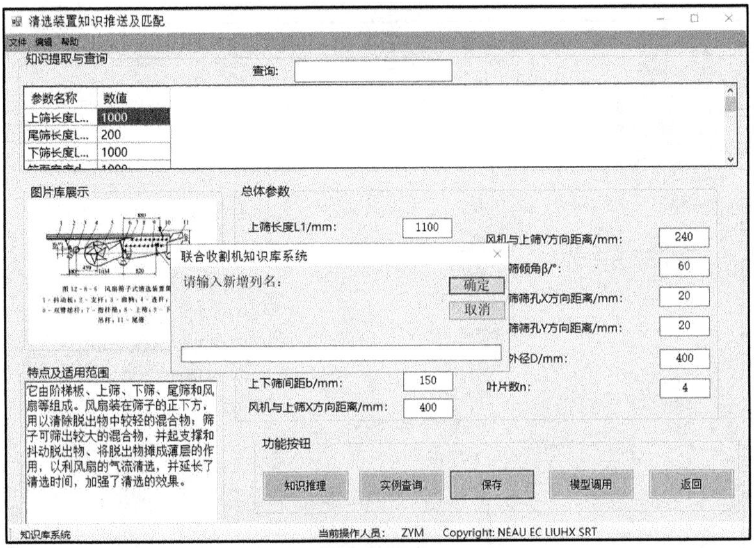

(d) 数据重命名

图 5-44　知识匹配与推送

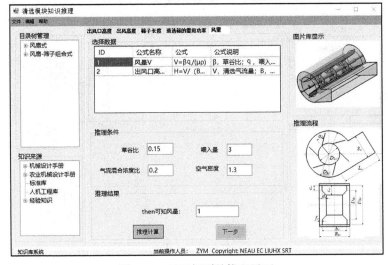

图 5-45　基于规则的推理界面

通过上述操作流程，可以完成风扇-筛子组合式清选装置知识的获取、推理、编辑、推送以及模型的参数化变型等智能辅助设计过程，充分融合知识表达建立的清选装置设计体系，使产品设计过程系统化；应用此方法可以通过知识库系统辅助完成联合收割机其他零部件的设计。

构建联合收割机零部件模型库，为联合收割机知识库系统提供模型资源的支持，对联合收割机脱粒装置、清选装置等零部件知识进行分析、表达形成设计体系后，通过联合收割机知识库系统完成脱粒装置、清选装置等零部件模型的设计过程，即用户直接从知识库系统中查询、推理并将设计知识推送到模型库，模型库系统集成 CATIA 二次开发技术辅助完成对应参数化模型的设计过程，而不需要跨平台操作，最大限度地减少了用户查阅、设计失误重新查询以及跨平台进行模型设计的时间，这种设计方式不仅可以加强知识的集成化效果、高效获取知识，还可以增强知识的继承性和重用性，进而提高设计的效率和水平。

第6章 模型库系统

6.1 概　述

大型农业装备研发过程中存在零部件数量庞大、种类多而庞杂、装备设计信息短缺等问题，模型库系统作为智能设计系统平台的重要基础模块，对于正确梳理模型层次、科学管理装备类别、高效组织模型资源、提高模型利用率与设计效率、优化设计水平等具有重大的研究意义。

模型库系统针对联合收割机模型库系统建设需求及实际应用需要，结合相关技术，研究出一套功能全面、系统科学的管理体系，该体系不仅能实现库结构调整、检索、基本信息浏览等多项基本功能，还能完成模型资源的大量填充；同时基于模型库资源开发设计，以模型库系统为基础，开发出辅助标识、参数化驱动、参数匹配等功能。

模型库系统是一种将联合装备分类划分，可实现模型存储、模型管理与模型资源标准化辅助标识的软件系统，是智能设计系统或智能决策系统的重要组成部分。模型库系统基于CATIA 的二次开发接口技术，以 VB.NET 为开发语言，运用 SQL Server 作为联合收割机模型库系统后台数据库管理模型信息数据，能够以友好的人机交互方式为操作者提供清晰的模型管理层次与操作引导，可以方便地查询、获取模型库中的各种模型资源，同时能够对模型资源进行符合权限的管理与修改，加强模型设计应用。

规范的模型单元能够保障系统准确、高效地作业。规范的模型标识信息，能使系统具备良好的可应用性，从而构建一个结构完整、功能完备的模型资源库。同时，数字模型辅助标识技术，辅以系统人机交互界面，能准确、快速、高效地建立标准全息标识化模型。模型库系统以联合收割机装备谱系拓扑图为基础进行结构框架划分，结合装备信息和相关知识、属性，对模型进行规范化管理，形成模型文件、数据信息的准确对应关系，为后续模型的组织与调用提供有力的物理保障和技术支持；基于谱系拓扑图与物元编码相结合的模型标识技术，使建立的模型更规范、标注语义更有序，并且能够准确表达模型信息，规范模型的语义标识，为程序准确、便捷调用提供技术保障，也为程序处理规范化、代码标准化，以及识别驱动模型准确化奠定基础。

6.2　模型库系统架构

模型库系统是智能设计系统或智能决策系统的重要组成部分，主要是对模型资源进行分类存储，以及模型管理、组织调用等功能的软件系统。模型库系统由模型库、模型库管理系统等构成。

图 6-1 为模型库系统在智能设计系统中的组织架构图，它能清晰表达系统间各组织功能与关联关系。

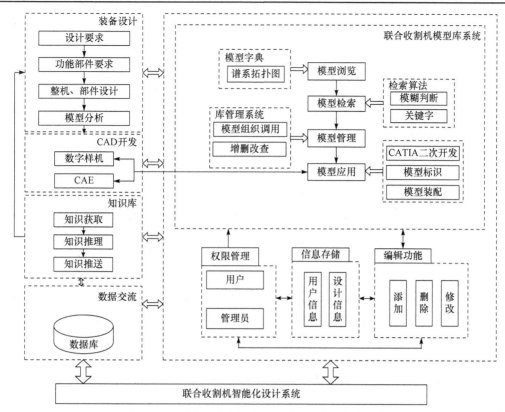

图 6-1　模型库系统在智能设计系统中的组织架构图

6.2.1　设计目标及原则

模型库系统的设计旨在适应农机行业和客户的需求，以客户需求为系统设计导向，在设计过程中模型库应遵循下列设计目标。

(1)科学、清晰的联合收割机模型库架构，可实现联合收割机模型资源的管理与开发设计。

(2)确保模型库系统中模型资源的管理具有复用性及回溯性，使模型资源具备完善、连续、唯一的存储位置。

(3)模型库系统能够灵活地分类管理模型资源。

(4)完备的产品模型、数据信息关联管理机制。

(5)灵活、完善的模型库系统操作人员配置与权限管理机制。

(6)友好、便捷、人性化的软件系统操作界面，简易、流畅的用户操作体验和良好的可维护性。

基于系统设计目标，模型库系统应遵循以下系统设计原则。

(1)系统先进性原则。系统建立在模型库系统研发技术的前沿，利用先进的技术理论手段，在具备当前流行模型库系统基本管理功能的基础上，拓展数据关联、权限管理等先进功能。

(2)系统独立性原则。系统是一个独立于三维 CAD 软件模型库管理平台外的模型库外挂系统，依托于三维 CAD 软件的二次开发接口与窗口载体，但具备独立的模型库管理系统与模型库资源库，各模块相互作用但保持基本独立。

(3)系统通用性原则。当前系统基于 VS(Microsoft Visual Studio)环境，运用 VB.NET 编程语言进行设计，结合 CATIA 二次开发技术，对 CATIA 模型资源进行管理，系统设计拥有健全灵活的分类管理机制，面向不同类别，能够适应不同的条件与环境。

(4)系统人性化原则。系统设计具备美观的人机交互应用界面与友好、智能的辅助操作流程，以及适应不同用户需求的人性化设计，同时拥有统一的系统风格和规范的操作流程，便于用户操作与管理员维护。

(5)系统高效性原则。系统设计过程中考虑计算机硬件条件，运用合理的数据访问与传递机制，优化系统程序与算法，在模型资源与信息数据合理扩增范围内，维持以最短的响应时间完成系统功能，保证系统的高效性。

(6)系统安全性原则。模型库系统所有文件和数据资源具有不同的保密程度，除系统正常运行过程中保证系统文件和数据传递的安全性外，模型库系统面向不同操作人员制定相应的保密机制和灵活的权限管理机制，能够在有效发挥模型库系统作用时保障系统安全。

(7)系统合理操作与稳定性原则。模型库系统开发者对其可能在使用过程中面临的不合理操作和安全性能提供合理分析与应对方式，避免模型库系统长时间运行过程中因错误操作、计算循环、系统资源占用和回收等造成的系统稳定性能力下降，乃至增加其使用过程中可能面临的系统崩溃的风险，保证系统在频繁运行过程中能够保持一定的稳定性。

(8)系统开放性设计原则。模型库系统在设计和开发的过程中，采取多层次的结构，这为模型库系统以后的发展和持续升级应用提供了便利。

6.2.2　模型特点及表示方法

模型库系统中的模型大多数为机械三维模型，它通过大量的三维模型文件，精确配备模型信息数据、模型知识单元共同完成模型资源的表达。因此，本系统的模型具有以下特点。

(1)模型有输入输出参数。参数的设定，能够使模型较好地实现变型与设计，从而适应用户需求。

(2)可实现基于模型资源的模型快速设计。系统模型为参数化模型资源，具备面向用户的设计功能，通过用户提供设计要求、系统获取相关输入参数，可以实现匹配计算获取设计模型信息并驱动模型进行变型，例如，联合收割机脱粒装置模型，在输入相关的喂入量和关键参数后就可以实现装置的简单设计与模型调用。

(3)模型可以被系统组织调用。

(4)通过模型可以对其进行深层次的设计研究，如有限元分析、数字样机等，能够更加真实地表达现实事物的本质。

模型库系统中，模型的表示方法和存储形式尤为重要，是实现模型有效管理和内部关联的基本保障。设计过程中不仅要考虑模型本身的信息情况与特征条件，还要考虑模型信息数据与数据管理方法之间的紧密联系，从而选取适当的模型表示方法，确保模型数据信息的准确关联与便捷获取。模型库系统模型表示具有如下要求。

(1)一致性：系统制定一致的表示标准，模型表示与数据表示等其他数字化资源保持一致，从而便于数据的存储与调用，实现系统的统一管理。

(2)模块性：系统具备模块化，模型表示、数据表示、数据管理等手段或方法各自成模块，模块间保持稳定的连接和相互作用关系，便于管理与维护。

（3）完整性：模型表示具备系统的表示方法，同时保证模型表示内容的绝对完整性，便于模型的准确获取与高效管理。

（4）独立性：模型之间互相独立，同时模型库、数据库、方法库等功能、技术模块保持一定的独立性。

（5）智能性：模型表示适应当前设计需求，融入模型知识的表示后，便于与知识库进行联合运用，以适应智能化设计需求。

6.2.3 模型库及管理系统

本系统模型库的设计结合多类型模型库特点，针对各行业用户需求，建立适应行业与用户需求的模型库，为用户提供既定模型资源的同时，提供智能化、人性化的设计与系统操作体验；为用户提供模型资源的引用，同时提供适应用户需求的参数匹配设计功能与模型库扩展能力。系统构建面向联合收割机装备的模型库，依据联合收割机装备谱系拓扑图，设计模型库结构，建立对应结构层次的模型存储单元与模型信息对应关系，保证模型资源的有效存储与关联调用，其作为模型库系统的物理基础，其结构的设计、信息关联与所存储模型资源的良好程度，都为整个系统的构建与实现提供重要的基础支持。

模型库管理系统是一种集中对模型资源运行维护的控制管理系统，主要实现模型的生成与组织调用等功能，是模型库系统实现模型资源管理的重要技术基础和保障，模型库管理系统主要具有以下功能：

（1）生成和维护模型文件；

（2）实现模型上传、存储与组织调用，具备模型资源管理基本功能；

（3）与数据库连接，保证模型和信息资源的联动性；

（4）与现有的方法数据库进行连接，实现目标搜索、参数匹配驱动等个性化功能。

模型库管理系统的功能模块划分如图 6-2 所示。

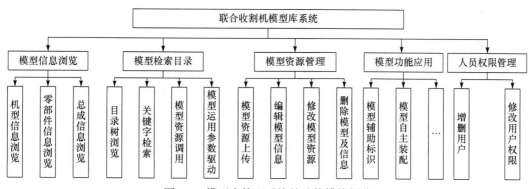

图 6-2 模型库管理系统的功能模块划分

模型库管理系统主要应用 VB.NET 编程技术，开发系统软件程序，以软件平台的形式实现对联合收割机模型资源的存储与组织调动；同时关联后台 SQL Server 数据库，保证模型资源与信息数据的联动性，从而更加高效地实现模型库系统的管理能力。

对模型库进行设计、管理、维护的人或团体称为模型库管理员。模型库管理员基于模型字典与模型库架构，存储与组织全部模型资源，通过科学、系统的模型管理系统机制，实现对模型资源的高效管理，维护整个模型库系统的稳定运行。

6.3　模型及其数据管理

6.3.1　模块划分

联合收割机装备的零部件种类多样、数量庞大，针对该问题，利用模块化分解的方式，对联合收割机装备进行模块划分，从而实现联合收割机装备模型资源的有效组织与管理。通过模糊聚类分析方法结合装备功能划分结果，依据零件所属类别建立联合收割机零部件单元聚合，确定装备模块分组，完成装备模块化分解。

综合行业知识与专家评价，制定分类原则如下：

(1)各模块需保持独立性与完整性；

(2)模块内单元需具备较强的关联性，同时模块间需具备较弱的关联性；

(3)相对于联合收割机装备的实际情况，模块化分解程度需保持适中与基本平衡。

根据各装置单元的实际功能，完成联合收割机装备功能划分，初步划分为七个功能模块，如图 6-3 所示，包括割台模块、脱粒模块、输送模块、分离清选模块、动力模块、驱动模块和辅助模块。

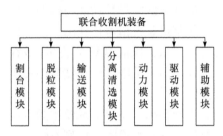

图 6-3　联合收割机装备的功能划分

6.3.2　模型字典库

本系统的模型字典库主要用来对模型的编号、名称、模型的文件模型关键信息等进行详细说明。模型字典库是模型库系统设计和用户操作的依据与指引，是面向用户操作系统进行模型资源组织调用的信息工具，通过模型字典可以快速、准确地读取库系统的相关信息，同时应用模型字典可实现模型库系统的有效管理。

模型字典的主要作用有如下几点。

(1)模型字典可以管理和表现联合收割机模型的分类，面向当前成熟、先进的农业机械，存在越来越多的模型资源，复杂、繁多的联合收割机模型资源需要规范地分类，结合联合收割机装备谱系拓扑图建立模型字典。

(2)模型字典是模型文件的索引。模型字典中每一个节点和字段都唯一对应着一个模型，模型资源数量与模型字典同步增长，通过模型字典建立索引，保障模型与模型文件之间的绝对关联和模型库系统的长期稳定发展。

(3)通过模型字典的指引，用户和管理人员可以对模型资源进行查询与修改。模型字典不仅能够让用户准确、快速地获取模型库系统整体架构、模型分类情况、模型基本信息等，还可以洞悉整个模型库系统内部各模块之间的联系，便于用户更好地使用模型库系统进行模型资源的组织与管理。

系统基于数据库管理手段，为实现对模型资源和模型信息文件进行有效的组织与管理，采用关系型数据库结构配合模型字典进行管理。选用 Microsoft 公司的 SQL Server 2008 为数据库服务器。为实现对模型库系统模型资源主体信息、模型信息和参数信息进行准确的描述和管理，系统设计二级字典，其具体结构如表 6-1 和表 6-2 所示。

表 6-1 一级字典

名称	说明
ID	模型编号
Name	模型名称
Description	模型描述
Level	模型拓扑层次
SaveAdr	模型库文件存放地址
InputDt	输入参数个数
OutputDt	输出参数个数
DeveInfo	开发信息
Notes	备注文本

表 6-2 二级字典

名称	说明
Para_id	参数编号
Name	模型名称
InputName	输入参数名称
Inputvalue	输入参数数值
Notes	备注文本

根据模型字典库的结构和其实际内涵，构建系统目录树结构与数据库存储情况如图 6-4 和图 6-5 所示。

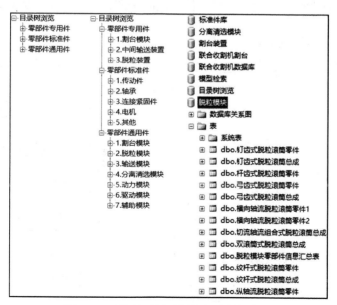

图 6-4 系统界面目录树与部分数据库表

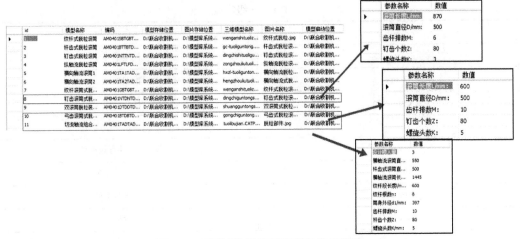

图 6-5　不同级数据库间关联及数据情况

6.3.3　模型文件库

　　本系统模型的主体是文件，主要由三维模型资源构成，通常一个模型对应多个文件及信息，包括模型文件与数据库信息等重要内容，同时系统内设计多组模型库对模型进行分类存储与管理。模型库中包含众多模型，不同模型因功能、结构等特点划分不同的层次对应多个模型文件，共同组成模型库系统模型文件库庞大的组织架构网络。

　　为实现本系统模型管理的高效与便捷，按照谱系拓扑层次对模型进行分类管理，通过在系统中建立匹配谱系拓扑图的多级目录，同时适应用户需求，对成熟的总成模型文件进行存储与管理，实现模型文件库文件的构建。如图 6-6 所示，模型文件库下分别建立总成文件库、零件文件库两个子目录，零件文件库中包括通用件文件库、专用件文件库和标准件文件库三个子目录，在每个目录下分别存放对应类型的模型资源文件，按照联合收割机谱系拓扑图进行目录建立，如图 6-7 所示。通过多目录的划分和模型文件与模型的对应关系，能够为模型文件的查询和组织管理提供便捷的组织条件，同时按照科学的模型字典管理模式，也能够最

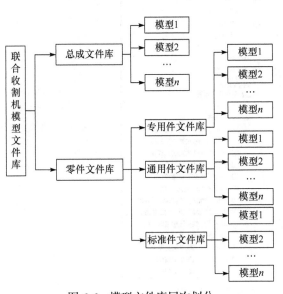

图 6-6　模型文件库层次划分

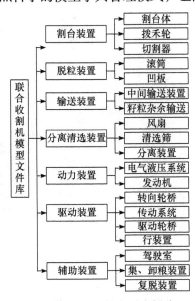

图 6-7　模型文件夹层次划分

大化提高系统的运行准确度和速度，最大化实现系统功能。

基于模型文件库划分构建结果填充模型，一级模型模块装置填充结果如图 6-8 所示。

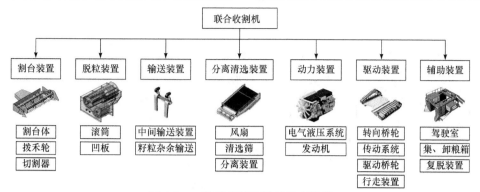

图 6-8 一级模型模块装置填充结果

模型库部分实例装置模型的填充情况如下。

割台装置实例模型库如图 6-9 所示。

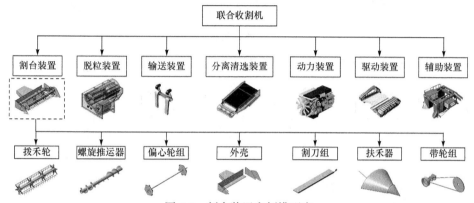

图 6-9 割台装置实例模型库

脱粒装置实例模型库如图 6-10 所示。

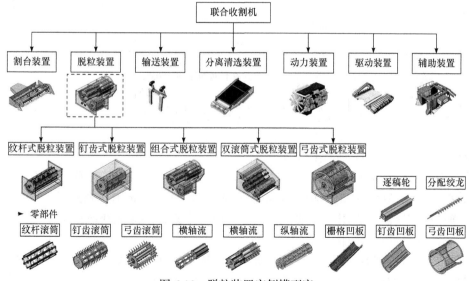

图 6-10 脱粒装置实例模型库

分离清选装置实例模型库如图 6-11 所示。

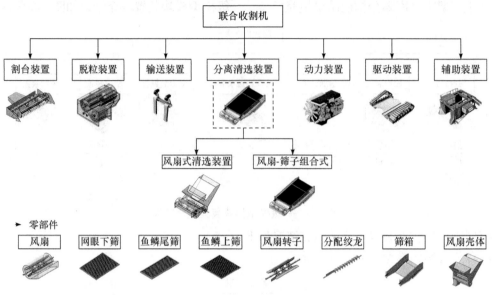

图 6-11　分离清选装置实例模型库

标准件文件库实例模型库如图 6-12 所示。

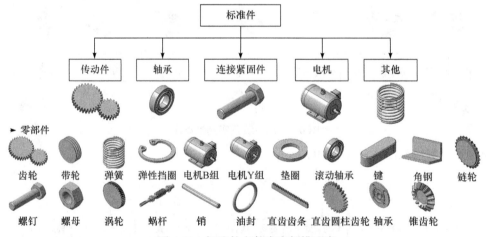

图 6-12　标准件文件库实例模型库

6.4　子系统集成及测试

模型库系统可以为用户提供以下信息。

（1）提供模型资源的基本信息，通过向用户提供模型资源的属性信息，方便用户准确、合理地管理、应用模型，同时对模型库系统所提供的各项结果做出准确判断。

（2）通过模型字典，为用户提供导向，引导用户准确、快速地获取目标模型，同时获悉目标模型的全部信息和参数情况。

（3）基于程序代码为用户提供新增模型、调用模型等功能，类似于数据库操作形式上传各类信息，同时模型管理系统包括对模型文件及模型属性的增、删、改、查以及文件、库操作和权限管理等功能。

6.4.1 系统登录

联合收割机模型库系统登录界面如图 6-13 所示，输入用户基本信息后可进入联合收割机模型库系统主界面。

图 6-13 联合收割机模型库系统登录界面

联合收割机模型库系统具有四大模块，即模型浏览查询、模型资源管理、模型标识应用和用户权限管理，如图 6-14 所示。

图 6-14 联合收割机模型库系统功能模块界面

其中，单击"模型浏览查询"按钮后，会显示如图 6-15 所示的界面，包括"模型信息浏览"和"模型检索目录"。由此，模型库系统的五大功能为信息浏览、模型检索、资源管理、辅助标识和用户权限管理。

图 6-15 模型浏览查询界面

6.4.2 模型信息浏览

通过模型库系统中的"模型浏览查询"子菜单"模型信息浏览",可进入功能界面,如图 6-16 所示。该界面浏览包括三个部分,分别为"机型信息浏览"、"零部件信息浏览"和"总成模型浏览",其中"机型信息浏览"对话框中包括"国内装备"和"国外装备"两部分。

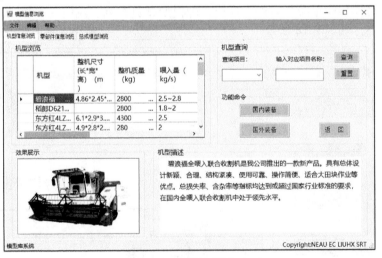

图 6-16 机型信息浏览界面

单击"国内装备"和"国外装备"按钮,即可分别链接对应机型数据表资源信息,展开对机型的详细描述,如图 6-17 和图 6-18 所示,通过点选机型信息浏览报表可实现对应机型信息的图片展示与机型描述的切换。

通过搜索命令,可以依据不同的查询项目进行查找,可实现机型的精确查询与浏览,结果如图 6-19 所示。

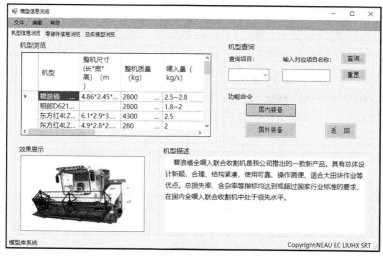

图 6-17 国内装备信息界面

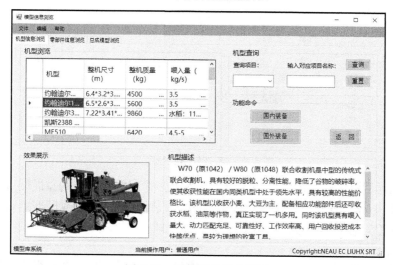

图 6-18 国外装备信息界面

图 6-19 机型信息精确浏览界面

模型信息浏览界面融合三部分，除上述机型信息浏览外，还包括零部件信息浏览和总成模型浏览，针对不同的浏览对象，通过单独的界面管理可实现清晰有效的划分，保证各组织模块的独立性与目标模型资源的唯一性，确保系统具有唯一的浏览路径，保证模型资源的高效管理。零部件信息浏览界面如图 6-20 所示，通过该界面可基于零件目录树对模型库系统中的零部件模型资源进行浏览，根据目录树指引获取目标模型，并可对目标模型资源的 3D 效果、信息描述和参数配置等相关信息进行初步的了解。

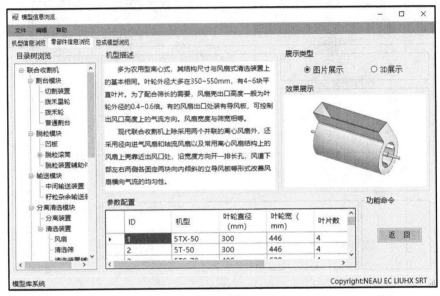

图 6-20　零部件信息浏览界面

面向总成模型资源建立模型库，总成模型库中多为成熟、系统的总成装置，具备一定的可直接应用性，方便用户进行目标模型资源的快速设计与获取，总成模型浏览界面如图 6-21 所示，可对其相关信息、参数情况进行初步认知与浏览。

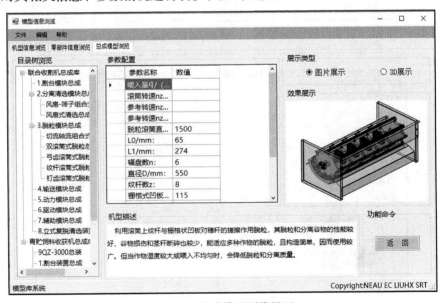

图 6-21　总成模型浏览界面

6.4.3　模型检索目录

通过模型库系统中的"模型浏览与查询"子菜单"模型检索目录"，可进入"模型检索目录"对话框。"模型检索目录"对话框中包括"零部件模型库"和"总成库"两组模型库，如图 6-22 和图 6-23 所示，并分别配备目录结构树，能够精确表达联合收割机整机装备各部件的层次关系；整机划分为"割台模块""分离清选模块""脱粒模块""输送模块""动力模块""驱动模块""辅助模块"七大模块，结合"标准件"共同构成"模型检索目录"的八大模块，通过单击各模块按钮，或通过点选目录树节点可进入指定模块。

图 6-22　零部件模型库目录界面

图 6-23　总成库目录界面

以零部件模型库中"脱粒模块"为例，可通过单击"模型检索目录"界面目录结构树中的"脱粒模块"节点或直接单击"脱粒模块"按钮，即可进入对应的"脱粒模块"界面，具体界面如图 6-24 所示。系统界面层次按照联合收割机谱系层次设计排布，理论上可延伸至最小零件单元，以保证系统模型资源的丰富与更加完善。

以滚筒实例为例，单击"滚筒"按钮，即可进入"滚筒目录"界面，具体界面如图 6-25 所示。

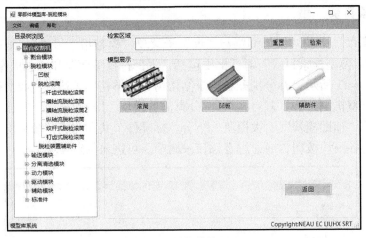

图 6-24　脱粒模块界面

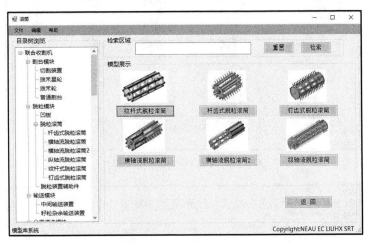

图 6-25　滚筒目录界面

以总成库中"脱粒模块"为例，单击"模型检索目录"界面目录结构树中"脱粒模块"节点或直接单击"脱粒模块"按钮，即可进入"脱粒总成目录"界面，如图 6-26 所示。

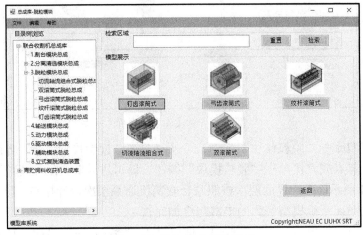

图 6-26　脱粒总成目录界面

分别于零部件模型库与总成库中单击"钉齿式脱粒滚筒"与"钉齿滚筒式"按钮，进入各装置设计界面，可查看零件与总成在模型展示过程中的区别，如图 6-27 和图 6-28 所示。其中"展示类型"分为"图片展示"与"3D 展示"两种类型，被检索模型具备参数配置表，用于展示模型的基本参数配置信息。功能命令区可实现对模型的基本操作，"参数匹配"按钮可以通过交互式窗口输入模型关键参数，并用新输入的参数覆盖原始数据表内的参数；"模型驱动"按钮可以在新参数的指导下更改模型原始参数；"下载模型"按钮可支持下载.CATProduct 和.stp 两种格式的文件；"保存模型"按钮只有以管理员权限登录时才可使用。

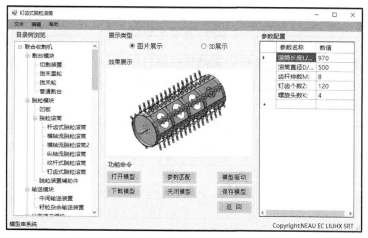

图 6-27 钉齿式脱粒滚筒

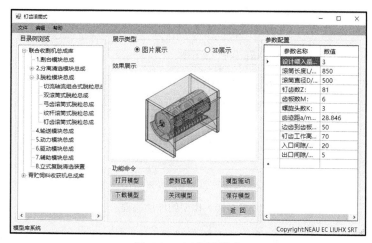

图 6-28 钉齿滚筒式

6.4.4 模型库资源管理

1）查询

本系统模型的查询功能通过多种方式实现，模型查询方式类似于数据库查询方式，用户可根据基于模型字典目录树和模型查询检索不同方式进行模型的查询，获得的结果界面如图 6-29 所示，通过图片可获取模型资源的基本特征。

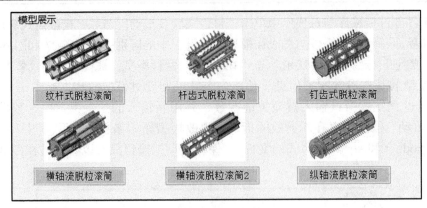

图 6-29 模型查询结果

用户可根据模型库系统中的模型查询结果选择目标模型，并通过简单的单击命令进入目标模型设计界面，进行后续参数信息浏览、调用模型等功能操作。

2）增加

模型的增加流程如图 6-30 所示。由图可知，可通过两方面完成模型的增加：一方面是对模型资源的增加，即三维建模资源文件；另一方面是对模型信息资源的增加，包括模型信息、图片信息等。

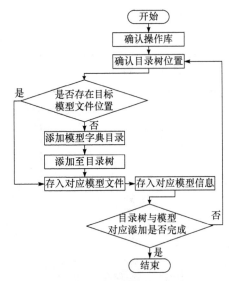

图 6-30 模型的增加流程

进入"模型资源管理"界面后，首先展示的是"模型增加"界面，用户可按照操作指引流程进行模型资源增加。单击数据表内信息可将"基本信息""模型信息""图片信息"展示在文本框内。通过单击"增加"按钮，文本框之前显示的内容被清空，等待输入新的数据，如图 6-31 所示，单击"其它命令"中的"保存"按钮，可以将新增的数据同步到数据库。"模型"和"图片"内的按钮可实现自动填入相关位置、名称信息。

3）删除

模型的删除流程如图 6-32 所示。模型的删除功能是维持模型库系统模型资源的规范管理，保障资源的优质程度。模型的删除功能主要体现在两个方面：一方面是针对三维模型文

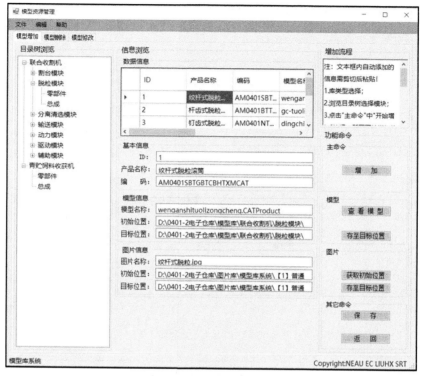

图 6-31 增加数据界面

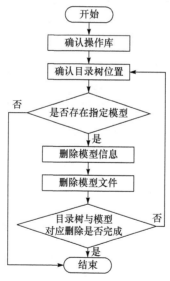

图 6-32 模型的删除流程

件进行删除,并对错误、重复以及不成熟文件进行删除,保证系统资源的质量;另一方面是针对模型信息进行删除,删除无对应模型资源、信息错误等数据,确保模型信息数据与模型文件的准确对应关系,提高数据的管理能力和系统的稳定性。

删除命令可对错误、重复模型资源信息进行管理,以减少模型库系统冗余,当单击"删除"按钮时,弹出操作提示界面,通过"是(Y)""否(N)"选项,可实现对模型资源信息的删除,数据和图片的删除操作也与之相同,结果如图 6-33 和图 6-34 所示。

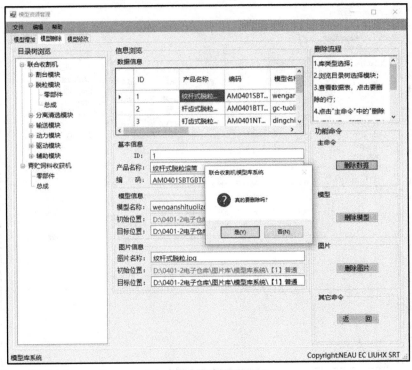

图 6-33　删除数据界面

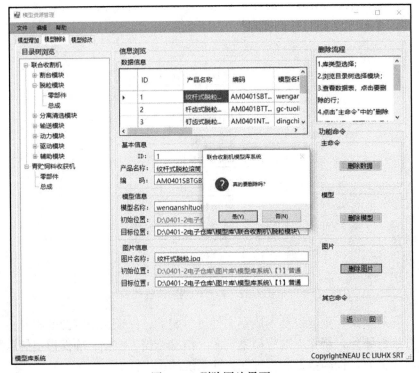

图 6-34　删除图片界面

4) 修改

模型的修改流程如图 6-35 所示。模型的修改主要体现在两个方面：一方面是对三维建模模型原文件进行修改，主要是通过系统辅助界面与 CATIA 建模环境，对三维实体造型进行修改；另一方面是对模型信息资源进行修改，主要是通过模型库管理系统，对模型文件和图片文件的位置、信息等进行修改。

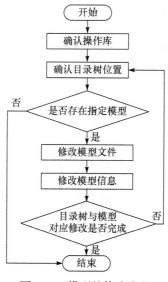

图 6-35　模型的修改流程

单击"模型修改"按钮，即可进入模型修改界面，用户可按照操作指引进行修改除"ID"以外的所有信息，通过单击数据表内某一行信息，可将其显示在文本框中，在文本框中修改相应信息后，单击"完成修改"按钮，如图 6-36 所示，可以将修改后的数据同步到数据库中。

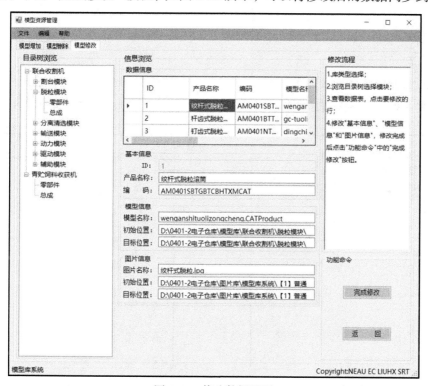

图 6-36　修改数据界面

5) 调用

系统模型调用主要通过模型库系统软件对模型资源进行调用，采用物理文件路径索引的途径，结合 CATIA 二次开发接口技术应用，实现目标模型的定位与运行，并通过 VB.NET 编程搭建系统人机交互界面，以智能、友好的方式实现模型的调用，最终可实现模型资源在 CATIA 操作平台的调用呈现，并可与 CATIA 操作平台进行设计与分析，实现模型资源从模型库系统到 CAD 建模软件平台的调用过程。

6.4.5　用户权限的管理

"用户权限管理"模块可对操作人员的信息进行管理，也可对操作人员的信息进行增加、修改与删除，以及升级操作人员的权限。便于对系统进行管理，"用户权限管理"仅对拥有"管理员"权限的人员开放。"用户权限管理"界面如图 6-37 所示。

通过"增加"按钮，可实现同"注册"功能的新用户添加功能，如图 6-38 和图 6-39 所示。通过"修改"按钮，可实现对指定操作人员信息的修改功能，如图 6-40 所示。

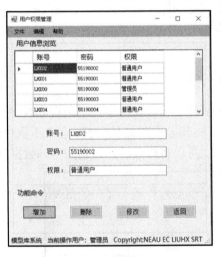

图 6-37　用户权限管理界面

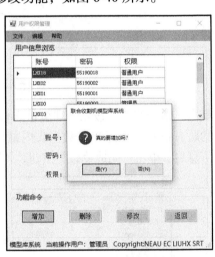

图 6-38　用户增加界面

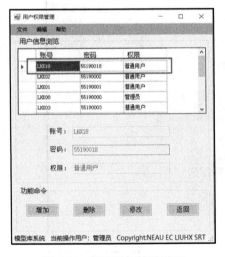

图 6-39　用户增加结果界面

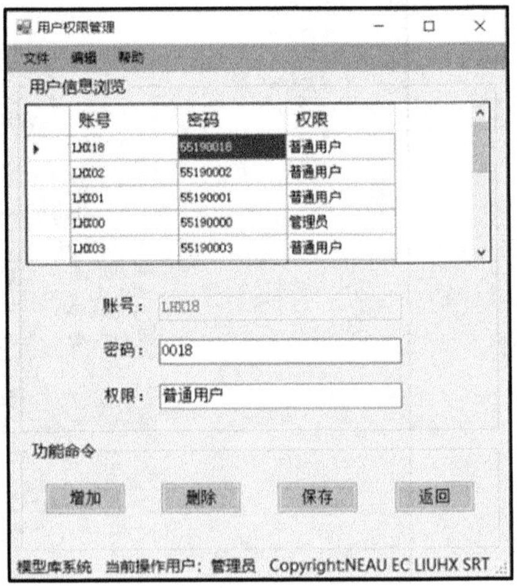

图 6-40　用户信息修改界面

通过"删除"按钮，可实现对操作人员信息的删除，以有效管理用户信息，如图 6-41 和图 6-42 所示。

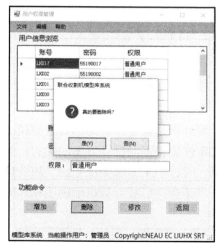

图 6-41　用户删除界面

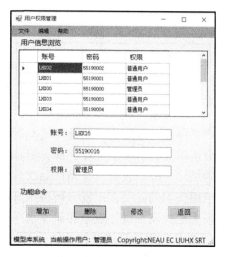

图 6-42　用户删除结果界面

第7章 交互式工程结构分析

7.1 概 述

产品强度与刚度是产品使用安全的重要保障，工程分析是验证该标准的有效途径。传统工程分析由设计者手工计算完成，根据简单经验公式定性比较不同设计方案的优劣，无法得出精确结果，效率较低，且当产品结构复杂、计算量大时，手工方法无法完成。随着计算机及其应用技术的发展，工程分析技术开始与计算机技术结合，形成计算机辅助工程(CAE)技术，极大地提高了设计效率和研发水平。

CAE 是应用计算机及相关软件分析产品的性能与安全可靠性，预估其性能和缺陷，证实所设计产品的功能可用性和性能可靠性的一门计算机应用技术。CAE 技术的产生与发展不仅加速了设计的分析迭代，也使分析过程提前，对提升产品创新能力具有重要意义。但目前 CAE 软件与三维建模软件 CAE 模块仅支持面向结构设计，对设计人员的专业知识及综合素质要求高，专业性极强，而非专业人员则难以保证分析的专业性与准确性。

国内外对交互式工程分析系统的研究取得一定的进展与突破，在车辆、航天、机械制造等领域处于试用阶段，但在农机装备领域还鲜有研究。农机装备由于其结构复杂性与工作环境恶劣性，更需要工程分析以验证其强度、刚度是否满足要求。同时，国内外在该领域的相关研究主要以 ANSYS、ABAQUS 等专业 CAE 软件作为分析环境，专业 CAE 软件与三维建模软件间的交互性不足，模型修改后需反复转换导入导出易导致模型信息丢失，操作烦琐、易错，影响分析效率。

脱粒装置作为联合收割机的重要部件，对收获效率起着尤为重要的作用。针对上述问题，本章以联合收割机脱粒装置为分析对象，基于联合收割机脱粒与清选装置参数化模型库，在 CATIA 创成式结构分析(generative structural analysis，GSA)环境下，介绍一种交互式工程分析系统，对脱粒装置实现专业、准确、便捷的工程分析，为农机装备智能化设计平台的建立奠定技术基础，同时为其他装备领域的工程分析系统提供技术参考。

7.2 技术方案与对象分析

7.2.1 技术方案

脱粒与清选装置的交互式工程分析系统可作为联合收割机智能化设计平台的子模块之一。交互式工程分析系统以联合收割机脱粒与清选装置参数化模型库为基础，在脱粒与清选装置参数化模型库中对模型按照用户需求进行参数化后，调用至脱粒与清选装置交互式工程分析系统，工程分析完成后，将分析模型存储至工程分析模型库。工程分析模型库具有浏览、调用、增加、删除、修改、检索等基本功能，与结构模型库之间通过数据库进行数据的双向传递，并且是结构模型库的扩充与完善。知识库与模型库之间通过参数匹配系统建立联系，用户输入工作参数，在参数匹配系统中利用知识推理方法得出模型的结构参数，从而进行模型参数化驱动。各系统之间彼此关联、相互协作，辅助完成脱粒与清选装置的工程分析。交互式工程分析系统与其他功能模块的关系如图 7-1 所示。

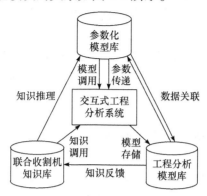

图 7-1　交互式工程分析系统与其他功能模块的关系

　　系统利用 CATIA 软件为分析环境，实现脱粒与清选装置的交互式工程分析。与其他 CAE 软件相比，它可实现设计与有限元分析在同一软件环境下进行，功能模块之间的相关性使得三维模型的修改自动传递到有限元分析程序中，可以显著提高产品的设计效率，缩短设计周期。

　　本章利用自动化对象编程 CATIA Automation 技术，采用 Visual Studio 2010 集成开发环境和基于.NET 框架的可视化编程语言 Visual Basic 开发脱粒与清选装置的交互式工程分析系统。本系统用到的 CATIA Automation 对象及其之间的结构关系如图 7-2 所示。

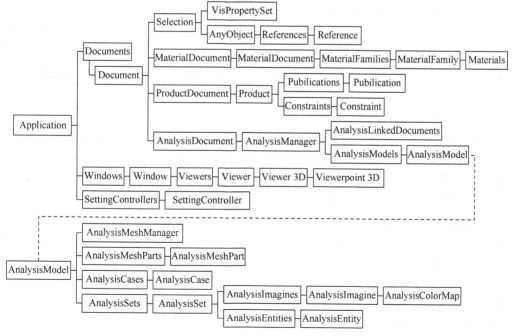

图 7-2　CATIA 文档结构

注：其中英文为 CATIA Automation 中的对象，可在程序中利用此名称从顶层根对象开始调用相应的对象

为实现专业、准确、便捷地对脱粒与清选装置进行工程分析，降低对用户专业知识的要求，本系统拟将脱粒与清选装置工程分析过程中的专业知识封装，通过用户输入已知的工作参数，系统自动化完成专业操作的工程分析过程，且具有与在 CATIA 中手动实现工程分析同样的效果。通过该系统自动化实现工程分析过程，能够避免用户直接操作专业的工程分析模块，弱化专业背景知识的需求，提高分析的专业性与准确性，并减少操作步骤，提高分析效率。

规划设计脱粒与清选装置交互式工程分析系统的功能模块，在系统内按技术区域分为 CAX 工具集、人机交互和应用技术三部分，同时与平台内其他系统功能模块进行横向协同配合与数据交互，系统技术方案如图 7-3 所示。

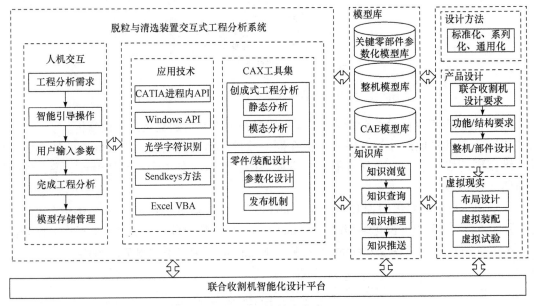

图 7-3　系统技术方案

通过人机交互的方式实现其工程分析的过程，工程分析系统预定的操作流程如图 7-4 所示。

7.2.2　对象分析

联合收割机的脱粒装置种类如图 7-5 所示，根据脱粒装置的结构特征可将脱粒装置分为切流滚筒式、轴流滚筒式和弓齿滚筒式。

以纹杆滚筒式脱粒装置为例，其结构如图 7-6 所示。

实际工作中，纹杆滚筒和凹板是最易损坏的部件，故本节选择对纹杆滚筒和凹板开展工程分析。在实现交互式工程分析前，应明确分析对象在工作状态下的实际约束与载荷情况，确定载入边界条件。联合收割机脱粒过程中，凹板受到来自谷物的连续作用力。根据实际工况，将固定凹板前后轴用虚件代替，与刚性虚件相比，柔性虚件允许几何体发生形变且精度更高，故选择添加柔性虚件，并在柔性虚件上添加铰接约束，仅释放凹板绕轴转动的自由度，限制其他五个方向的自由度。虚件和约束添加完成的凹板如图 7-7 所示。

谷物对凹板的作用力如图 7-8 所示。

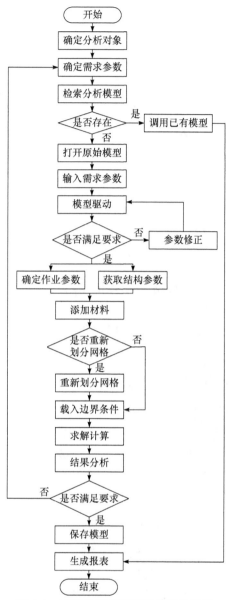

图 7-4 工程分析系统预定的操作流程

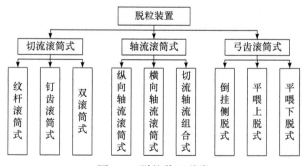

图 7-5 脱粒装置种类

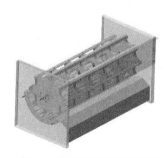

图 7-6 纹杆滚筒式脱粒装置

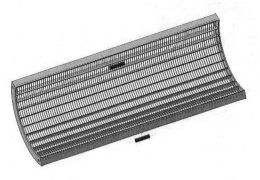

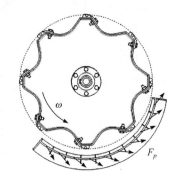

图 7-7　凹板虚件和约束　　　　　　　　　图 7-8　谷物对凹板的作用力

作用力 F_p 的表达式为

$$F_p = \frac{qv}{1-f} \tag{7-1}$$

式中，F_p 为谷物对凹板的作用力(N)；q 为喂入量(kg/s)；v 为滚筒圆周速度(m/s)；f 为综合搓擦系数，方向为沿滚筒切线方向。

根据分析结果，在凹板上施加载荷，如图 7-9 所示。

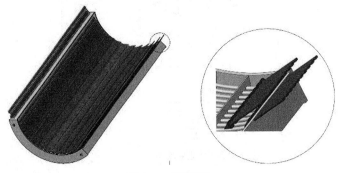

图 7-9　载荷施加

脱粒过程中，纹杆滚筒利用纹杆与凹板对谷物的搓擦作用进行脱粒，滚筒承受较大的作用力，除对滚筒进行强度静态分析外，为检验滚筒在工作过程中是否因高速旋转产生共振，还需对滚筒进行模态分析。滚筒的固有频率与其结构密切相关，所以未对滚筒做模型简化，保留螺栓、螺母、垫片、倒角等结构。

滚筒轴与辅盘之间相互接触，通过键固定其相对位置，在滚筒轴与辅盘之间分别依托其相合连接关系、面接触连接关系创建柔性连接特性和接触连接特性，分别在键和滚筒轴、辅盘毂之间依托其面接触连接关系创建扣紧连接特性，以相同方式，为其他零部件间添加连接特性，如图 7-10 所示。

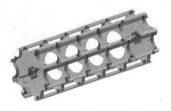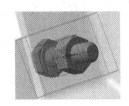

图 7-10　滚筒组件连接特性

在滚筒轴两端添加柔性虚件，作为滚筒支撑部件。工作过程中滚筒绕轴旋转，故在滚筒轴动力输入一侧的柔性虚件上添加夹紧约束，另一侧则添加铰接约束，仅释放滚筒绕轴转动的自由度，限制其他五个方向的自由度。同时，在滚筒上添加谷物对滚筒的作用力，完成对滚筒边界条件的添加，数据可由式(7-1)求得，方向为沿滚筒切线方向。滚筒边界条件施加如图 7-11 所示。

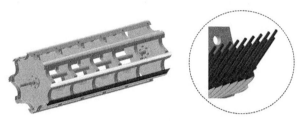

图 7-11　滚筒边界条件

7.3　静态分析过程实现

7.3.1　模型调用

在联合收割机脱粒与清选装置参数化模型库中调用装置三维模型，以纹杆滚筒式为例，界面如图 7-12 所示。在界面中单击"打开模型"按钮，打开纹杆滚筒式脱粒总成参数化模型。单击"参数匹配"按钮，在弹出的对话框中依次输入"作物种类"、"草谷比"、"入口间隙"和"出口间隙"等参数，系统自动计算生成"工作参数"、"脱粒滚筒结构参数"和"栅格式凹板结构参数"，用户可根据需求修改相应参数。经匹配后，系统自动计算生成工作参数和部分结构参数，得到目标驱动模型。

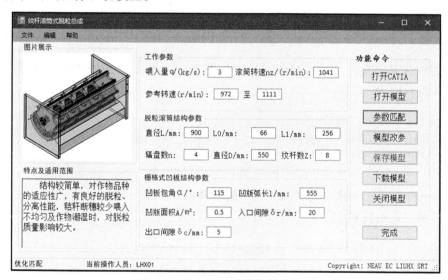

图 7-12　纹杆滚筒式脱粒总成界面

7.3.2　材料添加

在对模型进行工程分析之前，需要给模型添加材料属性，即规定模型的物理特性与机械特性。本系统使用 CATIA 默认材料库为模型添加材料。

首先，利用 Documents 对象的 Open 方法打开系统材料库文件，其语法为

```
Documents1.Open(FileToOpen)
```

其中，FileToOpen 为材料库文件的路径及名称（包含文件扩展名）。

然后，利用 MaterialFamily 的 Item 方法在打开的材料库中选择所添加材料的材料类别，关键代码为

```
Dim oFirst_family As MaterialFamily
Dim ifamily_no As Integer
ifamily_no = CategoryNumber
oFirst_family = cFamilies_list.Item(ifamily_no)
```

其中，CategoryNumber 为材料类别编号，在默认材料库中，材料类别编号与材料类别名称的对应关系如表 7-1 所示。

表 7-1　材料类别编号与材料类别名称的对应关系

编号	材料类别名称
1	建筑材料
2	纤维材料
3	金属材料
4	其他材料
5	涂料
6	塑性材料
7	石质材料
8	木质材料

材料类别选定完成后，利用 Materials 对象的 Item 方法，在材料类别中选择需要应用的材料，其关键代码为

```
Dim imaterial_no As Integer
imaterial_no = MaterialNumber
Dim oMaterial1 As Material
oMaterial1 = cMaterials_list.Item(imaterial_no)
```

其中，MaterialNumber 为选定的材料类别中的材料编号。

最后，将选定的材料应用到当前零件体上，其语法为

```
ApplyMaterialOnPart (iPart, iMaterial, iLinkMode)
```

其中，iPart 为当前活动窗口的零件体；iMaterial 为选定的材料；iLinkMode 为链接模式，参数为 0 或 1，0 表示当材料库中的材料属性发生改变时，添加到模型上的材料属性不会相应地发生改变，1 则相反。

添加材料完成后，需要定义此种材料的屈服极限，以便在后处理过程中利用屈服极限判

定是否满足使用要求。在添加材料模块中使用 Public 语句定义全局变量，以使其能够在其他模块中调用此变量作为材料的屈服强度，其语法为

```
Public YieldLimit as Double
```

7.3.3 进入静态分析模块

利用 AnalysisModel 对象的 RunTransition 方法，可实现由零件设计工作台进入静力分析工作台，其语法为

```
RunTransition("CATGPSStressAnalysis_template")
```

其中，"CATGPSStressAnalysis_template" 为静力分析工作台的属性名称。

进入静态分析工作台后，为保证模型大小适中且处于屏幕中央，采用"全部适应"的方式，代码为

```
Dim specsAndGeomWindow1 As Window
specsAndGeomWindow1= CATIA.ActiveWindow
Dim viewer3D1 As Viewer
viewer3D1= specsAndGeomWindow1.ActiveViewer
viewer3D1.Reframe()
Dim viewpoint3D1 As Viewpoint3D viewpoint3D1 = viewer3D1.Viewpoint3D
```

7.3.4 网格划分

当进入静态分析工作台之后，CATIA 已经自动对模型定义了网格属性。在本系统中，既可以使用默认网格，也可以按照用户需求重新划分网格。下面介绍按照用户需求重新划分网格的关键技术。

1）删除原网格

CATIA 已经自动定义了网格属性，因此需要对原网格进行删除。

首先，利用 AnalysisMeshParts 的 Item 方法，使用网格零件集合的名称或索引返回相应的网格零件，其语法为

```
oAnalysisMeshParts.Item(iIndex)
```

其中，iIndex 为网格零件的名称或索引值。

然后，将网格零件添加到选择集中，并将选择集中的内容删除，其语法为

```
selection1.Add(iObject)
selection1.Delete()
```

2）发布零件几何体

利用 CATIA 的发布机制可以将需要的几何特征和特征参数等设计信息发布出去，从而帮助用户对所创建的外部参考特征进行更好的控制。本系统中，为便于给创建的网格添加支撑元素，需要将网格的支撑元素"零件几何体"发布。

首先，利用 CATBaseDispatch 对象的 CreateReferenceFromName 方法，以发布的对象名称创建引用，其语法为

```
CreateReferenceFromName(CATBSTR iLabel) As Reference
```

其中，iLabel 为对象的通用命名标识，其格式为"零件名/!发布的元素"，例如，本系统需要发布栅格式凹板中的零件几何体，其 iLabel 为"栅格式凹板/!零件几何体"。

然后，利用 Publications 对象的 Add 方法将发布对象添加到产品，完成发布，其语法为

```
publications1.Add(PubName)
```

其中，PubName 为发布元素的名称，本例为"零件几何体"。

3）添加网格

发布零件几何体之后，就可以利用零件几何体作为支撑元素添加新网格。

首先，利用 Publications 的 Item 方法，返回与给定发布名称对应的发布对象，其语法为

```
publications2.Item(PubName)
```

然后，利用 AnalysisMeshParts 的 Add 方法，创建一个新的网格并将其添加到网格零件集合中，其语法为

```
oAnalysisMeshParts.Add(MeshPartName)
```

其中，MeshPartName 为网格零件名称，本系统为零件添加八叉树四面体网格，网格零件名称为 MSHPartOctree3D。在 CATIA Automation 中，网格类型与网格名称的对应关系如表 7-2 所示。

表 7-2　网格类型与网格名称的对应关系

网格类型	网格名称
八叉树四面体网格	MSHPartOctree3D
四面体填充器网格	MSHPartGHS3D
扫描 3D 网格	MSHPartSweep3D
高级曲面网格	MSHPartSmartSurface
八叉树三角形网格	MSHPartOctree2D
梁网格	MSHPart1D
覆盖 1D 网格	MSHPart1DCoating
覆盖 2D 网格	MSHPart2DCoating
焊点连接网格	MSHPartConnWeldSpot
焊缝连接网格	MSHPartConnWeldSeam
焊面连接网格	MSHPartConnWeldSurf
点-点连接网格	MSHPartConnPointPoint

4）设置网格参数

网格添加完成后，需要利用 AnalysisMeshPart 对象的 SetGlobalSpecification 属性，为网格设置全局网格参数，其语法为

```
AnalysisMeshPart1.SetGlobalSpecification (iName, iValue)
```

其中，iName 为参数名称；iValue 为参数值。在 CATIA Automation 中，以八叉树四面体网格

为例，其参数列表如表 7-3 所示。

表 7-3　八叉树四面体网格参数列表

参数类型	参数名称	值类型	合法值	参数意义
网格尺寸值	SizeValue	Double	—	—
绝对垂度值	AbsolteSagValue	Double	—	—
单元类型	ElementOrder	Integer	1，2	1 表示线性单元，2 表示抛物线棱边单元
最大内部尺寸	MaxInteriorSize	Double	—	—
指定垂度的最小值	MinSizeForSags	Double	—	—
最小几何尺寸	MinGeometrySize	Double	—	—
绝对垂度	AbsoluteSag	Integer	1，2	1 表示创建的网格不具有绝对垂度，2 表示创建的网格具有绝对垂度
翘曲值	MaxWarpAngle	Double	—	—
标注	Criteria	Integer	1，2，3	1 表示偏斜度，2 表示伸展，3 表示形状
网格棱边抑制	MeshGeometryViolation	Integer	1，2	1 表示不移除网格棱边，2 表示移除网格棱边
内部尺寸	InteriorSize	Integer	1，2	1 表示不对 3D 网格的内部大小应用所施加的最大尺寸，2 表示对 3D 网格的内部大小应用所施加的最大尺寸
雅可比值	MinJacobian	Double	—	—
最多尝试次数	MaxAttempts	Integer	—	—
比例垂度	ProportionalSag	Integer	1，2	1 表示创建的网格不具有比例垂度，2 表示创建的网格具有比例垂度
比例垂度值	ProportionalSagValue	Double	—	—

7.3.5　载入边界条件

1）创建虚件

虚拟零件是在工程分析模型创建过程中，对施加的约束和载荷起传递作用的一种没有几何支撑体的特殊结构。在分析零件或装配体时，为简化模型、提高工程分析效率，可以将几何支撑体用具有相同作用的虚拟零件代替。

首先，利用 AnalysisSets 集合的 ItemByType 方法，在 AnalysisSets 集合中返回 PropertySet（属性集）类型的 AnalysisSet，语句为

```
analysisSet1= analysisSets1. ItemByType("PropertySet")
```

利用 AnalysisEntities 集合的 Add 方法，创建"SAMVirPartSmooth（柔性虚拟零件）"类型的 AnalysisEntity 集合并将其添加到当前 AnalysisEntities 集合中，语句为

```
analysisEntity1= analysisEntities1. Add("SAMVirPartSmooth")
```

选定当前分析模型为要创建虚拟零件的对象，其语句为

```
analysisLinkedDocuments1= analysisManager1.LinkedDocuments
partDocument1= analysisLinkedDocuments1.Item(1)
product1 = partDocument1.Product
```

在 CATIA 中，每个模型的顶点、棱边、面等元素都有唯一的通用命名标识(GenericNaming label)，可以利用 Part 对象的 CreateReferenceFromName 方法，以要添加虚拟零件支撑面的通用命名标识为参数创建引用，其语法为

```
part1.CreateReferenceFromName(GenericNaming label)
```

2）添加约束

工程分析中的约束是指在机械结构中起限制位移作用的位移型边界条件，这种边界条件是机械结构所处环境的客观描述。

首先利用 AnalysisEntities 集合的 Add 方法，创建一个"SAMPivot(铰接约束)"类型的分析实体，并利用 AddSupportFromReference 方法添加到对应的元素上，本例添加到前一步创建的虚拟零件上。利用 basicComponents 集合的 GetItem 方法确定参考系并设置约束方向，其代码为

```
basicComponent1= basicComponents1.GetItem("SAMPivotAxis.1")
basicComponent1.SetValue("Values", 0, 0, 0, 1)
basicComponent2=basicComponents2.GetItem("SAMPivotDirection.1")
basicComponent2.SetDimensions(3, 1, 1)
basicComponent2.SetValue("Values", 1, 1, 1, 0.0)
basicComponent2.SetValue("Values", 2, 1, 1, 0.0)
basicComponent2.SetValue("Values", 3, 1, 1, 1.0)
```

其中，basicComponent1 对象 SetValue 方法中的参数表示选择默认参考系；basicComponent2 对象 SetValue 方法中的参数表示约束 X、Y 方向的自由度并释放 Z 方向的自由度。

3）施加载荷

载荷是使机构或构件产生内力和变形的外力及其他因素。

利用 AnalysisEntities 集合的 Add 方法，创建一个"SAMDistributedForce(均布力)"类型的分析实体，并利用 AddSupportFromPublication 方法添加到发布的载荷支撑对象上。利用 basicComponents 集合的 GetItem 方法确定参考系并设置载荷方向，其代码为

```
basicComponent1= basicComponents1.GetItem("SAMForceAxis.1")
basicComponent1.SetValue("Values", 0, 0, 0, 1)
basicComponent2= basicComponents1.GetItem("SAMForceVector.1")
basicComponent2.SetDimensions(3, 1, 1)
basicComponent2.SetValue("Values", 1, 1, 1, XDirectionLoad)
basicComponent2.SetValue("Values", 2, 1, 1, YDirectionLoad)
basicComponent2.SetValue("Values", 3, 1, 1, ZDirectionLoad)
```

其中，XDirectionLoad、YDirectionLoad、ZDirectionLoad 分别表示 X、Y、Z 方向的载荷数值(N)。

4）边界条件参数化适应

为使脱粒与清选装置的交互式工程分析系统实现通用性，需要令系统载入的边界条件不仅满足原有模型，而且满足模型经过参数化变型之后所得的新模型，即使边界条件随模型的

参数化变型而相应地变化。

在脱粒与清选装置参数化模型库中，模型的参数化变型可分为系列变型和变异变型。在系列变型过程中，因模型只有几何尺寸发生变化，模型的结构特征依然保持不变，故此种参数化变型得到的新模型可以自动适应原有的边界条件。而在变异变型过程中，由于模型的结构特征发生改变，边界条件对应的支撑对象也会随之改变，故需对边界条件做对应的调整，以满足变异变型后的新模型。

(1)结构参数传递。

在模型参数化传递过程中，需要将模型的结构参数传递到交互式工程分析系统中，以使对应的边界条件根据此参数进行相应的变化。

脱粒与清选装置参数化模型库可将模型的结构参数输出为 txt 格式的文本，以便于查看和调用。本系统对此文本进行读取，处理得出有效信息，即可得到模型的结构参数。在 VB.NET 中，使用 StreamReader 类可以以特定的编码从文件流中读取字符，本书使用 StreamReader 的 ReadToEnd 方法读取文本的全部字符，其语法为

```
Dim MyReader As New System.IO. StreamReader(path, encoding)
Dim Read_Text As String
Read_Text = MyReader.ReadToEnd()
MyReader.Close()
```

其中，参数 path 为 String 类型，是一个带文件名的完整路径；参数 encoding 为字符编码，是 System 命名空间下的 Encoding 类的属性。本系统中，参数 path 为 "./freq_result.txt"，即系统相对路径中的 "./freq_result.txt" 文件；参数 encoding 为 System.Text.Encoding.UTF8，表示使用 UTF8Encoding 编码方式编码。

利用此方法将.txt 文本中的内容读取到系统的字符串中，结合字符串操作函数 Mid、Instr 和 Len，实现对字符串指定位置内容的返回，即得到了对应的结构参数。

(2)边界条件调整。

为使模型的边界条件随脱粒与清选装置的参数化变型而自动适应，需确定边界条件参数化变型规则。边界条件参数化变型规则由模型的参数化规则确定。

以栅格式凹板上施加的载荷为例进行分析。对栅格式凹板进行参数化变型，其栅格数量随着栅格式凹板参数的变化而变化，此种变型为变异变型，故在栅格式凹板上施加的载荷也需相应地发生变化。

首先，由栅格式凹板的结构参数，根据参数化规则确定栅格的列数 1 和行数 w。栅格上的载荷由载荷的支撑对象和 x、y、z 方向的 F_x、F_y、F_z 确定。载荷支撑对象可由其通用命名标识 T 表示，故将施加载荷的过程封装为关于载荷支撑对象的通用命名标识 T 和在三个方向 F_x、F_y、F_z 的函数 $f(T, F_x, F_y, F_z)$。载荷支撑对象即栅格的通用命名标识 T 遵循一定规律，通用代码为 "Selection_RSur:(Face:(Brp:(RectPattern.1_ResultOUT;"&i&"-0:(Brp:(Rib.1;0:(Brp:(Sketch.8;1);Brp:(Sketch.11;1)))));AtLeastOneNoSharedIncluded:(Brp:(CircPattern.1_ResultOUT;"&j&"-1:(Brp:(Pad.6;0:(Brp:(Sketch.6;4))));Brp:(Pad.6;0:(Brp:(Sketch.6;2))));Cf11:());RectPattern.1_ResultOUT;Last;Z0;G4074)"，以上表示第 j 行第 i 列栅格的通用命名标识，故 T 可看作索引为列数 i 和行数 j 的取值；F_x、F_y、F_z 由前面计算得到。对于 l×w 个栅

格，按照列数 i 和行数 j 遍历每一栅格，调用函数 $f(T, F_x, F_y, F_z)$，即可实现载荷的参数化适应。

7.3.6　计算与分析

在进行完上述前处理操作之后，开始进行计算与分析的步骤，即将工程分析前处理中添加的边界条件进行整合、计算，得到便于用户总结、分析结果规律的图像，并根据用户给出的条件分析模型是否满足要求的过程。

1）计算

本系统中，利用 AnalysisCase 对象的 Compute 方法，实现 CATIA 内部的计算功能。Compute 方法对应于计算"Case Solution"选项，其语法为

```
analysisCase1.Compute()
```

2）查看图像

计算完成之后，可以根据计算得到的结果，查看用户所需要的各种图像。在 CATIA 中，用户可以查看的图像有变形、米塞斯等效应力、位移、主应力和精度五种。

利用 AnalysisImages 集合的 Add 方法，创建一个新的分析图像并将其添加到 AnalysisImage 集合中，其语法为

```
AnalysisImages1.Add(iImageName, iHideExistingImages, iShowMesh, iDuplicate)
```

其中，iImageName 表示创建图像的名称，在 CATIA Automation 中，五种图像与其对应的名称如表 7-4 所示；iHideExistingImages 表示在创建新图像之前是否禁用所有激活的图像；iShowMesh 表示是否显示网格图像；iDuplicate 表示若相同的图像已经存在于图像集合中，是否创建一个新的相同的图像。后三个参数的合法值为 True 和 False。

表 7-4　图像类型及名称

图像类型	图像名称
变形	Mesh_Deformed
米塞斯等效应力	StressVonMises_Iso_Smooth
位移	Disp_Symbol
主应力	Stress_Symbol_PpalTensor
精度	EstimatedError_Fringe

3）分析

在上述步骤完成之后，需要根据计算得到的结果，分析模型是否满足给定工况下的强度要求。对于一个合格的结构设计，要求其米塞斯等效应力的最大值小于材料的屈服极限。因此，可以比较米塞斯等效应力最大值和材料屈服极限的大小关系，判断模型是否满足要求。

首先需要激活米塞斯等效应力图像，以获取其最大值。本系统中利用 AnalysisImages 集合的 Add 方法，创建一个米塞斯等效应力图像，语句为

```
analysisImage1=analysisImages1.Add("StressVonMises_Iso_Smooth",True,False,False)
```

由于在查看图像过程中已经创建了此图像，无须再次创建一个相同的图像，故 iDuplicate 的值设为 False。

然后利用 AnalysisColorMap 对象的 ImposedMaxValue 属性，获取米塞斯等效应力的最大值，其语句为

```
MaxValue = AnalysisColorMap1. ImposedMaxValue
```

比较此值与材料屈服极限值的大小关系，即可得出分析结果：若米塞斯等效应力最大值小于材料屈服极限值，则模型的强度满足要求，反之则不满足。

最后利用 Excel VBA 方法将分析结果生成报表并保存，此处不再赘述。

4) 保存模型

工程分析完成后，需要将分析模型保存到工程分析模型库中，以便用户后续的调用。利用 Document 对象的 SaveAs 方法，以新的文件名对文件另存为，其语法为

```
Document1.SaveAs(FileName)
```

其中，FileName 为含文件路径的文件名。

7.4　模态分析过程实现

通过模态分析，可以了解模型的固有振动特性，从而检验模型的安全性与可靠性，防止装置在工作过程中发生共振现象，导致装置发生损坏。由于模态分析与静态分析的部分功能与实现的技术或方法相同，故本节仅说明模态分析特有部分的程序实现。

7.4.1　载入边界条件

在装配体的模态分析中，除了虚拟零件和约束，均需要为装配体添加连接特性。连接特性是将作为连接关系的装配约束转换为可进行工程分析的虚拟零部件间实际作用关系的条件。

首先，利用 AnalysisEntities 集合的 Add 方法，创建一个新的分析实体并将其添加到当前 AnalysisEntities 集合中，其语法为

```
analysisEntity1=analysisEntities1.Add (CATBSTR iType)
```

其中，iType 为要创建的实体的类型，本系统中需要创建扣紧连接特性、柔性连接特性和虚拟螺纹连接特性，其 iType 分别为 "SAMFaceFaceFastened"、"SAMDistantSmooth" 和 "SAMVirtBoltTightening"。

然后，利用 Constraints 集合的 Item 方法，使用 Constraints 集合中的索引或名称返回一个约束，其语法为

```
constraint1 = constraints1.Item("CATVariant iIndex ")
```

其中，iIndex 为要从约束集合中检索的约束的索引或名称，可以使用要作为连接关系支撑对象的装配工作台中的装配约束名称，如 "曲面接触.1"。

最后，利用 AnalysisEntity 对象的 AddSupportFromConstraint 方法，创建一个新的连接特性，并添加到指定模型的约束上，其语法为

```
AddSupportFromConstraint(iProduct, iConstraint)
```

其中，iProduct 表示当前模型；iConstraint 表示支撑此连接特性的约束。

7.4.2 参数设置

本系统需要用户输入两个参数：模型转速和模态阶数。模型转速决定了模型的外部激振频率，是判定能否共振的重要参数。除此以外，用户可以输入模态阶数，即用户想要查看模型图像的最大阶数。

在 CATIA Automation 中没有设置模态阶数的对应方法，因此本系统通过程序模拟键盘操作调用 CATIA "搜索"命令，如图 7-13 所示。结合"搜索"界面中"名称"栏和"搜索"按钮打开"Frequency Solution Parameters（模态分析求解参数）"对话框并在此对话框中自动完成参数的设置。相比于调用 Windows API 函数模拟鼠标操作，这种方法无须寻找对话框中按钮、文本框等的坐标位置，不受对话框大小的影响，并且在程序运行过程中，移动鼠标对程序运行没有任何影响，故本系统采用程序模拟键盘操作的方法实现上述功能。设置模态阶数的程序流程图如图 7-14 所示。

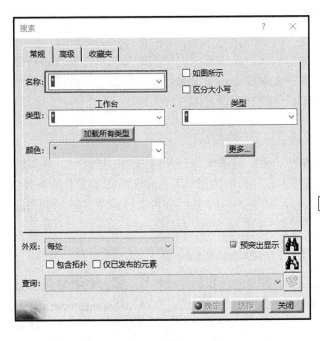

图 7-13　"搜索"界面　　　　　图 7-14　设置模态阶数的程序流程图

将一个或多个键盘消息发送到活动窗口，可以通过 SendKeys 方法实现，就如同在键盘上进行输入一样。在使用 SendKeys 方法前，需要创建 WshShell 对象，创建 WshShell 对象可以实现运行程序、操作注册表、创建快捷方式、访问系统文件等操作。创建 WshShell 并利用 SendKeys 方法发送键盘消息的语法为

```
Dim WshShell As Object
```

```
WshShell = CreateObject("WScript.Shell")
WshShell.SendKeys (string[, wait])
```

其中，string 是必需的，表示指定要发送的按键消息；wait 是可选的，表示指定等待方式的值，如果为 False(缺省值)，则控件在按键发送出去之后立刻返回到过程，如果为 True，则按键消息必须在控件返回到过程之前加以处理。

利用 AppActive 方法激活 CATIA，代码为

```
AppActivate("CATIA V5 - [Analysis1]")
```

其中，"CATIA V5-[Analysis1]"为进入 CATIA 工程分析模块的默认标题。

利用 CATIA 快捷键 Ctrl+F 可以快速打开"搜索"对话框。在本系统中，通过 SendKeys 函数模拟键盘消息 Ctrl+F 打开"搜索"对话框，其语句为

```
WshShell.SendKeys ("^f")
```

其中，"^f"表示 Ctrl 与 F 的组合键。为指定与 Shift、Ctrl 及 Alt 等按键结合的组合键，可在这些按键码的前面放置相应代码：Shift 键对应的代码为"+"，Ctrl 键对应的代码为"^"，Alt 键对应的代码为"%"。

为在名称栏中输入搜索对象名称，本书运用 Clipboard(剪贴板)方法，将待搜索的搜索对象名称添加到剪贴板中，其语句为

```
Clipboard.Clear
Clipboard.SetText("Frequency Case Solution.1")
```

其中，Clipboard.Clear 为清空剪贴板；Clipboard.SetText 为将指定文本添加到剪贴板中，此处待搜索的对象为 CATIA 结构树中默认的"Frequency Case Solution.1"，搜索并选中此搜索对象，可实现与双击结构树中"Frequency Case Solution.1"同样的效果。

在"搜索"对话框中，按 Tab 键可使焦点移动到下一个控件，经测试，按 Tab 键 9 次可使焦点移动到"搜索"命令，此过程用代码实现的语句为

```
WshShell.SendKeys("{tab 9}")
```

其中，"{tab 9}"表示 9 次按下 Tab 键。为指定重复键次数，在 SendKeys 方法中需使用{key number}的形式。其他步骤所涉及的方法与上述步骤相同，此处不再赘述。

7.4.3　结果分析

计算完成之后，需要对得到的固有频率结果进行分析，从而判断模型能否发生共振现象。由于 CATIA Automation 中没有返回模型固有频率的方法，所以本系统中采用 SendKeys 方法在 CATIA 中调出固有频率列表，然后利用光学字符识别(optical character recongnition，OCR)方法完成模型固有频率的获取。目前 OCR 技术已经十分成熟，诸多公司均开发了 OCR 技术的软件开发工具包(software development kit，SDK)。然而，目前支持 VB.NET 语言 OCR 技术的 SDK 未见相关研究，故本书首先使用 python 语言编写程序，实现固有频率对应屏幕区域的截取，然后使用 OCR 技术的 SDK 完成文字的识别，并将其封装为可执行(execuTab.exe)文件，最后在系统中通过调用.exe 文件实现固有频率数值的获取。系统分析结果的程序流程

打开 "Image Edition" 对话框

↓

返回 "Image Edition" 对话框位置坐标

↓

将图像参数输出为.txt文件

↓

调用文字识别应用程序，返回固有频率
结果的.txt文件

↓

将得到的固有频率数值拆分为数组

↓

判断是否满足要求，得出分析结果

图 7-15　分析结果程序流程

如图 7-15 所示。

由模态分析要求可知，激振频率需远离整机固有频率的 ±10%，在脱粒装置工作过程中，振源主要由脱粒滚筒旋转振动产生，其激振频率为

$$f = \frac{nN}{60} \tag{7-2}$$

式中，f 为激振频率(Hz)；n 为滚筒转速(r/min)；N 为纹杆个数。在交互式系统中，将根据计算得到的激振频率与系统得出的模型固有频率进行比较，得出分析结果：若激振频率位于模型固有频率±10%以外，则满足要求，反之则不满足。

区别于静态分析，模态分析使用 AnalysisImage（分析图像）对象的 SetCurrentOccurrence（设置当前值）方法，设置图像的显示阶数。通过人机交互界面，可根据需求查看对应模态阶数的图像。

7.5　工程分析模型库

建立工程分析模型库，对分析完成的模型进行分类、存储、管理，从而增加模型的继承性与可重用性，避免大量重复性劳动。

7.5.1　模型检索

工程分析模型库中存在大量的分析模型，当用户需要对目标模型进行分析时，可先在工程分析模型库中根据所需分析参数进行检索，采用模糊检索方式可以得到与用户需求相似的模型，供用户参考使用。根据与用户需求相近度的方式检索系统内模型，相近度计算公式如下：

$$k \geqslant \frac{\sum \dfrac{|x_i - y_i|}{x_i}}{m} \tag{7-3}$$

式中，k 为检索精确度；i 为参数索引；x_i 为用户需求模型参数；y_i 为模型库中待检索模型参数；m 为参数个数。设置检索精确度 k，检索精确度为 0~1，精确度越高则检索结果越接近目标参数，但得到的相似模型的数量越少。系统默认的检索精确度为 0.5，用户可根据工作需求及模型库规模自行设定检索精度。

依据检索顺序，对模型进行检索，分为定性检索与定量检索两个步骤。定性检索即根据模型的装置类型、模型名称、分析类型等信息进行初次检索，将完全符合要求的模型编码定义为数组，编码中含有模型分析所需的参数信息。检索过程即利用程序对数组中的所有元素与用户需求信息进行循环比较。首次检索完成后，检索结果被定义在中间数组中。对得到的结果进行定量检索，即根据转速、喂入量、综合搓擦系数等信息进行检索，并利用检索精确度 k 对检索结果进行筛选。最后将得到的结果通过人机交互界面展示给用户。

7.5.2　模型管理

模型遍历是工程分析模型库与系统之间实现数据的交互基础。在 CATIA 环境下对模型进行工程分析，得到的模型将会保存为*.CATAnalysis 格式的文件。用 Directory.GetFiles（获取文件）方法，返回指定目录中包含文件路径的文件名，并得到包含模型库中所有文件名称的字符串类型的一维数组。当模型库中的模型发生改变时，数组也会随之发生改变，实现系统与模型库之间数据的动态传递。

在工程分析模型库中，需要对分析完成的模型进行管理，即实现模型的增、删、改、查功能。使用 IO.File.Add（增加）方法和 IO.File.Delete（删除）方法可实现模型库中模型的增加和删除；如果需要实现模型的变更操作，首先需要判断当前对象是否存在，如果存在，则进行变更操作；查找模型即检索模型。

调用模型时，使用 VB.NET 中的 Start（启动）方法实现打开模型所在位置功能。查看模型信息，包括装置类型、模型名称、分析类型、喂入量、滚筒转速、模型编码等。若用户需要使用模型编码，则使用 Clipboard 方法可以实现字符串的复制。

模型信息根据编码规则被标识于模型上，编码有利于抽象的信息被计算机识别并读取。但是对于用户，模型的语义编码难以理解，所以需要将模型语义编码中的信息进行提取，以人机交互的形式可视化地展现给用户，实现信息传递。

通过模型遍历，得到包含工程分析模型库中所有模型文件全部编码信息的模型数组 ModelArray。应用相应的字符串函数对模型数组进行处理，可以将模型中的语义编码信息转化为用户可理解的文字信息。在本系统中，将转化完成后的信息存储于 VB.NET 中的表格控件 DataGridView 中，便于用户查看与计算机处理。模型的信息查看结果如图 7-16 所示。

图 7-16　模型的信息查看结果

7.6　子系统集成与测试

7.6.1　人机交互界面

以简约性、一致性、容错性和迅速响应性的界面设计原则设计脱粒与清选装置交互式工程分析系统。系统一级界面为主界面；二级界面为功能模块，如静态分析、模态分析、模型浏览等；三级界面实现系统数据输入与响应，用户可通过主界面实现与其他系统的交互。

脱粒与清选装置交互式工程分析系统主界面如图 7-17 所示，用户可根据需求选择模型进行工程分析。

模型检索界面如图 7-18 所示。系统通过模糊查询的方式对模型库中现有工程分析模型进行检索，并对检索出的模型进行排序，将检索结果在工程分析模型库中展示给用户。若检索得到目标模型，直接调用即可；若未检索到所需模型，系统将弹出对话框提示用户并跳转到

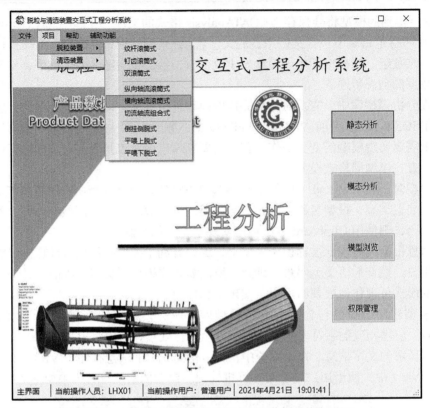

图 7-17　脱粒与清选装置交互式工程分析系统主界面

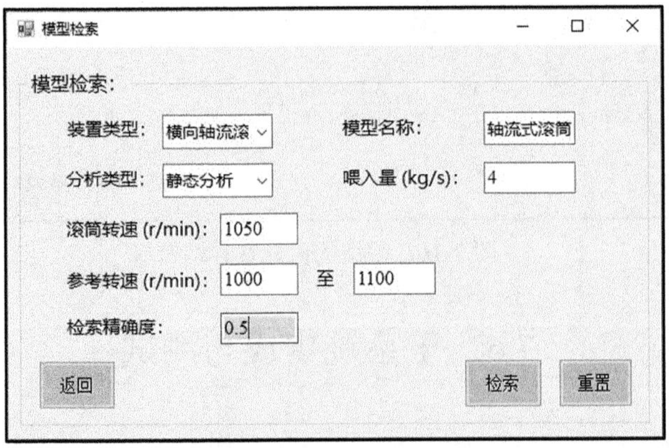

图 7-18　模型检索界面

主界面，"静态分析"与"模态分析"变为可选择状态，通过文件打开由参数化模型库生成的模型，按需求选择对应的分析类型进行操作。

7.6.2　系统测试

本节以福田雷沃 GE40 型联合收割机脱粒装置为工程分析验证对象。系统通过结构模型库驱动参数化模型生成与产品一致的模型，在最大工况即以喂入量为 4kg/s、滚筒转速为 1050r/min、综合搓擦系数为 0.72 的实际工作参数下进行分析。分别以栅格式凹板为静态分析对象、轴流式滚筒为模态分析对象，进行脱粒装置的交互式工程分析实例验证。低阶固有频率对脱粒滚筒的影响较大，所以只对求解结果的前 6 阶模态频率进行计算分析。

1）静态分析系统测试

在主界面中打开栅格式凹板三维模型，进入静态分析模块。为凹板栅条添加 65Mn 材料，框架添加 Q235 钢材料；默认系统自动划分网格；输入喂入量为 4kg/s、滚筒转速为 1050r/min、综合搓擦系数为 0.72 的工作参数，系统自动完成边界条件计算并载入，最后进行计算与分析，分析结果如图 7-19 所示。

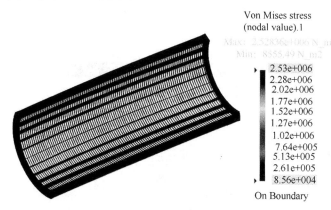

图 7-19　凹板静态分析结果

系统得出模型最大应力与材料的屈服强度，并显示"模型的强度满足设计要求"。根据分析需求查看模型的 5 种工程分析图像，并完成报表的生成与保存，如图 7-20 所示。确认保存后，系统自动将凹板静态分析模型与结构模型保存到工程分析模型库中。

脱粒装置交互式工程分析系统分析结果报告

脱粒装置类型	轴流式滚筒	
零部件名称	栅格式凹板	
分析类型	静态分析	
工作参数		
喂入量（kg/s）	4	
滚筒转速（r/min）	1050	
综合搓擦系数	0.72	
结构参数		
滚筒直径（mm）	550	
滚筒纹杆数	8	
凹板包角（°）	120	
凹板弧长（mm）	638	
凹板面积（m²）	0.5	
分析参数		
强度判断	模型的强度满足设计要求	
最大应力（Pa）	1.42E+08	
最大变形（mm）	0.87	
零件名称	框架	栅条
材料种类	Q235	65Mn
杨氏模量（Pa）	2.12E+11	1.97E+11
泊松比	0.29	0.28
密度（kg/m³）	7860	7820
热膨胀（K·deg）⁻¹	2.50E+08	1.17E+08
屈服强度（Pa）	2.35E+08	7.85E+08
分析时间	2020/12/22 22:26	
操作人员	LHX01	
Copyright: NEAU EC LIUHX SRT		

图 7-20　凹板静态分析结果报表

2）模态分析系统测试

在主界面中打开轴流式滚筒三维模型，进入模态分析。为滚筒纹杆添加 50Mn 材料，框架添加 Q235 钢材料；默认系统自动划分网格；输入转速为 1050r/min，模态阶数为 6，系统自动完成边界条件计算并载入,检查无误后,进行计算与分析。显示分析结果"外部激振频率位于滚筒固有频率±10%之外,满足设计要求",如图 7-21 所示。通过人机交互界面查看模型指定模态阶数对应的 5 种工程分析图像。最后完成报表的生成与保存,确认保存后,系统自动将滚筒模态分析模型与结构模型保存到工程分析模型库中。

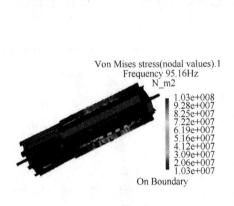
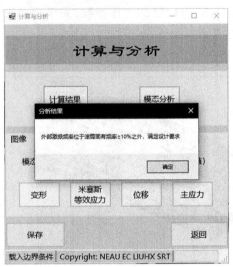

图 7-21　滚筒模态分析结果

3) 系统成效

系统驱动参数化模型生成的模型与实际产品一致,采用交互式工程分析系统得出的分析结果与实际产品试验结果一致。模型复杂、细节较多,导致操作烦琐,对于传统手动进行工程分析,即使熟悉此类模型且熟练掌握工程分析软件的设计人员,由分析模型建立到完成静态分析也需 2h 以上,模态分析需 1.5h 以上,劳动强度大,效率低,准确性不易保证。而采用该系统进行工程分析操作简便,直接调用工程分析模型库中的模型进行静态分析与模态分析,均可在 20min 内完成。传统手动分析所用工时与交互式工程分析所用工时的对比如图 7-22 所示,交互式分析系统可极大地提高工作效率,减轻劳动强度,并能大幅降低对操作人员的专业知识与水平的限制,同时避免因用户专业水平不足而导致结果错误与偏差。

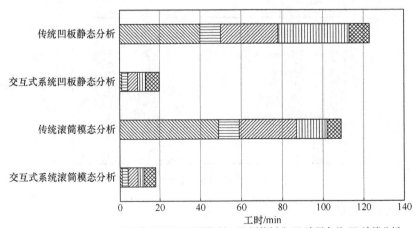

图 7-22　工时对比

第8章 交互式运动机构创建与分析

8.1 概　述

在智能化设计系统中增加运动仿真功能模块，可用来检验模型库中机构的运动特性并获取其运动学参数。针对运动机构创建过程中，涉及在定义零件之间的运动副创建运动机构、编制运动规则、设置传感器、仿真、数据检测和分析等过程，存在定义运动副元素多、操作烦琐、专业性强等问题，运用软件接口技术研究运动机构交互式创建功能模块，可解决这类问题。这实质上是将 CATIA 运动仿真 DMU 工作台专业性强的操作过程进行封装，使其对使用者的专业性要求降低，达到弱化专业背景知识的限制和操作更简便的目的。

为避免用户通过直接定义专业且烦琐的运动副来创建运动机构，封装好的模块能够将具备专业知识的添加运动副过程自动化，并且具有与 DMU 工作台创建运动机构同样的性能，可对任一产品创建运动机构，具有面向更广泛用户的通用性及普适性。规划设计运动机构交互式创建模块的功能模块，按功能和技术区域分别设置 CATIA 运用、人机交互和应用技术三部分子系统，模块框架如图 8-1 所示。

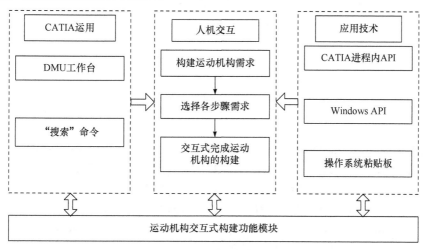

图 8-1　模块框架

以 Visual Basic 为开发语言，.NET 为开发环境，调用 Windows API 函数，结合 CATIA "搜索" 命令功能，研究与 CATIA 软件自带 DMU 有相同创建运动机构功能的通用性功能模块，操作流程如图 8-2 所示。

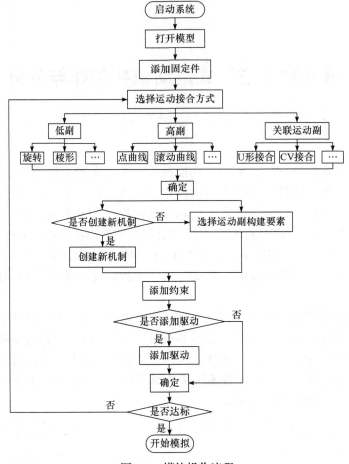

图 8-2　模块操作流程

8.2　模型预处理

在运动机构创建前，需要对存入设计系统的三维模型做预处理，即在各模型上创建运动副构建要素(运动副构建要素是指构建运动副时要点选的点、线、面及零件等元素)，如图 8-3 所示。在 CATIA 中有 16 种运动接合方式，用以定义两零件间的运动接合形式，其中低副为旋转、棱形、圆柱、螺钉、球面和平面；高副为点曲线、滑动曲线、滚动曲线和点曲面；关

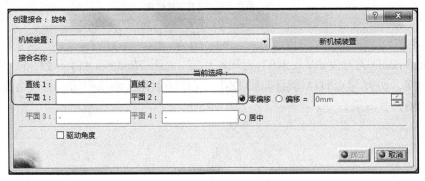

图 8-3　运动副构建要素

联运动副为 U 形接合、CV 接合、齿轮、齿轮齿条、电缆接合和刚性接合。

针对 DMU 工作台运动接合方式种类多、构建要素复杂的情况，将模型预处理分为以下三部分。

1) 低副

在开发智能虚拟装配模块时，运用 CATIA 的自动化对象编程（V5 Automation）开发方式，充分结合数字模型实体特征要素和部分创建要素，利用 HybridShapeFactory（混合形状）对象的 AddNewPointCoord、AddNewLinePtPt、AddNewAxisLine、AddNewPlaneOffset、AddNewPlane1Curve 和 AddNewPointOnSurface 等方法，通过交互界面，以点为参考创建点、以线为参考创建线、以轴线为参考创建轴线、以平面为参考创建平面、以平面曲线为参考创建平面和以曲面为参考创建点，这些约束参考元素的创建是为了满足虚拟装配的需求。

装配模型上存在的约束参考元素能适应低副构建要素的需求，所以低副的构建要素可直接选用装配模型上已有的约束参考元素。

2) 高副

装配模型上已有的约束参考元素无法适应高副构建要素，因此对于含有高副的模型需对其创建运动副构建要素。为提高模型预处理的效率，可通过人机交互界面的方式辅助创建高副构建要素，如图 8-4 所示。

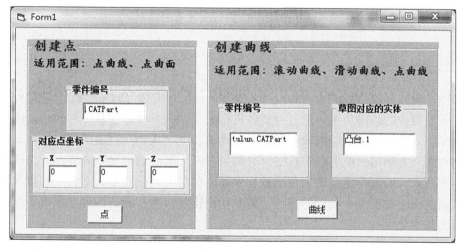

图 8-4　创建高副要素人机交互界面

针对高副中的点、曲线和曲面构建要素，采用宏录制的开发方式，辅以人机交互界面可快速、便捷地创建构建要素。

在图 8-4 左侧栏界面上可完成点要素的创建，创建点曲线和点曲面高副中的点要素时，将宏录制的程序修改后，其语法为

```
Set partDocument1 = documents1. Item(Text1.Text)
```

其中，Text1.Text 为在"零件编号"中输入的默认后缀为.CATPart 的零件编号，并且应在后缀名前面输入。

```
Set hybridShapePointCoord1= hybridShapeFactory1.AddNewPointCoord (Text2.Text,
Text3.Text, Text4.Text)
```

该语句表示分别在 Text2、Text3 和 Text4 中输入 X、Y、Z 坐标，单击"点"按钮即可在对应零件上创建要素"点"。

在图 8-4 右侧栏界面上可创建曲线要素。曲线要素是基于零件几何体下与构建要素轮廓一致的草图和草图对应的实体，利用创成式外形设计工作台的"投影"命令，可投影生成曲线构建要素，其语法为

```
Set partDocument1 = documents1. Item(Text5.Text)
```

其中，Text5.Text 为在"零件编号"中输入的默认后缀为.CATPart 的零件编号。

```
Set pad1 = shapes1.Item(Text6.Text)
```

其中，Text6.Text 为在"草图对应的实体"中输入对应的实体名称，如凸台.1。

当在"零件编号"和"草图对应的实体"中输入完成后，通过"曲线"按钮可完成创建曲线要素。此外，点曲面中的曲面要素可直接选用实体，所以无须对其创建构建要素。

3) 关联运动副

此类型运动副的构建要素主要为旋转副、棱形副和轴线，刚性接合的要素又为零件。模型上已存在此类运动副构建要素，故不需要对模型做预处理。

8.3　标识信息及导出

8.3.1　标识运动副构建要素

以某型小麦联合收割机的割台为应用实例，联合收割机割台的主要机构有拨禾轮、割刀、螺旋推运器及割台的仿形装置。通过分析各机构的运动关系可知，其零件间运动副种类丰富且数量较多。因此，该实例能够较好地检验运动机构交互式创建模块的可行性。

低副构建要素选用模型上已存在的部分约束参考元素。通过交互式界面，为机构中各高副创建构建要素。所需构建要素完善后按标识规则命名各构建要素，并将其标识在模型结构树上。在该实例中存在多个相同的零件，其运动副构建要素相同，因此在图 8-5 所示标识结果中只列出其中之一。

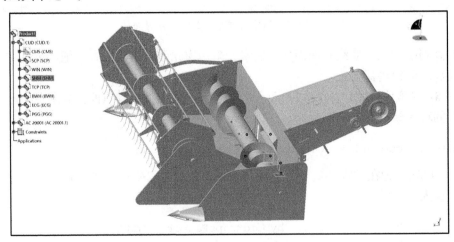

图 8-5　割台运动副构建要素的创建与标识

从图 8-5 所示的结构树可以看出，构建要素标识存在规律性，其一般规律如图 8-6 所示。E 为构建要素英文的首字母，为了加以区别，部分构建要素用英文前两个字母表示。A 是被标识构建要素所在的零件，B 则为与 A 相关的另一零件。此种方法具有普适性，同时能保证标识容易被记忆。分析联合收割机割台两个零件间的运动关系，可得到割台的运动副及其构建要素如表 8-1 所示。

图 8-6　构建要素标识规则
注：□ 表示英文字母，○ 表示文字

表 8-1　割台接合种类及其构建要素

零件 1	零件 2	运动副	构建要素	
机体	带轮 1	旋转	直线(L)：机体带轮 1 平面(PL)：机体带轮 1	直线(L)：带轮 1 机体 平面(PL)：带轮 1 机体
机体	带轮 2	旋转	直线(L)：机体带轮 2 平面(PL)：机体带轮 2	直线(L)：带轮 2 机体 平面(PL)：带轮 2 机体
带轮 1	带轮 2	齿轮	旋转(机体，带轮 1)	旋转(机体，带轮 2)
机体	带轮 3	旋转	直线(L)：机体带轮 3 平面(PL)：机体带轮 3	直线(L)：带轮 3 机体 平面(PL)：带轮 3 机体
带轮 2	带轮 3	齿轮	旋转(机体，带轮 2)	旋转(机体，带轮 3)
螺旋推运器	带轮 2	刚性	螺旋推运器　　　带轮 2	
…	…	…	…	
液压缸体	液压杆	棱形	直线(L)：缸体液压杆 平面(PL)：缸体液压杆	直线(L)：液压杆缸体 平面(PL)：液压杆缸体

8.3.2　导出标识信息

在数字模型结构树上已标识了运动副构建要素，为使模块程序自动获得标识信息，需要将结构树上的标识信息导出。本节运用 CATIA 装配设计工作台"发布"界面的"导出"命令，如图 8-7 所示，结合"搜索"命令，采用 Windows API 和宏录制技术编写程序，通过人机交互界面将标识信息导出成.txt 格式且保存到指定位置，交互界面如图 8-8 所示。

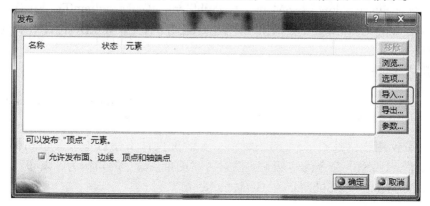

图 8-7　"发布"界面上的"导出"命令

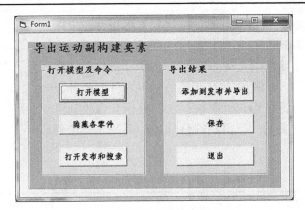

图 8-8　导出标识信息交互界面

通过程序实现直接点选结构树及三维模型上的信息较为困难，因此结合 CATIA "搜索"命令检索所需的信息，搜索具体操作同 7.4.2 节 "参数设置"。

通过图 8-8 所示的交互界面可操作 "搜索" 命令。"搜索" 命令检索出结构树上所有已标识的构建要素，并将标识信息添加到 "发布" 界面，再通过 "导出" 命令即可将图 8-5 所示的标识信息导出成.txt 文本。

为了简化 "搜索" 界面的操作且可以导出标识信息，需要将装配体各零件的 "零件几何体" 隐藏。为实现将任一装配体各零件隐藏的功能，后台程序自动读取模型结构树并将信息输出，然后从该信息中筛选出零件的 "零件编号"，"零件编号" 为隐藏 "零件几何体" 的关键信息。

在 CATIA 环境下，直接输出当前数字模型的结构树，其语法见 3.5.2 节 "信息提取"。遍历.txt 格式的模型结构树信息，并从中提取出 "零件编号" 信息。

隐藏各零件是在已知各零件 "零件编号" 的基础上，利用 Item 方法实现的，其语句为

```
Set partDocument1 = documents1. Item(PartName)
Set body1 = bodies1.Item("零件几何体")
```

其中，PartName 为各零件的 "零件编号"，隐藏的是各零件的 "零件几何体"。

如图 8-8 界面上所示的 "打开模型" "打开发布和搜索" "添加到发布并导出" "保存" "退出" 操作是应用 Windows API 技术，通过控制窗口句柄及在菜单中的位置来实现的。具体调用的 API 函数有 FindWindow、GetMenu、GetSubMenu、GetMenuItemID、FindWindowEx 和 SendMessage，WM_COMMAND、WM_LBUTTONDOWN、WM_LBUTTONUP 为常量，其语句具体如下。

1）声明 FindWindow

```
Public Declare Function FindWindow Lib "user32" Alias "FindWindowA"(ByVal 1p
ClassName As String,ByVal lp WindowName As Stting)As Long
```

FindWindow 用于寻找 CATIA 的顶级窗口，装配设计工作台顶级窗口句柄为 "CATIA V5-[Product1]"，"搜索" 命令的句柄为 "搜索"，"发布" 命令的句柄为 "发布"。

2）声明 GetMenu、GetSubMenu、GetMenuItemID

```
Public Declare Function GetMenu Lib "user32"Alias "GetMenu"(ByVal hwnd As Long)
As Long
```

```
Public Declare Function GetSubMenu Lib "user32"Alias "GetSubMenu"(ByVal hMenu
As Long,ByVal nPos As Long) As Long
    Public Declare Function GetMenuItemID Lib "user32. dll"(ByVal hMenu As Long,
ByVal nPos As Integer) As Long
```

GetMenu、GetSubMenu 和 GetMenuItemID 函数配合锁定命令在菜单中的位置。用该类函数即可确定"搜索"和"发布"命令在 CATIA 菜单下的位置。

3)声明 FindWindowEx

```
Public Declare Function FindWindowEx Lib "user32" Alias "FindWindowExA"(ByVal
hWnd1 As Long,ByVal hWnd2 As Integer,ByVal lpsz1 As String,ByVal lpsz2 As String)As Long
```

FindWindowEx 用于寻找顶层窗口下的子窗口。"导出"命令在"发布"界面上是其一个子窗口，FindWindowEx 函数可以通过"导出"的句柄找到"导出"按钮。

4)声明 SendMessage

```
Declare Function SendMessage& Lib "user32"Alias "SendMessageA"(ByVal hwnd As
Long,ByVal wMsg As Long,ByVal wParam As Long,IParam As Any)
```

常量用来模拟鼠标动作，SendMessage 与常量配合可将获取的菜单 ID 及"导出"消息发送给 FindWindow 或 FindWindowEx 找到的窗口，等待消息处理完毕即可打开"搜索"和"发布"界面，并在该界面上完成相应操作。

8.4　Windows API 函数

运动仿真模块的关键技术主要是使用用户界面接口技术来实现的，即 Windows API 函数，该模块的研究实质上是用户界面接口技术的应用。通过 Windows API 函数调用 DMU 工作台操作界面、模拟手动操作的方式创建运动机构，简洁的人机操作界面下封装着大量复杂的程序。

8.4.1　模块程序框图

本节提出基于 CATIA 二次开发和 Windows API 函数相结合的一种开发模式，以 VB.NET 为开发语言，配合友好的人机交互界面，即可实现运动副构建要素的搜索和输入操作，并生成相应的运动副，快速、简单地实现运动仿真体系的创建。该模块完成创建运动机构的程序实现流程如图 8-9 所示。

8.4.2　DMU 工作台访问

参见 2.6.3 节"语义相似度计算"中模型驱动中的代码启动 CATIA。

CATIA 访问后并未进入 DMU 工作台界面。本节通过调用 API 函数 FindWindow、GetMenu、GetSubMenu、GetMenuItemID 和 SendMessage 打开 DMU 模块，其实现过程如下。

（1）声明 FindWindow 后，调用 FindWindow 寻找 CATIA 的顶级窗口，并得到该窗口句柄"CATIA V5"。

（2）声明 GetMenu、GetSubMenu、GetMenuItemID：使用 GetMenu、GetSubMenu 函数分别获取"开始"菜单及其弹出式菜单的句柄并通过 GetMenuItemID 返回位于菜单下指定位置处的菜单 ID。

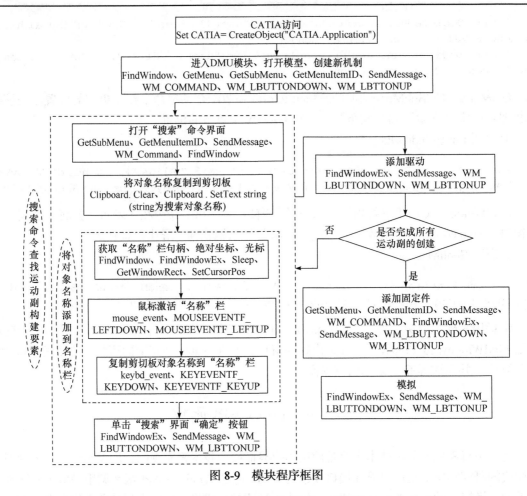

图 8-9　模块程序框图

（3）声明 SendMessage 后，该函数将获取的菜单 ID 以消息的形式发送给 FindWindow 找到的窗口，等待消息处理完毕即可打开 DMU 模块界面。

8.4.3　添加运动副构建要素

在手动操作中，通过在三维模型上点选相应的点、线、面添加运动副构建要素。而在该模块中，为避开添加运动副过程中专业知识的局限，提高创建运动机构的效率，采用将 DMU 工作台创建运动副过程用 CATIA "搜索" 命令进行封装的方式来实现构建要素的自动选取。

由于三维模型的大小和位置的不确定性，运用程序实现在实体上选取构建要素较为困难。因此，本节利用 "搜索" 命令检索所需的构建要素，"搜索" 界面中 "名称" 和 "预突出显示" 即可搜索到对应名称的构建要素。用程序实现在 "名称" 中输入搜索对象（构建要素）的过程可分为将搜索对象名称复制到剪切板和将对象名称添加到 "名称" 栏两步。

首先，后台程序控制在 "名称" 中输入搜索对象，并且搜索对象可为子产品、零件以及零件上的点线面等，利用 VB 中 clipboard（剪切板）方法从结构树中查找搜索对象，其语法为

```
Str1 = RCombo1.Text
Clipboard . Clear
Clipboard . SetText str1
```

其中，Text 为搜索对象名称；Clipboard.Clear 为清空剪切板；Clipboard.SetText str1 为获取

RCombo1.Text 的文本到剪切板上，将待搜索对象的名称赋值给 str1，并且其类型可为字符串及文本等。

然后通过程序将待搜索对象的名称复制到剪切板。将已复制好的名称添加到"搜索"界面的"名称"栏，还需通过程序获得"搜索"界面的绝对坐标位置、移动鼠标位置到"名称"栏、模拟鼠标激活"名称"栏编辑框、复制对象名称到"名称"栏编辑框等四步来完成。

1）获得"搜索"界面的绝对坐标位置

"名称"栏在"搜索"界面上，为实现在"搜索"界面上完成操作，需要利用 API 函数 GetWindowRect 来获得界面的绝对坐标位置，其语法为

```
声明 GetWindowRect:
Public Declare Function GetWindowRect Lib "user32"(ByVal hwnd As Long,lpRect
As rect)As Long
A= GetWindowRect ( hwnd , lpRect )
```

其中，GetWindowRect 的函数功能是获得整个窗口的范围矩形，等号右侧的值赋给左侧变量（用 A 表示）；hwnd 为窗口句柄，本模块中为"搜索"界面的句柄，并且以此来锁定此操作将应用在该界面上；lpRect 是指向 RECT 的窗口参数，该参数用于接收窗口在屏幕中所处的坐标信息，以确定该窗口的绝对坐标位置。

2）移动鼠标位置到"名称"栏

确定"搜索"界面的绝对坐标位置后，再通过绝对坐标的调整将鼠标位置移动到"名称"栏。API 函数 SetCursorPos 可实现程序控制此步操作，其语法为

```
声明 SetCursorPos:
Public Declare Function SetCursorPos Lib "user32"(ByVal x As Long, ByVal y
As Long)As Long
A= SetCursorPos (x , y )
```

其中，SetCursorPos 的函数功能是把光标从屏幕的当前位置移到指定位置；x、y 为指定光标的新的 x、y 坐标。本模块中用 GetWindowRect 的 lpRect 表示，其具体语法为

```
A= SetCursorPos(rect1.left + 10, rect1.top + 5)
```

其中，left 和 top 函数用来准确地定位光标位置。

3）模拟鼠标激活"名称"栏编辑框

用程序控制光标的位置以激活当前位置的编辑框，在鼠标位置移动到"名称"栏的基础上，通过程序模拟鼠标单击的方式激活"名称"栏编辑框，该鼠标模拟事件可用 API 函数 mouse_event 实现，其语句为

```
声明 mouse_event:
Public Declare Sub mouse_event Lib "user32"(ByVal dwFlags As Long,ByVal dx
As Long,ByVal dy As Long,ByVal cButtons As Long,ByVal dwExtraInfo As Long)
A = mouse_event(dwFlags, dx, dy, cButtons, dwExtraInfo);
```

其中，mouse_event 可综合实现鼠标击键和鼠标动作；dwFlags 为指定单击按钮和鼠标动作，一些常用模拟鼠标动作的参数如表 8-2 所示；dx、dy 根据是否指定了鼠标绝对位置（MOUSEEVENTF_ABSOLUTE），指定水平方向和垂直方向的绝对位置或相对运动；cButtons

和 dwExtraInfo 通常不使用。因此，若不指定鼠标绝对位置，则后四个参数通常指为 0，本模块中的具体语法为

```
mouse_event &H2 Or &H4 , 0, 0, 0, 0
```

且声明常量为&H2 和&H4：

```
Public Const MOUSEEVENTF_LEFTDOWN= &H2
Public Const MOUSEEVENTF_LEFTUP = &H4
```

表 8-2　鼠标动作虚拟键

参数	鼠标命令	含义
dwFlags	MOUSEEVENTF_MOVE	移动鼠标
	MOUSEEVENTF_LEFTDOWN	鼠标左键按下
	MOUSEEVENTF_LEFTUP	鼠标左键抬起
	MOUSEEVENTF_RIGHTDOWN	鼠标右键按下
	MOUSEEVENTF_RIGHTUP	鼠标右键抬起
	MOUSEEVENTF_MIDDLEDOWN	鼠标中键按下
	MOUSEEVENTF_MIDDLEUP	鼠标中键抬起

4) 复制对象名称到"名称"栏编辑框

已将对象名称复制到剪切板、光标移动到"名称"栏编辑框处，为实现在"名称"栏输入待搜索对象名称以查找该对象，后台程序将自动把剪切板上的对象名称粘贴到"名称"栏编辑框处。熟知的复制、粘贴操作方式有两种：单击鼠标右键操作和键盘操作(Ctrl+C、Ctrl+V)。本节应用 API 函数 keybd_event 来模拟复制、粘贴的键盘操作，其语句为

```
声明 keybd_event:
Public Declare Sub keybd_event Lib "user32" (ByVal bVk As Integer, ByVal bScan
As Integer, ByVal dwFlags As Long, ByVal dwExtraInfo As Long)
```

其中，keybd_event 函数能模拟键盘上一些键的操作动作，如某个键的按下和抬起等，并且该函数无返回值，其四个参数的含义如表 8-3 所示。

表 8-3　参数列表

参数	bVk	bScan	dwFlags	dwExtraInfo
含义	虚拟键值	硬件扫描码	动作标识	附加信息

参数 dwFlags 表示某个键的键盘动作，VB 中它有 KEYEVENTF_KEYDOWN 和 KEYEVENTF_KEYUP 两个取值，分别模拟某键的按下和抬起。通常情况下，bScan 和 dwExtraInfo 取值为 0。bVk 是一个 byte 类型值的宏，它的取值范围为 1~254，不同值可模拟不同按键。为实现粘贴操作，本模块需模拟 Ctrl 键和 V 键，其语句为

```
keybd_event 17, 0, KEYEVENTF_KEYDOWN, 0
keybd_event 86, 0, KEYEVENTF_KEYDOWN, 0
```

```
keybd_event 86, 0, KEYEVENTF_KEYUP, 0
keybd_event 17, 0, KEYEVENTF_KEYUP, 0
```

其中，17 和 86 分别为 Ctrl 键和 V 键的十进制值，这两个键的代码组合即可模拟粘贴的键盘操作。

8.5　交互界面设计与测试

8.5.1　交互界面

在交互式模块中设置人机交互界面，可以实现人机结合功能，有效地将计算机的高效逻辑计算与人的直观意识相结合，以此实现更快捷创建机构的效果。友好的人机界面可以智能地引导用户的操作，同时能提高模块的可操作性能与智能化，拓宽用户群体。

通过运动机构交互式创建模块的交互界面可以实现运动副的构建和引导创建运动机构两个功能。运动机构交互式创建系统主界面如图 8-10 所示，通过界面可进入创建体系子界面如图 8-11 所示，通过界面可以打开数字模型、添加固定件以及选择运动接合方式。单击"运

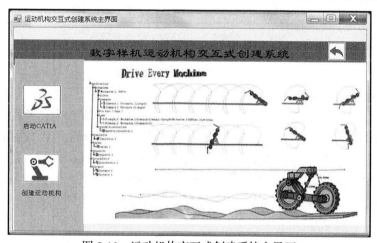

图 8-10　运动机构交互式创建系统主界面

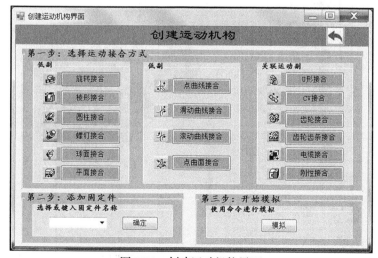

图 8-11　创建运动机构界面

动接合"按钮可切换到运动副创建界面，以旋转运动副为例，人机交互界面如图 8-12 所示，通过是否新建机制、设置构建要素及是否添加驱动可实现运动副的创建，并且该界面可辅助完成运动机构的创建。

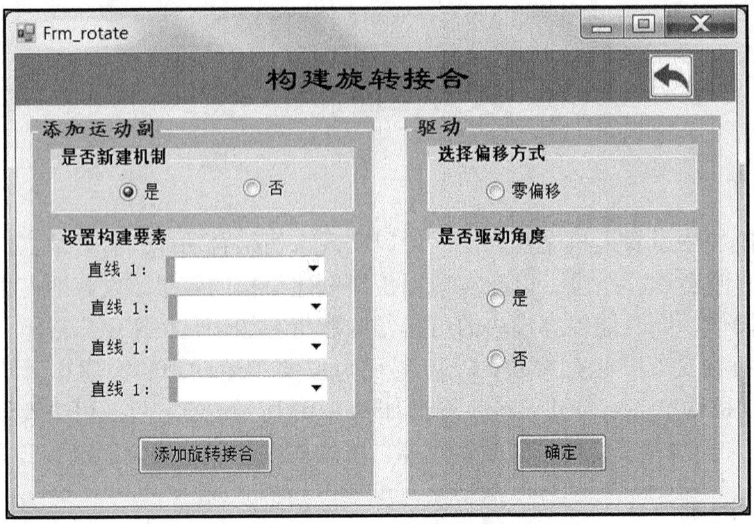

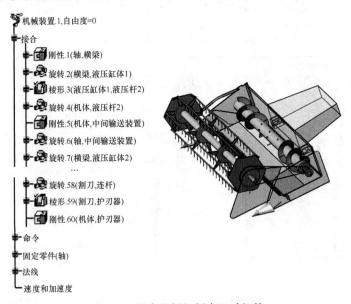

图 8-12　创建旋转运动副人机交互界面

8.5.2　实例测试

1) 割台运动机构的创建

通过模块主界面进入运动机构创建界面。在运动机构创建界面中，通过"选择运动接合方式"和"添加固定件"即可创建运动机构。以"旋转接合"为例，在"选择运动接合方式"中选择"旋转接合"命令，即可进入旋转接合构建界面。根据机构需要，通过选择"是否新建机制"、"设置构建要素"和"是否驱动角度"构建旋转运动副。根据表 8-1 中割台各零件间的运动副形式，依次构建模型的其他运动副，割台的运动机构创建结果如图 8-13 所示。

图 8-13　联合收割机割台运动机构

以谷神 GK100 型小麦联合收割机结构及作业参数为例，进行数字样机分析。该机型的相关参数如下：割幅 B 为 4570mm；拨禾轮直径 D 为 1076mm，转速 n 为 18.5～51.5r/min；机器作业速度 v_m 为 2.5～6.9km/h；拨禾轮转速与机器作业速度比值 λ 为 1.53～1.72。取 v_m=3.5km/h，当 λ=1.6 时，n=27r/min。

在同一拨齿上标记两点，使用轨迹绘制功能输出两点轨迹。用直线将同一时刻对应的两点连接，获取拨齿的空间运动状态，如图 8-14 所示。可见，拨齿满足拨禾过程保持竖直状态，从而能更好地满足梳理推送作用的设计要求。

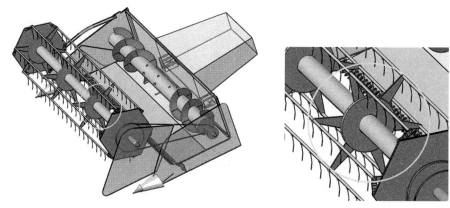

图 8-14　拨齿相对运动轨迹

输入 v_m=3.5km/h，n=27r/min，绘制拨齿合成运动轨迹。按相对运动轨迹中的方法标记同一拨齿上同一时刻的两点，用直线将同一时刻对应的两点连接，如图 8-15 所示，能够形成理想的余摆线作业轨迹。

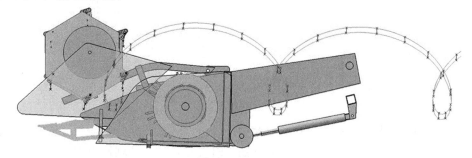

图 8-15　拨齿合成运动轨迹

在合成运动工作条件下，在拨齿端放置传感器，检测拨齿端的线速度。不同时刻拨齿端的线速度函数图形如图 8-16 所示，最大拨齿端的线速度约为 2.5m/s，未超过实践上限值 3m/s，可以减少拨齿对作物冲击过大造成的落粒损失。

2)清选装置运动机构的创建

在图 8-10 中单击"启动 CATIA"按钮打开 CATIA，单击"创建运动机构"按钮，进入创建运动机构界面，如图 8-17(a)所示，通过该界面的三

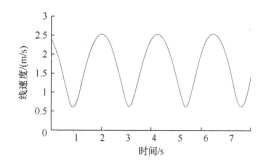

图 8-16　不同时刻拨齿端的线速度函数图形

步操作可以创建运动机构。

(a)创建运动机构界面

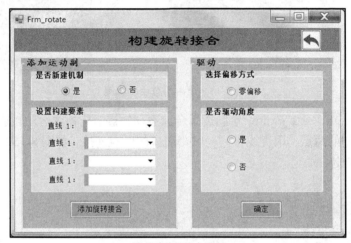

(b)构建旋转接合界面

图 8-17　创建运动机构界面及其子界面

　　以联合收割机的清选装置为测试对象，根据割台各运动零部件间的关系，分析得出有运动关系零部件间的运动副如表 8-4 所示。由表可知，清选装置的运动副均由刚性接合和旋转副组成。

表 8-4　清选装置接合种类及其构建要素

零件 1	零件 2	运动副	构建要素	
上筛	尾筛	刚性	上筛　　　　　　　　尾筛	
尾筛	下筛	刚性	尾筛　　　　　　　　下筛	
下筛	筛箱	刚性	下筛　　　　　　　　筛箱	
吊杆 1	机架	旋转	直线(L)：吊杆 1 机架	直线(L)：机架吊杆 1
			平面(PL)：吊杆 1 机架	平面(PL)：机架吊杆 1
吊杆 2	机架	旋转	直线(L)：吊杆 2 机架	直线(L)：机架吊杆 2
			平面(PL)：吊杆 2 机架	平面(PL)：机架吊杆 2

续表

零件 1	零件 2	运动副	构建要素	
筛箱	吊杆 1	旋转	直线(L)：筛箱吊杆 1 平面(PL)：筛箱吊杆 1	直线(L)：吊杆 1 筛箱 平面(PL)：吊杆 1 筛箱
筛箱	吊杆 2	旋转	直线(L)：筛箱吊杆 2 平面(PL)：筛箱吊杆 2	直线(L)：吊杆 2 筛箱 平面(PL)：吊杆 2 筛箱
连杆	筛箱	旋转	直线(L)：连杆筛箱 平面(PL)：连杆筛箱	直线(L)：筛箱连杆 平面(PL)：筛箱连杆
曲柄轮	连杆	旋转	直线(L)：曲柄轮连杆 平面(PL)：曲柄轮连杆	直线(L)：连杆曲柄轮 平面(PL)：连杆曲柄轮
固定轴	曲柄轮	旋转	直线(L)：固定轴曲柄轮 平面(PL)：固定轴曲柄轮	直线(L)：曲柄轮固定轴 平面(PL)：曲柄轮固定轴
机架	固定轴	刚性	机架　　　固定轴	
风扇转子	壳体	旋转	直线(L)：风扇转子壳体 平面(PL)：风扇转子壳体	直线(L)：壳体风扇转子 平面(PL)：风扇转子壳体

在图 8-17 所示界面"第一步：选择运动接合方式"下包含 CATIA DMU 的所有运动副，根据表 8-4 所示的接合类型，依次构建清选装置的所有运动副。以构建旋转接合为例，单击"旋转接合"按钮，打开构建旋转接合界面，如图 8-17(b)所示，点选"是否新建机制"，创建第一个运动副时，点选"是"，在 DMU 工作台新建机械机制。在"设置构建要素"栏的各构建要素下，可以点选或输入构建要素，点选是在后台程序已经遍历并将各构建要素提取在选择框下的基础上，直接选择就可以，若选择框下没有对应的构建要素，也可以自行输入构建要素，然后单击"添加旋转接合"按钮即可自动创建旋转运动副。在"是否驱动角度"栏，点选"是"或"否"即可选择是否驱动旋转接合。依次构建完成所有运动副后，通过"第二步：添加固定件"为清选装置添加固定件，选择机架作为固定件。最后使用命令"第三步：开始模拟"，通过模拟效果检验运动机构运动的合理性。清选装置运动机构的创建结果如图 8-18 所示。

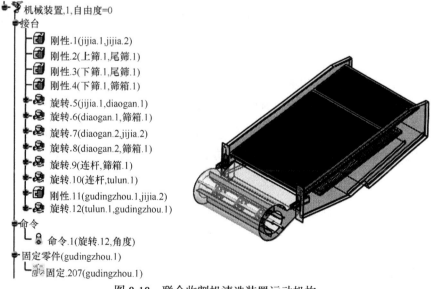

图 8-18　联合收割机清选装置运动机构

对清选装置进行数字样机分析，相关参数如下：曲柄轮转速 n 为 1800deg/s；曲柄长度 L_1 为 25mm；连杆长度 L_2 为 185mm；前吊杆长度 L_3、L_4 均为 120mm。

该清选装置整体布置在单筛架上，清选装置的筛子由曲柄连杆机构驱动，由于曲柄的半径远小于连杆和吊杆的长度，上筛、尾筛和下筛筛面上任意点在曲柄连杆机构的驱动下，做近似直线的简谐运动。在上筛面上标记一点，并驱动清选装置运动机构做一个周期简谐运动，得到如图 8-19 所示的轨迹，可见轨迹为近似直线，满足设计要求。

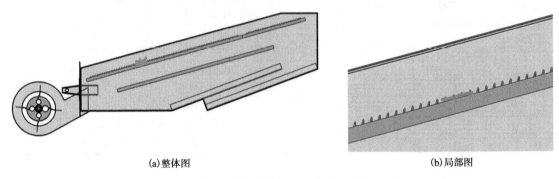

(a)整体图   (b)局部图

图 8-19   清选装置筛面的运动轨迹

当 n=1800deg/s，L_1=25mm，L_2=185mm，L_3=120mm，L_4=120mm 时，在筛面上取任意一点，放置传感器，设置时间为一个周期，即 t=0.2s，检测筛面上点的 X、Z 轴线速度。不同时刻筛面上点的 X、Z 轴方向的线速度函数如图 8-20 所示，X 轴的运动轨迹为简谐振动，Z 轴的运动轨迹不是简谐振动，X、Z 轴方向的线速度变化规律和极值均符合已有研究结果。

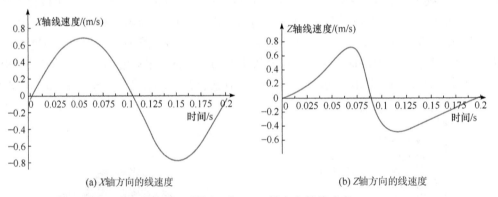

(a) X轴方向的线速度   (b) Z轴方向的线速度

图 8-20   筛面一点 X、Z 轴方向的线速度

测试结果表明，通过运动机构交互式创建功能模块，能够为系统模型库中数字模型便捷地创建运动机构，创建的运动机构为模型运动学参数的获取提供了便利。

第9章 结构参数与工作参数匹配技术

9.1 概　　述

结构参数与工作参数匹配技术是一种基于知识的设计方法，主要用来实现结构参数和工作参数的合理匹配，利用知识库构建参数化模型，运用三维软件二次开发技术，以脱粒装置与清选装置为例，实现模型参数化与模型驱动等设计功能。技术路线如图9-1所示。

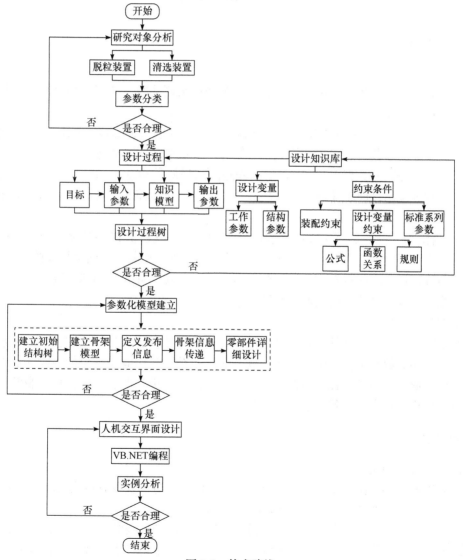

图 9-1　技术路线

设计过程树构建方法：在复杂装置的设计过程中，存在设计知识种类繁杂、涉及参数众多、交互关系复杂、计算量大、计算方法烦琐、设计周期长、不易完成参数匹配设计等问题，通过设计过程树的形式来进行设计过程的知识建模与表达，可以清晰地描述装置的整个设计过程及众多参数之间的关系，从而指导完成参数匹配设计过程。

自顶向下关联设计方法：自顶向下关联设计方法是一种自顶向下的设计方法，采用该方法进行工程设计时，用户可以创建和重用保存在一个模型中的设计信息，这个模型称为设计骨架模型。自顶向下的含义就是设计骨架中的设计信息只能从设计骨架模型中传递给其他零部件，零部件的设计信息不能传递到设计骨架模型中，从而保证了模型的柔韧性和健壮性。本章采用 CATIA 自顶向下关联设计方法，以脱粒装置与清选装置为对象进行参数化建模，以增强模型的知识继承性和重用性。

9.2　研究对象分析

9.2.1　脱粒装置

1) 脱粒装置的种类

按脱粒装置的结构特征，可将脱粒装置分为切流滚筒式脱粒装置、轴流滚筒式脱粒装置与弓齿滚筒式脱粒装置。

(1) 切流滚筒式脱粒装置工作时谷物整株沿滚筒的切线方向流动，此种形式的脱粒装置包括纹杆滚筒式脱粒装置、钉齿滚筒式脱粒装置与双滚筒式脱粒装置。

(2) 轴流滚筒式脱粒装置工作时谷物整株随滚筒做旋转运动的同时又做轴向流动，此种形式的脱粒装置包括纵向轴流滚筒式脱粒装置、横向轴流滚筒式脱粒装置与切流轴流组合式脱粒装置。

(3) 弓齿滚筒式脱粒装置工作时谷物的茎部由夹持输送链夹持并沿滚筒轴向输送，穗头进入滚筒体与凹板之间并在弓齿的冲击和梳刷作用下脱粒，被夹持的秸草从滚筒的末端排出。根据滚筒和谷物喂入时的相对位置，可将弓齿滚筒式脱粒装置分为倒挂侧脱式脱粒装置、平喂上脱式脱粒装置与平喂下脱式脱粒装置。

2) 结构与作业参数

影响脱粒装置工作性能的因素众多，脱粒装置的设计过程就是根据这些影响因素正确选择和确定其结构参数与工作参数的过程。脱粒装置的结构与作业参数包括谷物的喂入量与喂入方式、滚筒形式、滚筒直径、滚筒长度、滚筒转速、凹板长度、凹板包角、脱粒间隙、喂入速度以及作物的湿度、草谷比、杂草含量等。

9.2.2　清选装置

1) 清选装置的种类

清选装置的种类如图 9-2 所示。联合收割机上采用的清选装置有风扇式和风扇-筛子组合式两种。

风扇式清选装置由风扇和构成气流通过的风道组成。风扇式清选装置利用气流清选原理清除混在谷粒中的杂质，其结构简单，只能清除颖壳、碎草等杂质。风扇式清选装置按其工作特点，可分为吹出型、吸入型和兼用型。

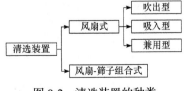

图 9-2　清选装置的种类

风扇-筛子组合式清选装置利用风扇气流吹浮作用与筛子的抖动作用将谷粒混合物分离，由于良好的清选效果，广泛应用于联合收割机中。

2)结构与作业参数

风扇-筛子组合式清选装置是联合收割机上广泛应用的清选装置，影响风扇-筛子组合式清选装置清选效果的因素较多，其中清选装置的结构为众多因素之一。风扇是风扇-筛子组合式清选装置的主要组成部分，对清选质量起重要作用，其结构与作业参数包括叶轮直径、叶轮宽度、叶片数、吹风方向、转速等；清选筛是风扇-筛子组合式清选装置的主要工作部件，其结构与作业参数包括喂入量、筛长、筛宽、筛孔型、筛面倾角、摆角、摆幅、支吊杆长等；抖动板工作性能的好坏可直接影响风扇-筛子组合式清选装置的清选效果，其结构与作业参数包括板面倾角、摆幅、支吊杆长等；清选筛由曲柄连杆机构驱动，其结构与作业参数包括曲轴半径、曲轴转速等。

9.2.3　参数分类

脱粒装置与清选装置在设计过程中涉及的参数众多且交互关系复杂，需要对参数进行分类。参数总体上分为工作参数与结构参数，如图 9-3 所示。

工作参数包括总体工作参数与辅助工作参数。

(1)总体工作参数：产品完成某一功能所需达到的目标参数，如生产率 Q，其取值的大小可直接影响脱粒装置与清选装置的总体结构尺寸。

(2)辅助工作参数：影响设计结果的关联参数，如草谷比 β、单位滚筒长度允许承担的喂入量 q_0 等，其取值的大小可使脱粒装置与清选装置的总体结构尺寸产生微小的调整或使部分零部件结构产生适当的变化。

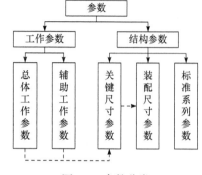

图 9-3　参数分类

结构参数包括关键尺寸参数、零部件之间的装配尺寸参数以及标准系列参数。

(1)关键尺寸参数：与产品的总体工作参数直接相关联的结构参数，如滚筒直径 D、滚筒长度 L 等，当总体工作参数改变时关键尺寸参数可立刻做出响应，即改变其取值大小以满足产品的总体设计要求。

(2)装配尺寸参数：各零部件相对位置关系的结构参数，如双滚筒式脱粒装置中纹杆式脱粒滚筒与钉齿滚筒式脱粒装置的 X 方向距离等，其在装配体中一般以几何约束的形式存在。

(3)标准系列参数：从政策与法规、设计手册、培训知识、设计问题警示录、核心零部件参数库、设计作业指导书、设计标准等资料中整理出的结构参数，如在 NJ 105—95 标准中规定联合收割机中纹杆式脱粒滚筒的滚筒直径 D、滚筒长度 L 和纹杆根数 z 的选用标准，可将这些参数放入知识库中，以便设计者在设计的过程中检索查询。

9.3　设计过程的知识建模与表达

9.3.1　知识建模方法

通常通过一个统一的知识模型框架表示产品设计过程中涉及的各类知识，以辅助设计者完成整个产品的设计过程。常用设计过程的知识建模方法有基于 Petri 网的建模方法、基于活动网络图的建模方法与工作流方法。

1）基于 Petri 网的建模方法

经典的 Petri 网是简单的过程模型，如图 9-4 所示，其组成元素为库所、变迁、有向弧和令牌。其中，圆形节点 P 表示库所，方形节点 T 表示变迁，有向弧是库所和变迁之间的有向弧线，令牌是库所中的动态对象，可以从一个库所移动到另一个库所。Petri 网是一种支持并发活动的有向活动网，其具有严格的形式化机制，能够清晰地表达过程的顺序要求，可解决设计过程中的同步竞争问题。但随着问题描述规模增大，Petri 网规模呈指数增长，并且其设计过程的知识不能重用，因此难以描述规模庞大且关系复杂的产品开发问题。

2）基于活动网络图的建模方法

活动网络图如图 9-5 所示，它由箭线和节点组成，箭线表示活动，箭线上方标有活动名称，箭线的尾部和头部分别表示活动的开始与结束，圆圈表示节点。活动网络图可反映和表示产品开发过程中的整体计划与安排，通过计算由项目活动及顺序关系所建立的活动网络图的最短路径方式，确定对全局有影响的关键活动与关键路径。此方法仅适用于静态系统的分析，不适用于存在迭代任务及反馈信息的过程分析，不能满足现代产品设计过程的知识建模要求。

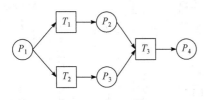

图 9-4　Petri 网络图

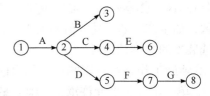

图 9-5　活动网络图

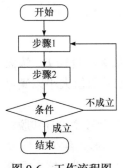

图 9-6　工作流程图

3）工作流方法

工作流是人们对解决问题的方法、思路或算法的一种描述，如图 9-6 所示，箭头表示控制流，矩形表示加工步骤，菱形表示逻辑条件。工作流方法强调设计过程的自动化，该方法支持设计过程的反复和迭代，对设计过程具有良好的监控能力，并支持设计过程的知识模型重用，可形象地描述开发流程。其缺点是缺乏对复杂结构和层次关系的表示，产品设计信息表达不够全面。

本章通过设计过程树的形式来进行设计过程的知识建模与表达，从而指导完成脱粒装置与清选装置的参数匹配设计。

9.3.2　设计过程树

设计实际上是一个在问题域中动态求解的过程，如果将设计过程比作一条曲线，产品原型只是满足特定条件下得到的曲线的终点。对设计过程中所涉及的知识进行建模时可采用自顶向下的设计方法，与设计实例树相对应，可将设计过程分解成一棵设计过程树，如图 9-7 所示。

设计过程由目标、输入参数、知识模型与输出参数四部分组成。

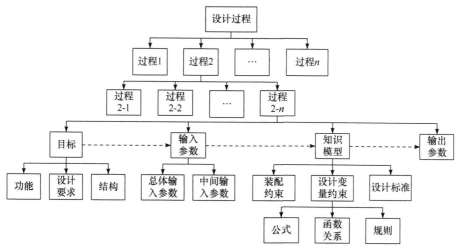

图 9-7　设计过程树

（1）目标。从功能、设计要求和结构三方面来描述设计所要达到的目标，功能即产品相对于整体所能完成的某一具体功能，设计要求即产品所能达到的预期工作指标，结构即该产品的具体组成结构。

（2）输入参数。输入参数由总体输入参数与中间输入参数组成，总体输入参数为影响整个设计过程的总体工作参数，中间输入参数包括影响设计结果的辅助工作参数与其他过程输出的对此过程产生影响的结构参数。

（3）知识模型。与结构参数中的关键尺寸参数、装配尺寸参数与标准系列参数相对应，知识模型中包含设计变量约束、装配约束及设计标准，设计变量约束包括公式、函数关系和规则等，知识模型是过程的执行体，可应用工作流方法将上述零散的知识以工作流程图的形式表现出来，使现有的知识都以标准的模式呈现，用以指导参数匹配设计过程。

（4）输出参数。输出参数即影响产品尺寸大小与装配关系的结构参数和部分工作参数，其取值可以通过知识模型推导，也可以通过在现有的知识库中查询的方式确定。

9.4　实体建模及参数化

9.4.1　知识工程与建模方法

CATIA 知识工程是知识工程和 CAD 软件集成的体现，在 CAD 中引入知识工程，弥补了传统 CAD 软件在知识处理中的不足，促进了知识重用。CATIA 知识工程模块是 CATIA 软件中的主要模块，在基于 CATIA 知识工程的参数化设计过程中，主要应用 CATIA 知识工程模块中的知识工程顾问模块。

建模设计方法主要包括自底向上设计方法和自顶向下设计方法。

（1）自底向上设计方法。自底向上设计方法是由局部到整体的设计方法，常用于传统的设计过程中。采用自底向上设计方法设计产品时，设计者需要先行设计并造型各个零件，然后将各个零件插入装配体中并使用约束命令组装各个零件以生成符合产品设计要求的装配体模型。采用自底向上设计方法设计出的装配体模型中各个零部件之间没有直接的几何及参数关联，因此某个零件出现设计问题或与其他零件产生装配问题时，必须单独设计该零件以使其满足整体设计要求。自底向上设计方法的操作流程简单，易于被设计者理解和接受，但由于缺乏良好的规划和提前的整体考虑，设计者在设计的过程中产生大量重复性的劳作，并且模型的重用性不高。

（2）自顶向下设计方法。自顶向下设计方法是由整体到局部的设计方法。自顶向下设计方法从产品的功能要求出发，需要设计者在产品设计之初对产品做出整体的设计规划。设计者首先应明确产品的功能定义，对其进行分析以确定可实现该产品功能的一系列零部件；然后设计总体结构草图、添加设计参数与约束条件，建立产品的初始模型，初始模型中的各设计参数由设计计算确定；最后根据建立好的总体结构草图对零部件进行详细设计。自顶向下设计方法考虑问题的方式是在装配级别而不仅仅是在零件级别，采用自顶向下设计方法设计出的装配体模型中各个零部件之间通过参数与几何特征相互关联，在发生设计变更时装配体模型中的零部件可以快速做出响应，自动调节其各部分结构以满足整体设计要求，使装配体模型的知识继承性与重用性增强。但自顶向下设计方法的操作流程较为复杂，需要设计者积累丰富的设计知识与设计经验以便更好地控制整个装配体模型，对设计者的专业性要求较高。

在建立复杂产品三维模型时，建模方法的选择是决定建模效率和优劣的重要因素。一般情况下，对于结构复杂且零部件繁多的产品可采用自顶向下设计方法建立其三维装配体模型，对于零部件较少且装配要求较低的产品，可直接使用自底向上设计方法建立其三维装配体模型。另外，还可结合自底向上设计方法与自顶向下设计方法各自的优点建立产品的三维装配体模型，既可增强装配体模型的知识继承性与重用性，又可增强建模过程的可操作性，以方便快捷地建立装配体模型。

9.4.2　CATIA 自顶向下关联设计

关联设计是 CATIA 软件的一大特点，它大大减轻了设计者的设计负担，激活了设计者的主动创新思想。采用自顶向下关联设计方法建立参数化模型时，需要反复利用的设计信息可以保存在一个模型中，这个模型称为设计骨架模型。

CATIA 自顶向下关联设计方法是基于装配环境下的设计方法，它从产品的功能要求出发，需要设计者在产品设计之初对产品做出整体的设计规划。使用自顶向下关联设计方法进行设计需经过如下过程：首先，制定设计总体规划；然后，在 CATIA 中建立完整的结构树；接着，建立详细的设计骨架模型，定义发布信息，并通过 CATIA 关联方式将相应的设计骨架中的信息传递到相应的零部件中；最后，根据建立好的设计骨架模型所提供的设计信息对各部分的零部件进行详细的设计。

自顶向下关联设计流程如图 9-8 所示。

1）顶层基本骨架

以顶层基本骨架为核心的自顶向下关联设计方法的工作原理图如图 9-9 所示。在自顶向下关联设计方法中，需要在产品设计的最初阶段按照产品功能要求设计一个基本骨架，即顶层基本骨架，之后的设计过程都是参照该骨架进行的。顶层基本骨架中包含产品的基本形状与空间位置关系等设计信息，能够反映各个子零部件之间的拓扑关系。在子装

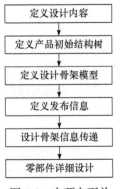

图 9-8　自顶向下关
联设计流程图

配体中同样可以创建顶层基本骨架用以指导该部分的设计内容。

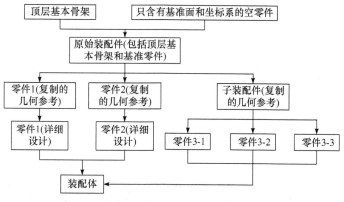

图 9-9 自顶向下关联设计方法的工作原理图

在 CATIA 中创建顶层基本骨架时，一般采用如下步骤：首先，在一个新建的装配体中添加一个.CATPart 文件，并将此文件的零件编号设置为"Skeleton"；然后，使用"修复部件"命令将装配体模型中的"Skeleton".CATPart 文件固定；接着，创建用来定义整个装配的几何参考特征和用户参数，并发布"Skeleton".CATPart 文件中定义的几何信息和用户参数；最后，按照上述方法在每个子装配体中添加一个.CATPart 文件，并将此文件的零件编号设置为"Sub-Skeleton"，"Sub-Skeleton".CATPart 文件中既包括从"Skeleton".CATPart 文件中继承的设计信息，还包括新添加的只适用于此部分设计内容的设计信息。

2）CATIA 发布机制

采用 CATIA 发布机制将设计骨架模型中的几何特征和特征参数等设计信息发布出去，可帮助用户对所创建的外部参考特征进行更好的控制。发布的特征不仅仅在关联设计中所应用，凡是需要用户控制外部参考特征时，都可以考虑使用发布机制。在 CATIA 中通过发布对特征进行标注并命名，可以更方便地在特征树中找到一些特定的特征。当设定"只能借用发布元素"时，发布机制可以预选用作外部参考的元素。可用于发布的元素如表 9-1 所示。

表 9-1 可用于发布的元素

类型	实例
线框元素	点、直线、曲线、平面
实体设计特征	凸台、凹槽、孔
创成式设计特征	拉伸曲面、偏置面
参数，关系	用户参数、公式、表格
几何体	零件几何体

在 CATIA 中发布特征的步骤为：首先激活包含所要发布特征的零件，单击"工具"下的"发布"，弹出"发布"对话框，如图 9-10 所示；然后选择所要发布的特征，将所选择的特征添加到"发布"窗口；最后重新命名发布特征，单击"确认"按钮，发布的特征即显示在结构树中"发布"节点下。

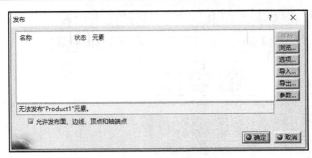

图 9-10 "发布"对话框

3) 设计信息的传递

关联是表示零部件特征参数、几何特征等设计信息之间的依赖关系。在 CATIA 中设计信息是单向传递的，如图 9-11 所示，父元素中的设计信息可传递到子元素中，而子元素中的特征参数、几何特征等设计信息的改变不会对父元素产生影响。在这种模式下可使父元素包含的设计信息在不同环境下实现设计重用。

图 9-11 关联的单向性

在 CATIA 中有五种关联类型：CCP Link、KWE Link、Instance Link、Constraints 和 View Link。

(1) CCP Link。CCP Link 是产品几何特征之间的关联，零件几何体中的几何特征可通过在"选择性粘贴"中选择"与原文档相关联的结果"的方式粘贴到新的零件几何体中，这时就建立起复制几何特征与原几何特征之间的关联关系，当原几何特征改变时复制几何特征随之改变。

(2) KWE Link。KWE Link 是产品特征参数之间的关联，零件几何体中的特征参数可通过在"选择性粘贴"中选择"与原文档相关联的结果"的方式粘贴到新的零件几何体中，这时就建立起复制特征参数与原特征参数之间的关联关系，即可通过改变外部特征参数的方式驱动模型改变参数。

(3) Instance Link。Instance Link 是产品中各零件与总装配体之间的关联，这种关联可以通过在产品中插入零件的方式创建，每一个零件相对于总装配体都具有唯一的零件名称与存放路径，即零件与总装配体之间存在唯一的链接关系，零件名称的改变与存放路径的改变都会破坏这种链接关系。

(4) Constraints。Constraints 是产品中各零件之间的装配关系，这种关联可以通过在零件之间添加装配约束的方式创建，当总装配体中的一个零件被替换时与之相关联的装配约束就会被破坏。

(5) View Link。View Link 是产品中各零部件与其对应二维工程图之间的关联，这种关联可以通过在二维工程图中导入视图的方式创建，当与视图对应的三维模型改变时，单击"更新"按钮，则二维工程图也随即发生改变。

在自顶向下关联设计中主要运用 CCP Link 和 KWE Link 两种关联方式完成设计信息的传递。

4) 零部件详细设计

(1) 系统环境设置。

非混合设计的特点是曲面特征的模型创建只能在几何图形集中进行，实体特征只能在 part 中创建；打开混合设计后在 part 中既可以创建实体特征，又可以创建曲面特征，达到混合设计的目的。在非混合设计中，先在几何图形集中创建一个草图，再在 part 中对此草图进行操作，草图跟着被"复制"到了所创建的命令下，而在混合设计中，草图则不跟着，这就说明非混合设计对命令树的结构有特殊要求。在自顶向下关联设计中选用非混合设计，软件系统环境设置的方式是打开"零件基础结构"选项下的"零件文档"，取消激活"混合设计"中的所有复选框，如图 9-12 所示。CATIA 软件中其他基本设置参见 4.4.1 节中"零件参数化设计"内容。

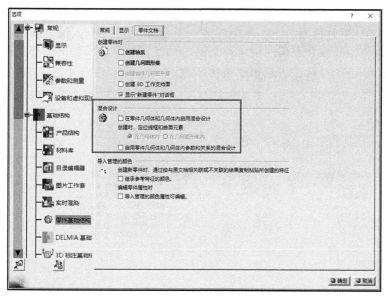

图 9-12　设置"非混合设计"

(2)驱动参数创建。

在 CATIA 软件中包括两种驱动参数，即用户参数与外部参数。用户参数是产品固有的设计参数，建立用户参数与产品几何特征之间的关联，可使参数直接驱动装配体模型改变参数。用户参数的设置方式为打开"工具"选项下的"公式"窗口，新建所需类型的用户参数，如图 9-13 所示。

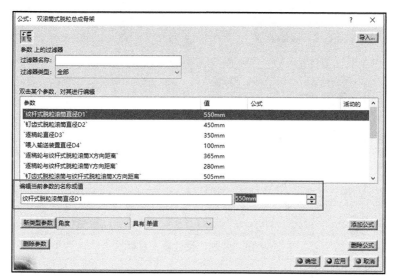

图 9-13　"公式"对话框

外部参数是存在于相关联零部件之间的过渡参数，在用 CATIA 进行参数化建模时，零部件之间的设计信息主要是通过外部参数的形式进行传递的。在自顶向下关联设计中，"Skeleton"中的用户参数就可以以外部参数的形式存在于各子装配体与零件之中，外部参数与其下的几何特征通过公式产生关联，用以驱动各子装配体与零件模型使其结构发生变化。

（3）关联函数设定。

关联函数设定过程即约束条件创建过程，通过关联函数可以驱动参数化模型进行实体变形。单击需要参数化的特征参数，选择"编辑公式"命令，进入"公式编辑器"对话框（图 9-14），单击结构树中已设定的驱动参数即可进行参数添加，建立参数之间的关联。按照此方法将所有特征参数进行约束，即可建立初步的参数化模型。

图 9-14 "公式编辑器"对话框

（4）设计表格创建。

有的模型参数或数据可能十分复杂，除了利用增加参数组或增加关联组的方式来管理，也可利用设计表格的方式进行模型数据的管理，"创建设计表"对话框如图 9-15 所示。

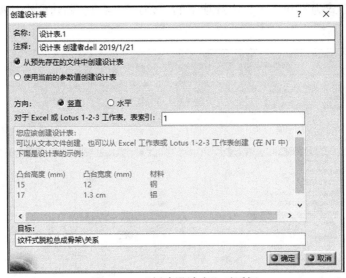

图 9-15 "创建设计表"对话框

设计表格的具体创建方式如下：

① 选择"使用当前的参数值创建设计表"单选按钮，单击"确定"按钮；

② 在"过滤器名称"处选择需要添加入表格的参数，生成 Excel 表格；

③ 在设计表格中进行参数的录入与保存，完成设计表格的制作过程。

（5）循环特征创建。

循环特征是描述操作如何及在何处重复运作的方式，可利用操作、书写和计数的方式来定义。操作方式是指定义操作及需重复几次，而书写方式则是将编程语句加入，计数方式则是利用定义初始值及最终值来运作。例如，钉齿式脱粒滚筒中的钉齿排列在 CATIA 中不能通过常规的"矩阵"命令获得，需要运用循环命令来创建。

其具体创建方式如下：

① 选择"插入"中的"知识工程模板"，单击"用户特征"命令进入"定义用户特征"对话框，创建需要循环的实体特征与特征参数，如图 9-16 所示。

② 创建循环，进入"Loop"对话框，在"Input(s)"中选择创建好的用户特征，依次定义输入项名称"Input Name"、循环所应用的对象"Context"与循环应用次数，并编写执行语句，如图 9-17 所示。

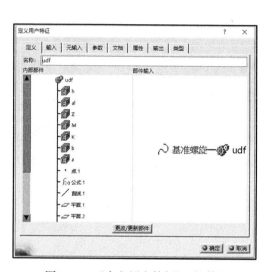

图 9-16　"定义用户特征"对话框

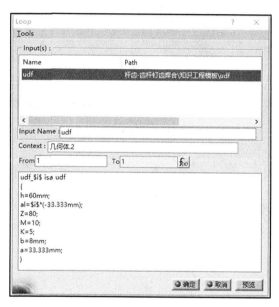

图 9-17　"Loop"对话框

（6）多模型设计。

对于复杂的零件，可按照设计的内容将其分解成多个简单的模型，分别进行设计。通过一定的方法将这些模型组合起来形成一个复杂的模型，这种设计技术就是多模型设计方法。如图 9-18 所示，采用布尔操作，一个复杂的模型可以通过"添加"、"移除"或者"相交"多个简单的几何形状来获得。在工程设计过程中，采用多模型设计技术能够提高模型的柔韧性和健壮性。

图 9-18　"布尔操作"对话框

9.4.3　参数化模型建立

参照脱粒装置与清选装置设计实例树和设计过程树在 CATIA 中建立参数化模型。总成由骨架及子零部件构成，骨架由参数、关系、几何图形集、发布四个基本元素构成。参数即装配体的驱动参数，关系即各参数之间的结构关系，包括公式、表格等，几何图形集容纳所创建的基准轴、基准面、草图轮廓线等，然后将需要发布的驱动参数、基准轴、基准面等通过发布命令发布出去。子装配体继承总装配体内的发布信息，按相同的规则继续建立结构树。在建立好的含有产品骨架和关键零部件的装配体中，完成对应零部件的详细设计。按照此方法建立的脱粒与清选装置参数化模型如图 9-19 所示。

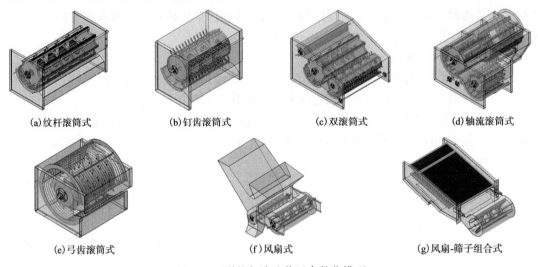

(a)纹杆滚筒式　　　　　(b)钉齿滚筒式　　　　　(c)双滚筒式　　　　　(d)轴流滚筒式

(e)弓齿滚筒式　　　　　(f)风扇式　　　　　(g)风扇-筛子组合式

图 9-19　脱粒与清选装置参数化模型

按照上述方法建立的脱粒滚筒参数化模型如图 9-20 所示。

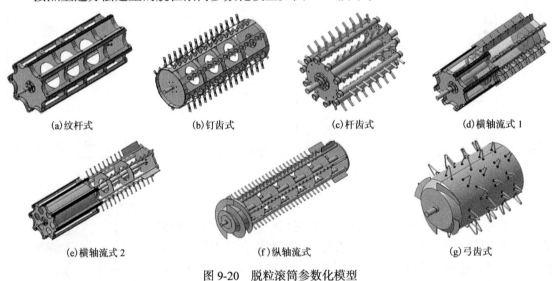

(a)纹杆式　　　　　(b)钉齿式　　　　　(c)杆齿式　　　　　(d)横轴流式 1

(e)横轴流式 2　　　　　(f)纵轴流式　　　　　(g)弓齿式

图 9-20　脱粒滚筒参数化模型

1) 切流滚筒式脱粒装置

(1) 纹杆滚筒式脱粒装置。

纹杆滚筒式脱粒装置设计实例树如图 9-21 所示。

纹杆滚筒式脱粒装置设计过程树如图 9-22 所示。

参照纹杆滚筒式脱粒装置设计过程树在 CATIA 中建立结构树，其结构树拓扑图如图 9-23 所示。

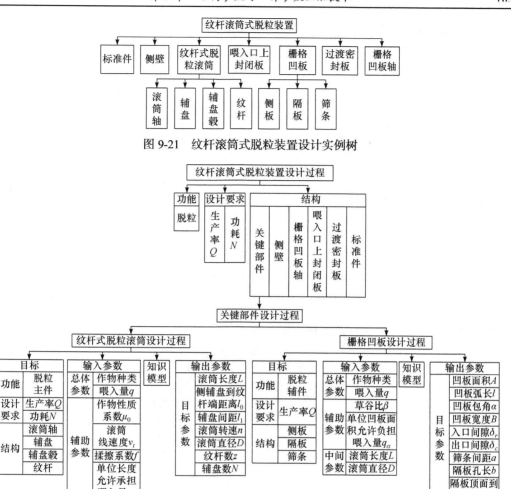

图 9-21　纹杆滚筒式脱粒装置设计实例树

图 9-22　纹杆滚筒式脱粒装置设计过程树

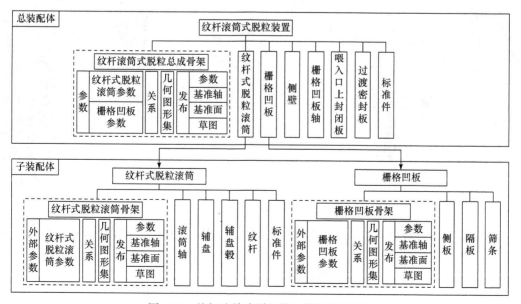

图 9-23　纹杆滚筒式脱粒装置结构树拓扑图

纹杆滚筒式脱粒装置参数化模型如图 9-24 所示。

(2)钉齿滚筒式脱粒装置。

钉齿滚筒式脱粒装置设计实例树如图 9-25 所示。

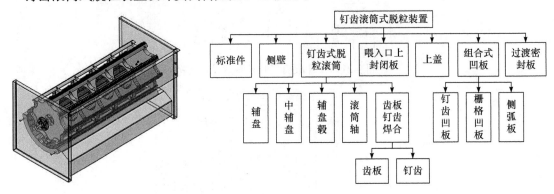

图 9-24　纹杆滚筒式脱粒装置参
　　　　数化模型

图 9-25　钉齿滚筒式脱粒装置设计实例树

钉齿滚筒式脱粒装置设计过程树如图 9-26 所示。

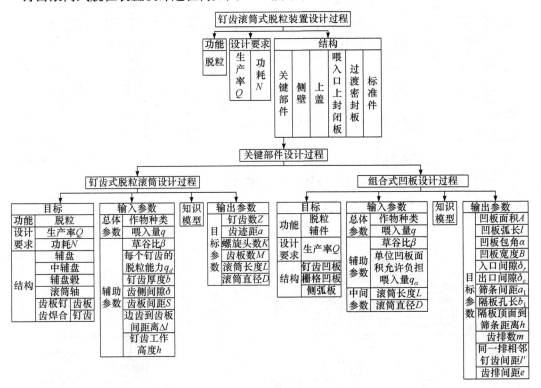

图 9-26　钉齿滚筒式脱粒装置设计过程树

参照钉齿滚筒式脱粒装置设计过程树在 CATIA 中建立结构树,其结构树拓扑图如图 9-27 所示。

钉齿滚筒式脱粒装置参数化模型如图 9-28 所示。

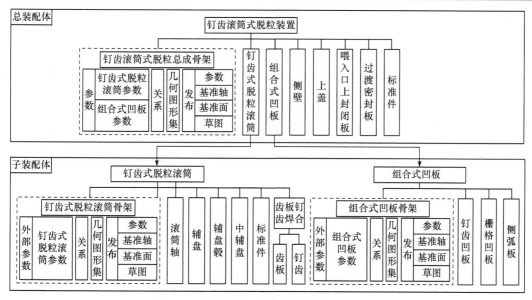

图 9-27　钉齿滚筒式脱粒装置结构树拓扑图

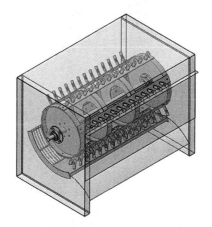

图 9-28　钉齿滚筒式脱粒装置参数化模型

(3)双滚筒式脱粒装置。

双滚筒式脱粒装置设计实例树如图 9-29 所示。

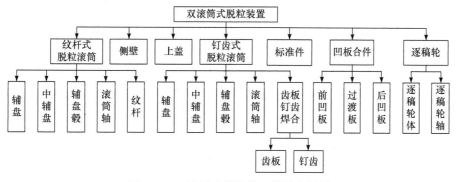

图 9-29　双滚筒式脱粒装置设计实例树

双滚筒式脱粒装置设计过程树如图 9-30 所示。

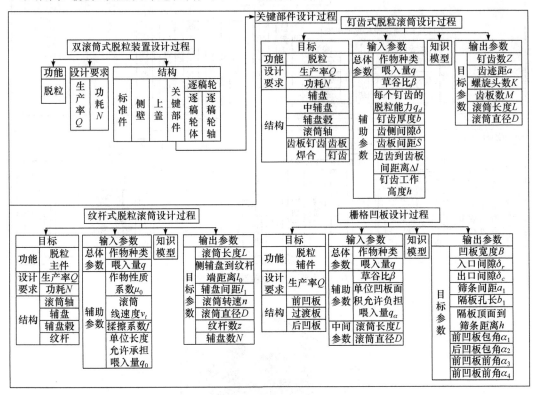

图 9-30　双滚筒式脱粒装置设计过程树

参照双滚筒式脱粒装置设计过程树在 CATIA 中建立结构树，其结构树拓扑图如图 9-31 所示。

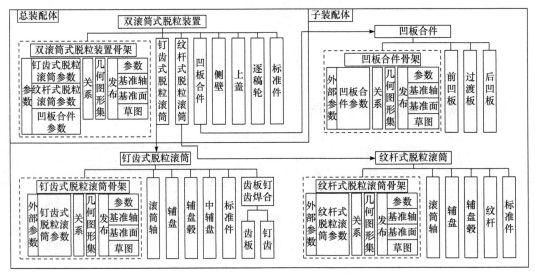

图 9-31　双滚筒式脱粒装置结构树拓扑图

双滚筒式脱粒装置参数化模型如图 9-32 所示。

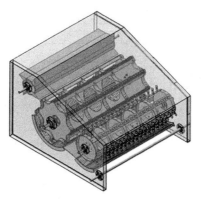

图 9-32　双滚筒式脱粒装置参数化模型

2) 轴流滚筒式脱粒装置

轴流滚筒式脱粒装置包括纵向轴流滚筒式脱粒装置、横向轴流滚筒式脱粒装置与切流轴流组合式脱粒装置。由于切流轴流组合式脱粒装置具有良好的脱粒性能且适应性强,其广泛应用于联合收割机中。

切流轴流组合式脱粒装置设计实例树如图 9-33 所示。

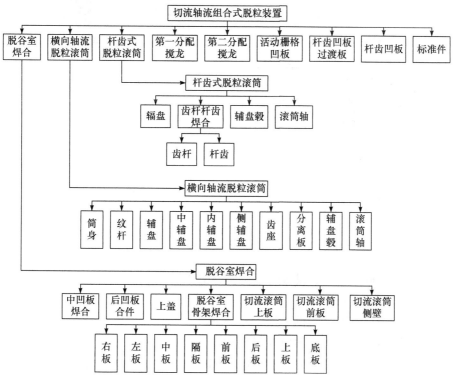

图 9-33　切流轴流组合式脱粒装置设计实例树

切流轴流组合式脱粒装置设计过程树如图 9-34 所示。

参照切流轴流组合式脱粒装置设计过程树在 CATIA 中建立结构树,其结构树拓扑图如图 9-35 所示。

切流轴流组合式脱粒装置参数化模型如图 9-36 所示。

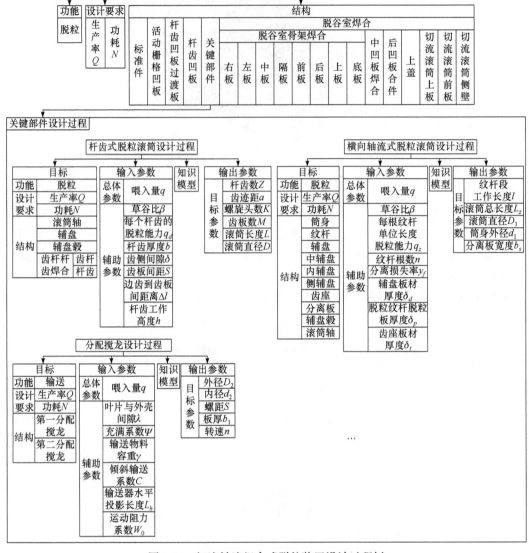

图 9-34　切流轴流组合式脱粒装置设计过程树

切流轴流组合式脱粒装置关键零部件如图 9-37 所示。

3）弓齿滚筒式脱粒装置

弓齿滚筒式脱粒装置设计实例树如图 9-38 所示。

弓齿滚筒式脱粒装置设计过程树如图 9-39 所示。

参照弓齿滚筒式脱粒装置设计过程树在 CATIA 中建立结构树，其结构树拓扑图如图 9-40 所示。

弓齿滚筒式脱粒装置参数化模型如图 9-41 所示。

4）风扇式清选装置

风扇式清选装置设计实例树如图 9-42 所示。

风扇式清选装置设计过程树如图 9-43 所示。

参照风扇式清选装置设计过程树在 CATIA 中建立结构树，其结构树拓扑图如图 9-44 所示。

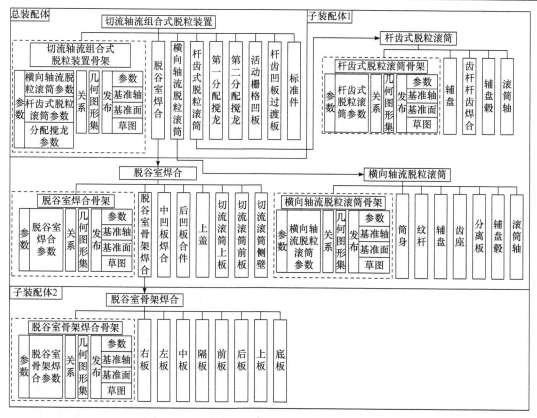

图 9-35　切流轴流组合式脱粒装置结构树拓扑图

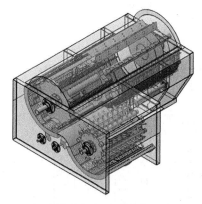

图 9-36　切流轴流组合式脱粒装置参数化模型

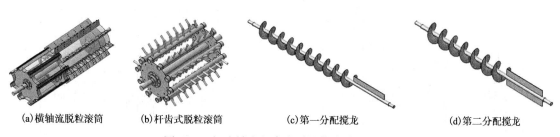

(a)横轴流脱粒滚筒　　　(b)杆齿式脱粒滚筒　　　(c)第一分配搅龙　　　(d)第二分配搅龙

图 9-37　切流轴流组合式脱粒装置关键零部件

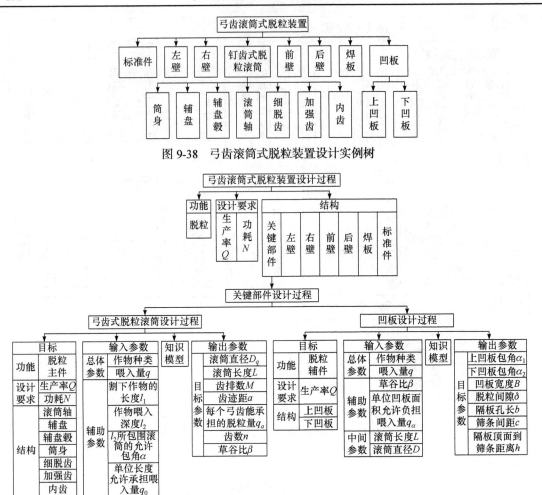

图 9-38　弓齿滚筒式脱粒装置设计实例树

图 9-39　弓齿滚筒式脱粒装置设计过程树

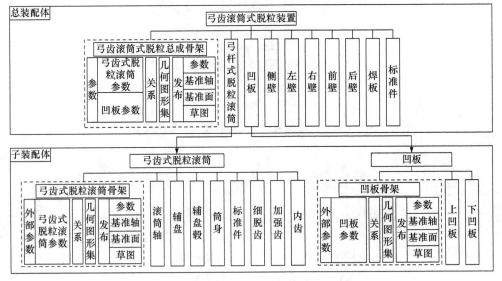

图 9-40　弓齿滚筒式脱粒装置结构树拓扑图

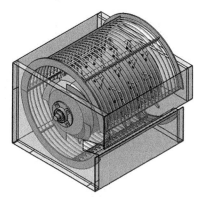

图 9-41 弓齿滚筒式脱粒装置参数化模型

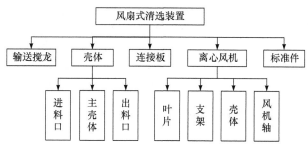

图 9-42 风扇式清选装置设计实例树

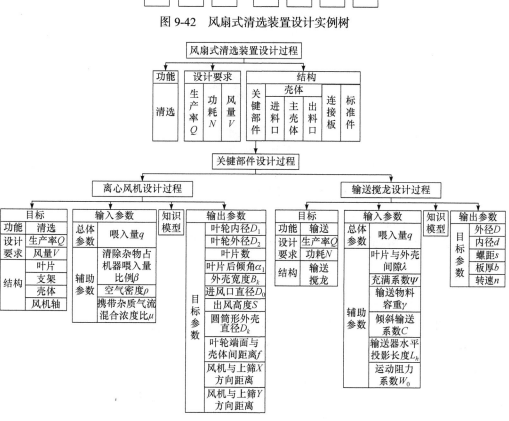

图 9-43 风扇式清选装置设计过程树

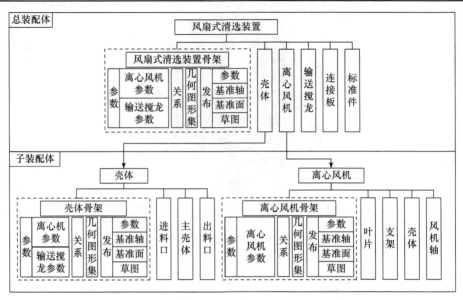

图 9-44　风扇式清选装置结构树拓扑图

风扇式清选装置参数化模型如图 9-45 所示。

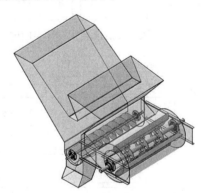

图 9-45　风扇式清选装置参数化模型

5）风扇-筛子组合式清选装置

风扇-筛子组合式清选装置设计实例树如图 9-46 所示。

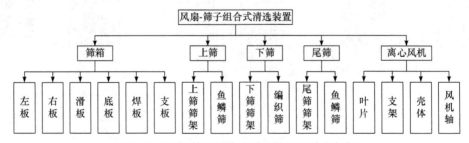

图 9-46　风扇-筛子组合式清选装置设计实例树

风扇-筛子组合式清选装置设计过程树如图 9-47 所示。

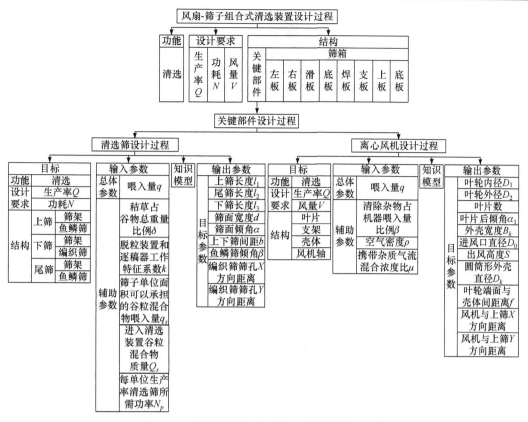

图 9-47　风扇-筛子组合式清选装置设计过程树

参照风扇-筛子组合式清选装置设计过程树在 CATIA 中建立结构树，其结构树拓扑图如图 9-48 所示。

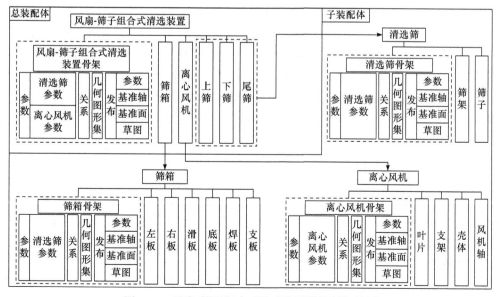

图 9-48　风扇-筛子组合式清选装置结构树拓扑图

风扇-筛子组合式清选装置参数化模型如图 9-49 所示。

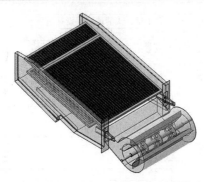

图 9-49　风扇-筛子组合式清选装置参数化模型

风扇-筛子组合式清选装置关键零部件如图 9-50 所示。

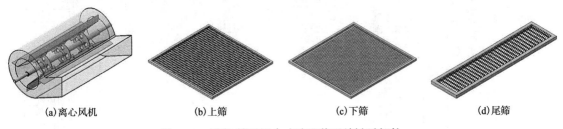

(a)离心风机　　　　　　(b)上筛　　　　　　(c)下筛　　　　　　(d)尾筛

图 9-50　风扇-筛子组合式清选装置关键零部件

9.5　子系统集成与测试

9.5.1　子系统结构

脱粒与清选装置参数匹配系统采用 Visual Studio 2015 集成开发系统和 VB.NET 语言编写，应用于脱粒与清选装置的参数匹配与对应零部件参数化模型的模型驱动。以联合收割机的脱粒与清选装置为研究对象，分析脱粒与清选装置的设计过程，建立设计过程树；运用自顶向下关联设计思想建立零部件参数化模型；利用 CATIA 二次开发技术并通过人机交互界面，实现脱粒与清选装置结构参数和工作参数的匹配，并驱动参数化模型改变参数以得到满足设计要求的产品模型，从而达到提高产品设计效率、增强模型知识继承性与重用性的目的，使之满足系列产品开发的要求。脱粒与清选装置参数匹配系统主界面如图 9-51 所示，通过此界面可进入相应模块。

9.5.2　界面设计

脱粒与清选装置参数匹配系统登录界面如图 9-52 所示，依次在文本框中输入"用户名"、"登录密码"并选择"用户类型"，即可进入脱粒与清选装置参数匹配系统主界面。

脱粒与清选装置参数匹配系统主界面包括三部分，即信息浏览、参数匹配和模型管理。

1)信息浏览界面

选择"脱粒与清选装置参数匹配系统"中的"信息浏览"功能后，进入信息浏览界面，如图 9-53 所示。信息浏览界面包括脱粒装置与清选装置两部分。

图 9-51 脱粒与清选装置参数匹配系统主界面

图 9-52 脱粒与清选装置参数匹配系统登录界面

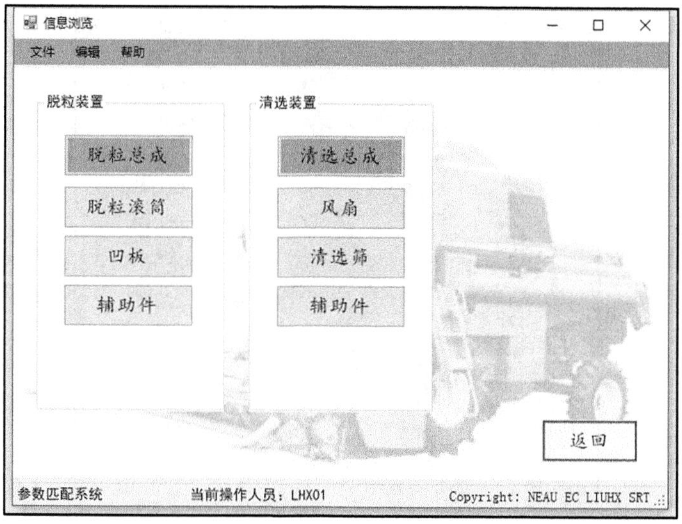

图 9-53 信息浏览界面

单击"脱粒总成"按钮与"清选总成"按钮，即可分别进入脱粒总成界面与清选总成界面，如图 9-54 和图 9-55 所示。通过在单选按钮区域选择脱粒装置与清选装置类型，对滚筒信息进行浏览，包括"图片展示"与"特点及适用范围"；通过"打开模型"按钮可打开对应的装置模型。

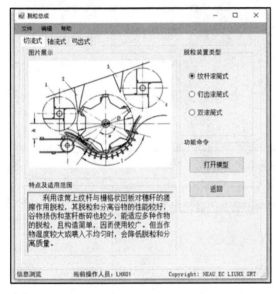

图 9-54　脱粒总成界面

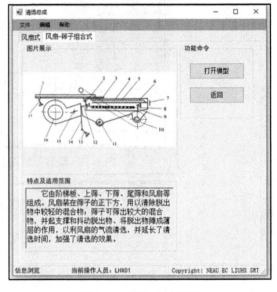

图 9-55　清选总成界面

在"脱粒总成"内单击"脱粒滚筒"按钮，即可进入脱粒滚筒界面，如图 9-56 所示。通过在单选按钮区域选择滚筒类型，对滚筒信息进行浏览，包括"图片展示"与"特点及适用范围"；通过单击"参数化设计"按钮可对选中的滚筒类型进行参数化设计，如图 9-57 所示。

2）参数匹配界面

选择"脱粒与清选装置参数匹配系统"中的"参数匹配"功能后，进入参数匹配界面，如图 9-58 所示。在参数匹配界面中可选择相应的脱粒与清选总成对其进行参数匹配设计。

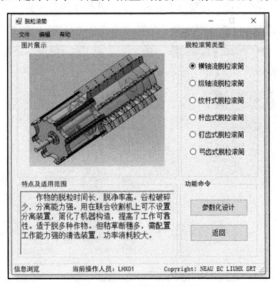

图 9-56　脱粒滚筒界面

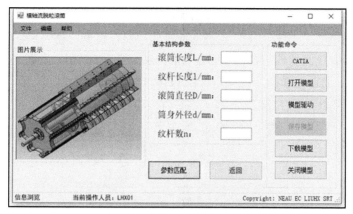

图 9-57 横轴流脱粒滚筒界面

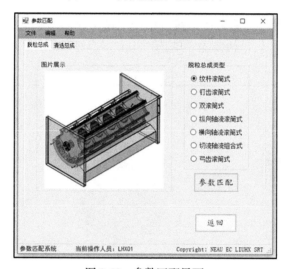

图 9-58 参数匹配界面

例如，在"脱粒总成类型"区域选择"切流轴流组合式"，然后单击"参数匹配"按钮，即可进入切流轴流组合式脱粒总成界面，如图 9-59 所示。

图 9-59 切流轴流组合式脱粒总成界面

在相应总成界面的"工作参数"区域输入设计喂入量 q，在"功能命令"区域依次单击"CATIA"、"打开模型"、"参数匹配"、"模型驱动"、"保存模型"或"下载模型"、"关闭模型"按钮，即可完成相应总成的参数匹配设计。如图 9-60 所示，单击"参数匹配"按钮依次弹出"参数匹配辅助"对话框，辅助完成参数匹配设计过程。

图 9-60　　"参数匹配辅助"对话框

3) 模型管理界面

选择"脱粒与清选装置参数匹配系统"中的"模型管理"功能后，即可进入模型管理界面，如图 9-61 所示。在"目录树浏览"中选择相应零部件名称，然后单击"打开模型"按钮即可打开相应三维模型。

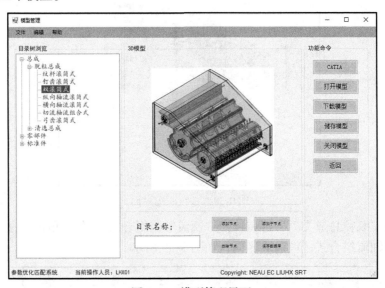

图 9-61　模型管理界面

9.5.3　VB.NET 编程

1) 程序设计

本系统采用 Microsoft Visual Studio 2015 集成开发系统和可视化编程语言 VB.NET 2015 进行编写，根据设计过程树设计程序流程图，并以此为基础编写程序，实现参数匹配过程的程序化，例如，参照纹杆滚筒式脱粒装置设计过程树建立程序流程图，如图 9-62 所示。

2) 参数化模型驱动

在 VB.NET 下对 CATIA 进行二次开发时需要对对象声明。如图 9-63 所示，在 Visual Studio 2015 集成开发系统中单击"项目"下的"添加引用"，在"添加引用"中选择 CATIA V5 PartInterfaces Object Library、CATIA V5 MecModInterfaces Object Library、CATIA V5 GSMInterfaces Object Library、CATIA V5 ProductStructureInterfaces Object Library，上述引用

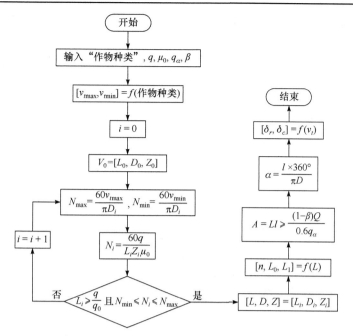

图 9-62　纹杆滚筒式脱粒装置设计程序流程图

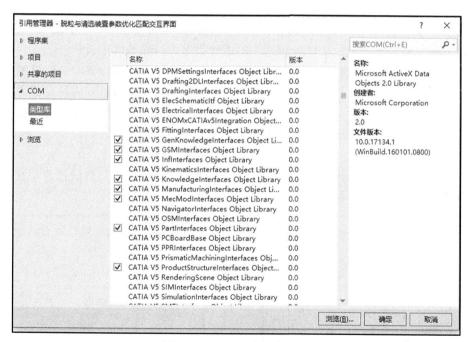

图 9-63　CATIA 类型库引用

包含零件设计、装配设计等基本模块，如果需要在其他模块中操作，可按需求添加更多类型库。

使用 VB.NET 编程前应在代码最前面加上 Imports 语句，其部分语句代码如下：

```
Imports ProductStructuerTypeLib
Imports MECMOD
Imports PARTITF
Imports HybridShapeTypeLib
```

采用进程外编程访问 CATIA 并打开装配体模型，其代码分别参见 2.6.3 节"语义相似度计算"和 3.5.1 节"连接 CATIA"。

参数确定后，可通过交互界面中的命令按钮驱动模型改变参数。实现驱动的关键程序代码如下：

```
CATIA = CreateObject("CATIA.Application")
Dim productDocument1 As INFITF.Document
productDocument1 = CATIA.ActiveDocument
Dim product1 As Product
product1 = productDocument1.Product
Dim products1 As Products
products1 = product1.Products
Dim product2 As Product
product2 = products1.Item("Part name")
Dim parameters1 As KnowledgewareTypeLib.Parameters
parameters1 = product2.Parameters
parameters1.Item("Parameter name").Value = Val(TextBox1.Text)
......
product1.Update()
```

9.5.4 实例分析

单击主界面下的"信息浏览"按钮对相应信息进行浏览，如图 9-64 所示。通过单击脱粒滚筒界面下的"参数化设计"按钮可对选中的滚筒类型进行参数匹配设计。

单击主界面下的"参数匹配"按钮进入相应的总成参数匹配设计界面，参见图 9-58。下面以纹杆式脱粒总成为例，介绍其具体系统操作过程。通过操作纹杆式脱粒总成界面中的四个主要步骤即可完成纹杆滚筒式脱粒总成参数匹配设计，其"功能命令"依次为"打开模型"、"参数匹配"、"模型驱动""保存模型/下载模型"和关闭模型。

1）打开模型

单击"打开 CATIA"按钮进入 CATIA 界面，单击"打开模型"按钮打开"纹杆式脱粒总成"参数化模型，如图 9-65 所示。

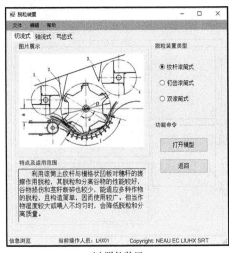

(a) 脱粒装置

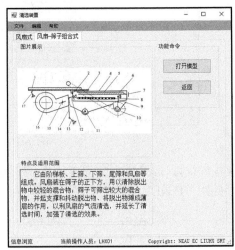

(b) 清选装置

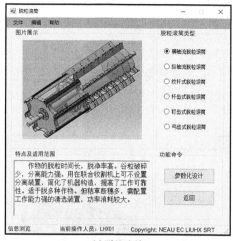

(c)脱粒滚筒

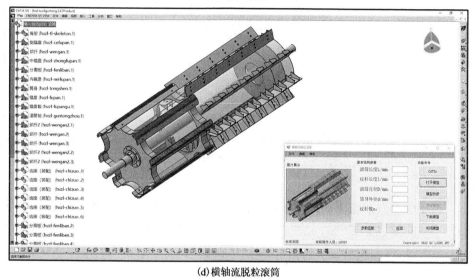

(d)横轴流脱粒滚筒

图 9-64　信息浏览

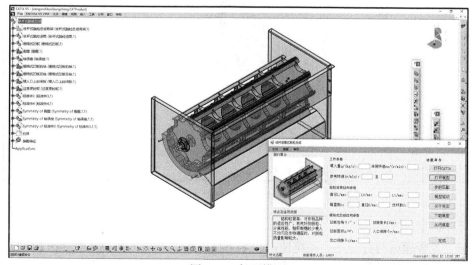

图 9-65　打开模型

2) 参数匹配

单击"参数匹配"按钮依次弹出"作物种类"、"喂入量"、"滚筒单位长度允许承担的喂入量"、"作物性质系数"、"草谷比"、"入口间隙"和"出口间隙"对话框，如图 9-66 所示。将所需参数依次填入对话框中并单击"确定"按钮。所得参数依次显示在"工作参数"、"脱粒滚筒结构参数"和"栅格式凹板结构参数"分组框中。各弹出对话框中对应参数均设默认值，用户可按需求修改。

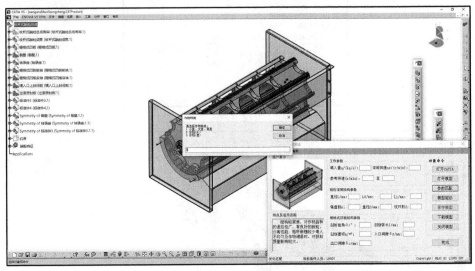

图 9-66　参数匹配

3) 模型驱动

单击"模型驱动"按钮驱动模型按照所得参数对相应参数进行修改，如图 9-67 所示。

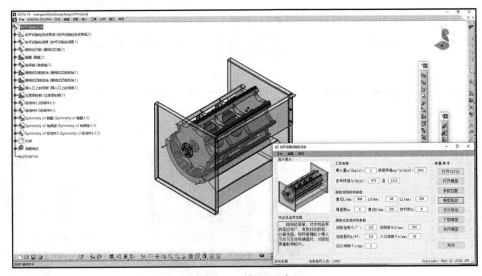

图 9-67　模型驱动

4) 保存模型/下载模型

系统设置管理员与普通用户系统使用权限不同，即管理员既可以下载.stp 模型，又可以更改并保存系统内置参数化模型，而普通用户只可下载.stp 模型。单击"下载模型"按钮弹出"文件另存为"对话框，如图 9-68 所示，依次输入"文件名称"和"文件保存路径"，单击"确定"按钮即可生成相应的.stp 模型；单击"打开文件夹"按钮，可查看已生成的.stp 模型；单击"返回"按钮可关闭"文件另存为"对话框。

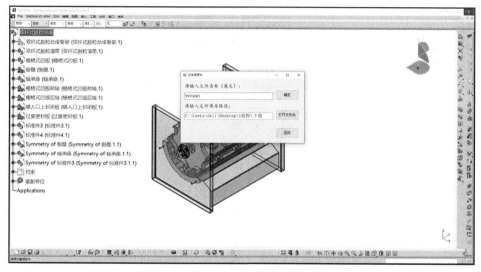

图 9-68　下载模型

5）关闭模型

单击"关闭模型"按钮关闭当前界面下的参数化模型；单击"完成"按钮返回"参数匹配"界面。虚拟驱动前后的结构对比如图 9-69 所示。

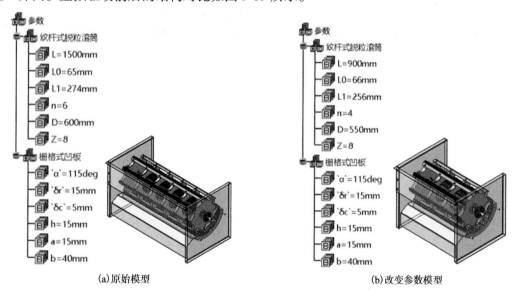

(a)原始模型　　　　　　　　　　　　　(b)改变参数模型

图 9-69　纹杆式脱粒总成模型驱动变化对比

单击主界面下的"模型管理"按钮可查看相应模型，如图 9-70 所示。

脱粒与清选装置在设计过程中所涉及的参数可分为工作参数与结构参数，工作参数包括总体工作参数与辅助工作参数，结构参数包括关键尺寸参数、装配尺寸参数以及标准系列参数。设计过程树包括目标、输入参数、知识模型与输出参数四方面内容。设计过程树可对设

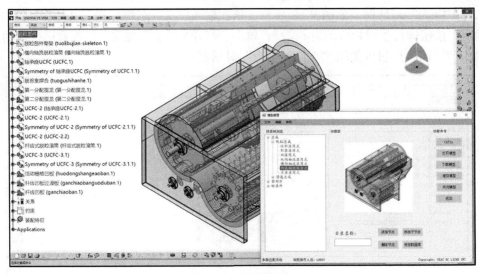

图 9-70　模型管理

计过程中所涉及的知识进行全面表达，对整个设计过程进行清晰的描述，可引导设计者完成脱粒与清选装置参数匹配设计过程。CATIA 自顶向下关联设计建模方法的设计步骤为建立初始结构树、建立骨架模型、定义发布信息、骨架信息传递和零部件详细设计。CATIA 自顶向下关联设计建模方法能够清晰地表达各零部件与总装配体之间的关系，通过可灵活变更与发展的顶层基本骨架来控制整个模型的总体结构，达到了增强模型知识继承性与重用性的目的。脱粒与清选装置参数匹配系统由信息浏览、参数匹配和模型管理三部分组成。系统测试结果表明，脱粒与清选装置参数匹配系统可实现脱粒与清选装置结构参数和工作参数的合理匹配，并驱动参数化模型改变参数以得到满足设计要求的产品模型，提高了脱粒与清选装置的设计效率，可使脱粒与清选装置满足系列产品开发的要求。

第10章 PDM系统

10.1 概　　述

软件开发模型是从软件开发到升级维护的全过程和活动的框架，包括项目需求收集、分析、编码设计、软件测试、项目维护和升级的软件全生命周期过程。软件开发模型的设计能直接、清晰地描述项目的开发过程，制定任务和开发准则。常见的项目周期模型有快速原型模型、螺旋模型、瀑布模型、V形模型等，此处采用倒V形模型，如图10-1所示。

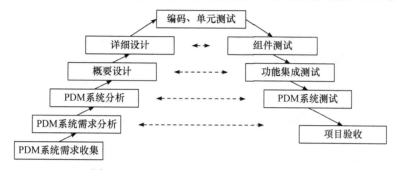

图 10-1　PDM 系统软件生命周期开发模型

在倒 V 形模型中，左侧的设计活动和右侧的设计活动相互对应，右侧的系统开发输出能通过左侧的输入条件得到，形成一个完整的系统开发生命周期过程。

项目的组织构造主要取决于系统开发过程中每一个设计阶段的参与者和开发类型来创建系统开发人员模型。根据系统的开发过程，每一个成员有不同的分工，主要体现在 PDM 系统需求收集阶段，调查用户需求和操作环境，论证项目可行性；在 PDM 系统需求分析阶段，制定项目初步方案，确认系统运行环境，建立系统逻辑模型，确认系统功能和性能需求，编制需求规格说明书、用户手册、测试计划，确定项目开发计划；在 PDM 系统分析阶段，分析系统架构，建立系统的总体结构，划分功能模块；在详细设计阶段，划分概念模型，设计各个模块的具体实现算法，确定模块之间的详细接口，制订模块测试方案，并编写程序源代码，用于模块测试的设计和调试，编写用户手册；在组件测试阶段，执行组件测试计划，编写组件测试报告；集成测试阶段，执行集成测试计划，撰写集成测试报告。在 PDM 系统测试阶段，对整个软件系统进行测试，并根据用户手册对整个系统进行测试；在项目验收阶段，与用户或第三方进行验收测试，并编制开发总结报告；在项目升级和维护阶段，进行修改以纠正错误和改进应用，通过配置管理修改，编写故障报告和修改报告，修订用户手册。

PDM 系统开发模型和人员角色参与模型如图 10-2 所示，不同阶段的分工是有区别的，对于系统开发，前四个阶段是需求提出来的分析阶段，随后主要由程序员和测试人员参与。开发人员是整个产品的主要实施者，测试人员是产品的质量保证者，项目经理是产品开发过程的管理者，他们共同保证高效、低成本地开发出满足需求的 PDM 系统。

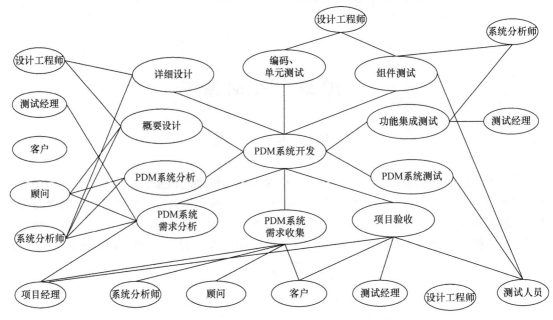

图 10-2　PDM 系统开发模型和人员角色参与模型

10.2　系统架构分析与设计

10.2.1　系统需求分析

按照 PDM 系统在传统机械行业中的系统开发模式，在开发过程主要分为界面层、核心层、功能层和系统层，如图 10-3 所示。界面层面向用户，提供可视化操作界面；核心层为产品设计管理、产品工艺管理、配置管理实现与接口层的交互；功能层依托数据管理系统实现产品数据管理；系统层依托通信系统实现内部通信和数据传送。

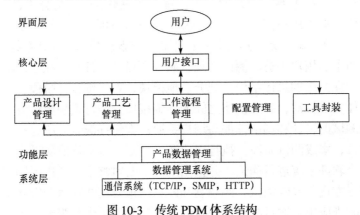

图 10-3　传统 PDM 体系结构

1)共性功能需求

针对传统的 PDM 系统开发模式，根据课题组现有的二次开发软件集和联合收割机设计模式，在满足传统功能的基础上，构建 PDM 系统支持联合收割机智能化设计的个性化功能，共性功能需求主要包含以下几个方面。

（1）图文管理。文档管理是 PDM 系统最重要、最核心的需求。由传统的手工制图工作到大量技术的 CAX 应用，工程设计图纸文件也从传统的纸质图纸文件转变为电子文档，这使企业电子文档呈现出爆炸式增长，文档版本变更、管理、重用、共享、查阅和检索等工作变得烦琐而困难。在产品数据管理方面，图文管理负责文档的全生命周期管理，如文件录入、存储、查询、搜索等，同时为用户提供文档版本更改、审批、权限设置等功能，实现安全管理依赖于权限的限制和电子签名技术。

（2）产品结构管理。产品结构体现零部件间的关系。通过对产品结构的管理，企业能够有效地管理产品从设计到分析生命周期过程中输出的所有数据，包括技术文档和工程生产数据。在 PDM 系统实际执行中，需提供产品组织配置的预览以及查询等功能。零部件的基本信息和状态需作为 PDM 系统的基础数据源进行存储，在实际应用过程中要能够追踪到已投入使用的零部件基础数据信息和所处的状态等。

（3）数据集成。随着 CAX 技术在企业中的广泛应用，产品在设计和生产过程中会输出大量的电子数据，其易于修改、安全性高。为使电子数据在公司各部门之间快速迁移，公司的各种信息应用系统应该都能完成电子数据的集成。电子数据的集成实际上就是输出数据系统的集成，使各种系统可以共享源数据信息与保持输出数据的一致性。

（4）用户权限管理。通过管理员对不同操作人员赋予不同的操作权限，设计人员只能进行设计人员操作，普通用户则无更改文档、保存模型等权力。依赖于实际设计需求，管理员调整权限分配，进行动态授权、自主授权，并决定权限的正常使用或者停用。

2）个性化功能需求

由于现有的 PDM 系统侧重于在设计过程中的数据管理，而对智能化设计的支撑程度不高。构建可支持联合收割机智能化 PDM 系统，需要在满足共性需求下，进行个性化功能需求单独开发，以联合收割机的设计和分析为例，个性化功能需求主要体现在以下几个方面。

（1）数据推理机制。应用适当的知识表示方法，有效地表达联合收割机整机、零部件的设计知识，并形成知识推理机制，通过推理机将设计知识推送至参数化模型设计库中，依赖于数据库底层支撑技术，完成模型的定制化需求。

（2）快速变型设计。传统的 PDM 系统仅局限于对于设计知识和数字模型的管理，设计知识与三维模型间的关联性并不强，设计知识不能支撑模型的定制化设计。在可支持联合收割机智能化设计的 PDM 系统中，模型采用 Skeleton Design（骨架设计）的方式进行模型创建，将模型变型中的关键尺寸信息发布，通过推理机得到的设计数据，完成模型快速变型设计。

（3）模型信息标识。不同企业间采用的联合收割机模型信息标识规则不同，在企业模型信息升级更新、数据迁移过程中，极易因不同的信息标识规则，查询不到对应的知识或者模型。这就需要一个统一、规范的信息标识规则，用于企业上下游之间或者企业间的数据交互。

（4）异构数据统一。可支持联合收割机智能化 PDM 设计系统的子功能模块采用并行式开发方式。由于农机装备设计本身涉及多学科、跨地域团队，各子功能模块在数据交流和多源异构数据管理方面产生问题。异构数据统一针对联合收割机模型信息存储，在模型库中存储标准化的数字模型，以满足设计者各设计阶段的设计需求。对于来源不同的机械软件的数据模型资源，将其管理为统一的、标准的数字模型格式。

10.2.2　系统架构分析

可支持联合收割机智能化设计的 PDM 系统采用分布式架构的方法，将各个模块分离开发并最早集成，这样既能发挥各子功能模块的性能，也能确保系统的整体性。分布式框架为可支持联合收割机智能化设计提供了一个集成化设计平台，将所有子功能模块封装并提供相应的接口，同时与同源数据交互，实现 PDM 系统子模块间的设计信息交互。

可支持联合收割机智能化设计的 PDM 系统分布式架构如图 10-4 所示，一共分为 4 层：用户界面层，用于用户直接对系统进行操作；应用工具层，用于智能化设计平台接口集成，包括软件建模工具、交互式运动仿真、交互式工程分析等，利用预留接口集成二次开发工具集，并通过用户界面层向用户提供操作；对象管理层，用于对在开发过程中的工作流程和联合收割机设计数据进行管理，利用标准软件接口方式将与联合收割机设计相关的功能封装进行集成并建立联合收割机项目管理、任务管理、消息管理等；支撑环境层为电子仓库、网络系统、计算机硬件等提供数据支撑，通过电子仓库提供的数据操作功能对底层数据提供支持，包括联合收割机知识库、模型库等，确保数据的一致性、完整性和连续性。

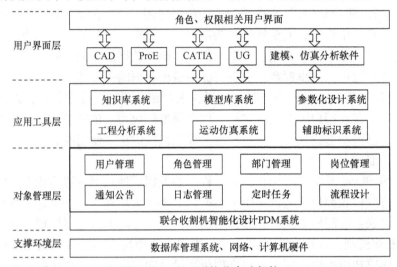

图 10-4　PDM 系统分布式架构

（1）支撑平台层：主要是异构分布的计算机硬件环境、操作系统、网络与通信协议、数据库、中间件等支撑环境。底层数据库一般都采用 Oracle、SQL Sever 等大型成熟的商业化关系型数据库，尤其是 Oracle 是很多 PDM 系统的首选或独选数据库。例如，存、取、删、改、查等，它们是 PDM 系统的支撑平台。支撑平台层包括支持 PDM 系统运行所需的网络通信协议、数据库管理维护平台、操作系统平台以及运行 PDM 系统所需的工作环境。PDM 系统需要支持网络协议，如 TCP/IP 协议等。该层主要负责由系统经过网络通信协议向服务器或者数据库发送请求，并将请求的数据合理地转发给自己或者其他用户。由于 PDM 系统需存储和管理大量的数据，数据库需具有良好的性能，一般使用 DB2、Oracle、Sybase 这样的关系型数据库，操作系统方面支持应用最广泛的 Windows 平台。

（2）核心框架层：PDM 系统的对象管理框架可以屏蔽异构操作系统、网络和数据库，因此用户在使用 PDM 系统功能时，能实现对数据的透明化操作、应用的透明化调用和过程的透明化管理等，该层是实现 PDM 功能的核心架构。该层的功能是通过调用组件层单元来完成指定的系统任务的功能单元集合，为用户提供系统工具层次的服务。

（3）功能层：PDM 提供了系统管理、电子仓库和文档管理、产品结构和配置管理、零部件分类和检索、工作流程管理、集成工具、项目管理等功能。高内聚的功能集合，为应用工具层的实现提供服务，该层集合了 PDM 所有功能组件模型。

（4）用户界面层：PDM 提供了图视化浏览器、对话框、菜单等图视化用户界面，使用户能便捷地完成对整个系统中对象的操作，它位于 PDM 系统的顶层，用户可通过该层实现 PDM 的各种功能，向用户提供客户端或者 Web 页的交互式访问界面，以及根据用户的权限加载可操作的图示化界面。用户界面层可为用户直观地展现系统的功能，也是用户进行与系统交互的核心层，处于系统架构的最顶层。

分布式架构使得联合收割机智能化设计 PDM 系统具备以下特点。

（1）分布性：表现为各模块处于整个系统的单元系统中，以子模块元素的方式加入系统中，成为 PDM 系统的一部分。整个系统以数据管理为基础，系统中子模块产生的数据通过数据接口存储到电子仓库，各模块间以电子仓库中的数据为基础实现资源共享。

（2）可扩展性：表现为可方便地进行功能模块的新增或移除，提供代码和模块间良好的可扩展性。分布式模块化的设计过程，可提高子模块的复用性、降低模块间的耦合性，在稳定接口的条件下，内部结构可以根据设计需求进行灵活调整与部署。

（3）集成性：表现为 PDM 系统将各子模块以分布式的方式进行模块化设计，包括产品数据的集成、设计过程的集成、应用集成等。另外，也要满足各个子模块之间的数据集成，保证设计数据传输，完成最终设计。

（4）敏捷性：表现为便于快速响应的功能发展，当子模块出现更新版本或者新开发子模块时，仅通过改变原子模块部分即可完成版本更新或者扩展。

10.2.3　开发方式与技术

1）模块化设计方案

可支持联合收割机智能化设计的 PDM 系统在联合收割机设计的整个生命周期中包括多个设计功能模块。在 PDM 系统内部，各子功能模块相互独立，同时应保证模块间保持较强的相关性，因此需确保子功能模块分解程度适中。为实现 PDM 系统程序的标准化和规范化，每一个设计功能模块都需要独立开发并进行程序封装，使功能模块能够向 PDM 系统架构上集成，子功能模块的关键代码与核心技术被完全封装，不允许外部访问，但是提供了对外的接口方式。

PDM 系统包含以下功能模块：零件设计、知识工程、装配设计、参数化设计、运动仿真、工程分析、辅助标识。这些功能模块分为两大类，一类是需借助集成到系统中的 CATIA 的工作台，包括零件设计、装配设计、运动仿真、工程分析、知识工程等，另一类是二次开发 CAX 工具集，包括知识库系统、模型库系统、参数化设计系统、交互式运动仿真系统、交互式工程分析系统、辅助标识系统。鉴于各功能模块的构成不同，将第一类直接封装在 PDM 系统页面中，而 CAX 工具集则以动态链接库方式进行封装并挂接到主系统上，以最大限度地实现各功能模块之间的信息交互与关联，并提供访问各子功能模块的接口。需要封装的各功能模块如图 10-5 所示。

模块化的设计模式与封装除了可以保护系统的核心关键技术，还可以满足程序重用性，提高程序重用率和软件开发效率、减少开发人员工作量。

2）C/S 与 B/S 结合开发方式

可支持联合收割机子功能模块的知识库系统、模型库系统、参数化设计系统、交互式运动仿真系统、交互式工程分析系统和辅助标识系统在集成过程中采用 C/S 架构（client/server

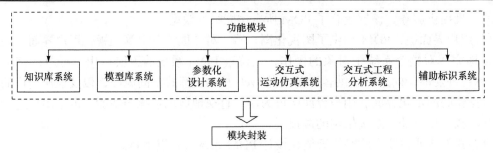

图 10-5　各功能模块封装

structs，客户机和/服务器结构)集成。目前软件的 C/S 架构技术应用已经很成熟，其主要特点是交互性较强、响应速度快、可即时处理大量数据。客户端部分应负责绝大部分的业务逻辑和界面展示，并应充分利用硬件设备。但是用户群固定，由于程序需要安装才可投入使用，因此不适合面向一些不可知的用户，适用面有限，通常用于局域网中。

B/S 架构(browser/server structs，浏览器/服务器架构)开发方式是目前应用系统的发展方向。B/S 架构伴随着 Internet 技术的发展，是对 C/S 架构的改进，区别于传统的 C/S 架构，在这种结构下，通过浏览器即可进入工作台界面，极少部分业务逻辑呈现在前端，这样使得客户端计算机的负荷大大简化，将业务逻辑转至服务器实现。其主要特点是分布性较强、维护方便、开发简单且共享性强，但存在数据安全性问题、对服务器的处理运算要求高、数据传输慢，难以满足传统模式下及时处理的要求。

结合 C/S 架构和 B/S 架构开发的优点，C/S 客户端能充分发挥出客户端计算机的数据处理能力，即完成数据的快速响应、模型的快速变型、模型的快速分析等设计工作。在客户端处理完设计工作后，提交至服务器，即可完成设计工作。而 B/S 架构的分布性较强，无须客户端维护，只需要网络、浏览器，就可以随时随地进行查询、浏览等业务处理。因此，选用 C/S 架构作为可支持联合收割机智能化设计的 PDM 系统集成二次开发工具集与专业系统软件的开发方式，而选用 B/S 架构作为 PDM 系统的消息管理、人员管理等数据管理模块的开发方式。两种开发方式相辅相成，以提高设计效率为目标，数据接口与开发方式如图 10-6 所示。

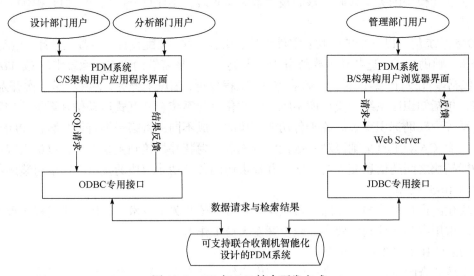

图 10-6　C/S 与 B/S 结合开发方式

10.3　项目与任务管理

工作流与过程管理主要是对产品开发过程和工程更改过程中的所有事件和活动进行定义、执行、跟踪和监控，由工作流模板定义工具、执行工作流的工作流、工作流监控和管理工具等组成。使用图形化工作流设计工具，根据过程重组后的企业业务过程定义工作流模板；将工作流模板实例化，并提交工作流机执行；使用工作流监控和管理工具跟踪分析工作流的执行情况。

PDM 系统的工作流管理与通用的工作流管理几乎完全一致，但 PDM 系统中的工作流管理更强调对数据和文档生命周期的管理，数据的生成、审核、发布、变更、归档等都是通过工作流实现的，有些工作流就是专门用于跟踪和维护数据的。

此外，充分利用工作流和过程管理提供的辅助管理功能(如触发、警告、提醒机制、电子邮件接口等)，可以提高工作流和整个设计过程的管理效率，改善管理质量。

10.3.1　开发技术

联合收割机智能化设计 PDM 系统的设计模块使用相同的源数据，每个模块都封装成高内聚低耦合的形式，但是设计模块之间没有有效的信息共享链，存在信息孤岛现象，很难为设计模块的综合决策提供及时、准确的信息，影响设计效率。因此，建立相应的设计流程管理模块，通过建立角色管理、部门管理、消息管理、权限管理、任务管理等模块来部署设计任务，加强设计模块的数据交互。

在 Java-Web 的传统开发中，设计流程管理模块采用单一应用的开发原则，如图 10-7 所示。前端采用 Java 服务器页面的方式，代码不是由后端开发人员独立完成的。这个过程需要前端开发人员编写超文本标记语言(hyper text markup language，HTML)页面，将其交付给后端开发人员，并将其转换为 JSPr 格式。所有请求都作为控制者发送到 Servlet，控制者接受请求并根据请求信息将其分发到相应的 JSP。客户端请求通过网络访问服务器，此时控制器接收到请求并将其发送到相应的 JSP，以便根据请求信息做出响应。JSP 和 Java Serve 在控制层互相通话。JSP 访问 Java Serve 数据并分析 JSP 的数据。这种开发模式在程序开发中具有很高的复杂性。随着设计模块的不断迭代，项目模块和代码会不断增加，容易因一次变更而影响整体，增加软件开发和测试的工作量。

联合收割机智能化设计 PDM 系统的设计流程管理模块采用前后端分离的方式进行开发，即将应用前端和后端代码分开写。前端独立编写客户端代码，即 PDM 用户交互部分；后端独立编写服务端代码，并提供相应的数据接口，即 PDM 逻辑代码处理和数据库。联合收割机智能化设计 PDM 系统前端通过 Ajx 请求访问数据接口，将 Model 展示到 View 中。项目开发过程中，前后端开发者只需约定接口文档(URL，参数、数据类型)就可完成开发。前端页面测试过程可采用模拟数据进行测试，完全不用依赖于后端，完成开发后最终将前后端集成，真正地实现前后端的解耦合，降低程序的依赖关系，提高项目开发效率。前后端分离技术实质上就是将一个单体应用拆分为两个独立应用，前后端多以.json 格式进行数据交互。

PDM 系统设计流程管理模块的前端应用负责展示在设计过程中产生的数据和用户交互部分，后端应用负责提供与管理相关的数据和处理接口。PDM 系统设计流程管理模块客户端部分通过 Localhost：8080 端口访问前端应用，再由系统前端应用通过另一个端口 Localhost：8081 以 Ajx（）访问 PDM 系统后端应用，Java Server 以 Json（）格式响应返回，解析到 PDM 系统前端。PDM 系统前后端分离开发原理图如图 10-8 所示。

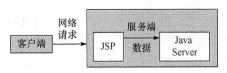

图 10-7　传统单体应用开发原理图

图 10-8　PDM 系统前后端分离开发原理图

10.3.2　接口设计

联合收割机智能化设计 PDM 系统设计流程管理模块基于经典技术组合前端（VUE、Element UI）和后端（Spring Boot、Spring Security、MyBatis）分离开发模式，可以有效地对设计模块产生的流程数据进行管理，高效地实现各个模块间的信息沟通，打破设计模块间的信息孤岛。

Vue 采用自底向上的增量开发形式，极易与其他模块整合，通过简单的 API 即可实现设计中产生的管理数据绑定和用户层的视图展示，注册组件内容为

```
<template>
  <count-to :startVal='startVal' :endVal='endVal' :duration='3000'></count-to>
</template>
```

Element UI 组件配合 Vue 使用，用于部署设计流程管理模块中表单、界面设计等。首先需要将组件库完整引入，内容如下：

```
import ElementUI from 'element-ui'
import 'element-ui/lib/theme-chalk/index.css'
Vue.use(ElementUI,)
```

Spring Boot 框架是一款开箱即用框架，能为联合收割机智能化设计 PDM 系统设计流程管理模块提供各种默认配置来简化项目配置，程序运行时，执行 main 函数即可，同样可以打包设计流程管理模块应用为 jar 并通过使用 Java-jar 来运行 Web 应用。设计流程管理模块遵循着"约定优先于配置"的原则，使用 Spring Boot 框架只需很少的配置，很多时候直接使用默认的配置即可，节约了大量的开发时间。采用 Spring Boot 框架使得设计流程管理模块编码变得简单；快速构建项目并实现功能配置；由于自身内嵌的 Tomcat、Jetty 等 Web 容器，无须以传统 war 包形式部署项目。通过 idea 的 Springboot initialization 可直接完成项目创建。

Spring Security 是一个能够为基于 Spring 的企业级应用系统提供声明式的安全访问的控制解决方案的安全框架，可与 Spring Boot 框架实现无缝集成。设计流程管理模块安全性的两个区域是"Authentication（认证）"和"Authorization（授权）"。Authentication 指的是验证参与设计的人员是否是后台系统中的合法主体，即该用户能否访问该系统。Authorization 是验证某个设计人员是否有权限执行某个操作，针对不同的用户操作权限不同，可根据管理人员在系统中为不同用户分配不同角色和对应权限。首先需要在 pom.xml 文件中导入 Spring 依赖，内容如下：

```
<!-- Spring security 安全组件-->
<dependency>
```

```
<groupId>org.springframework.boot</groupId>
<artifactId>spring-boot-starter-security</artifactId>
</dependency>
```

导入后，设计流程管理模块默认开启了验证，必须验证后才可以实现项目资源的访问。

在前后端设计时，依据不同的管理模块设计不同的接口，可便于前后端分离，开发工作的分离与独立模块测试的主要参数如表 10-1 所示。

表 10-1　设计流程管理模块的模块接口

管理模块	业务功能	接口 URL	接口参数	返回结果	接口描述
用户管理	保存用户	/user/save	SysRole	HttpResult	保存记录
	删除用户	/user/delete	SysRole	HttpResult	删除记录
	查询用户角色	/user/findUserRoles	Long userId	HttpResult	查询用户信息
	查询用户权限	/user/find/Permissions	String name	HttpResult	查询用户权限
部门管理	保存部门	/dept/save	SysDept	HttpResult	保存记录
	删除部门	/dept/delete	SysDept	HttpResult	删除记录
	查询结构树	/dept/findTree	—	HttpResult	部门结构树
角色管理	保存角色	/role/save	SysRole	HttpResult	保存记录
	删除角色	/role/delete	SysRole	HttpResult	删除记录
	查询角色菜单	/role/findMenus	Long userId	HttpResult	角色菜单信息
	保存角色菜单	/role/saveMenus	SysRoleMenu	HttpResult	保存菜单信息
登录日志	分页查询	/loginlog/findPage	PageRequest	HttpResult	分页查询登录信息
	删除登录日志	/loginlog/delete	SysLoginLog	HttpResult	清除登录日志
操作日志	分页查询	/loginlog/findPage	PageRequest	HttpResult	分页查询操作信息
	清除操作日志	/log/delete	SysLog	HttpResult	清除操作日志

10.3.3　组织管理

1）登录流程

在可支持联合收割机智能化设计的流程设计管理模块登录页面输入用户名和密码、调用后台接口进行验证、通过验证之后，根据后台的响应状态跳转到管理页面主页。由于 http 是通过 cookie 在客户端记录状态、通过 session 在服务器端记录状态的无状态协议，因此在 PDM 系统设计流程管理模块中前后端不存在跨域问题、通过 token 方式维持状态。原理如图 10-9 所示。

前端登录页面布局通过 Element-UI 组件实现布局，在 plugins 下的 element.js 中插件，使用 el-form、el-form-item、el-input、el-button、字体图标等组件。在 Login.vue 中编辑 username 和 password 的输入；并用 data 方法进行数据绑定；用 rule 方法进行数据验证，在 data 表单中指定校验规则，并使用 message 的方法提示项目参与人员输入。

在发起请求之前，先对表单数据进行预验证，通过调用表单时数据的 validdate 方法接收

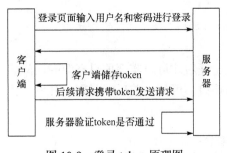

图 10-9　登录 token 原理图

一个 callback 回调函数对整个表单进行验证，通过后布尔值为 true，导入 axios 并挂载到对应的对象上，并配置到与 PDM 系统设计流程管理模块的接口根路径上，发起登录请求。由于 PDM 项目中出现的登录以外的接口只能在登录成功之后访问，登录后服务器提供 token 令牌，token 只在当前的网站打开期间生效，所以将服务器分配的 token 保存到客户端 session storage（会话之间的存储机制）。同时，基于 token 实现退出功能比较简单，只需要在客户端中销毁 token 令牌即可，后续请求中就不会携带，重新登录必须重新生成一个新的令牌才可以访问页面。

用 VScode 打开本地前端项目，在终端中输入 git status 检查项目环境，执行后生成 nothing to commit, working tree clean 时，表明运行环境良好。为了将 PDM 设计流程项目统一，应继续创建新的 Login 分支，执行 git checkout-blogin，如需查看项目分支，则输入 git branch 命令即可，安装开发依赖 less-loader 和 less 后，重新启动项目。

2）角色管理

角色管理主要负责管理参与联合收割机设计项目成员的责任和行为。在统一设计流程数据管理的过程中，需要定义角色如何完成设计任务与设计权限。分派给角色的职责既包括创建某个设计任务，还包括成为该项设计成果的拥有者。

在角色管理的用户列表中插入 Table 表格，使用 el-table 控件，按需导入并进行全局注册，以便于后续引用。通过 data 制定数据源，在 el-table-column 后以 label 和 prop 来指定数据源名称和内容。当表格需要用到索引列时，只需在列前端添加 type="index" 即可。查看用户状态时，添加 slot-scope="scope" 并在列末尾添加 scope.row，即可查看到用户的状态。为了得到更好的交互效果，可采用 el-switch 开关控件，直接通过简单的 icon 可查看到用户的目前状态。如果需要修改用户状态，应首先监听控件，当 switch 状态变化时执行回调函数 change，将所得结果与状态值 200 进行比较，此时在页面显示判断的响应结果。用户添加完成后，调用 API 接口完成添加用户的操作。方法如下：发起添加用户的网络请求，http.post（"users"）；与接口返回值 201 做比较，经过判断后，以 message 形式提示用户添加成功或者失败。

在进行修改用户操作时，首先给"修改"按钮的 click 绑定一个 showEditDialog 函数，提示用户修改操作，在 showEditDialog 下将 editdialogVisible 值设为 true，即可在页面展示编辑用户对话框。

在查询用户操作时，通过查询 ID 可查询用户信息，通过结构赋值的方式，将 http.get（"users/"+id）的值赋给 const，并与调用的接口返回值做比较。

执行删除操作时，先提示用户的操作方式。需要先挂载 confirm 函数，在全局布置时令 confirm=MessageBox.confirm，实现在触发删除时直接在组件中使用。执行操作指令时，根据用户 ID 删除信息。在监听区域，根据返回字符串判断删除，确认删除返回 confirm，取消删除则返回 cancel。执行确认删除时，与后台接口，请求路径为 users / :id，请求方法为 delete。

操作功能则通过 el-icon-edit、el-icon-delete、el-icon-setting 控件与表单数据关联，实现数据的增加、删除、设置。在 el-input 中用 v-model 指令可实现数据在 queryInfo 中的 query 和在 el-button 中 click 的双向绑定，从而可实现数据搜索功能。数据清空功能的实现，为 input

添加 clear 属性，并在单击由 clearable 属性产生的清空按钮时触发完成操作。

数据校验功能的实现涉及数据校验，这里以手机号的校验和邮箱的校验为例。在 data 方法中，插入 var checkMobile 和 checkEmail，涉及 rule、value、cb 回调函数，主要通过 validator 指定 check 函数运用正则表达式 Const regMobilehe 和 Const Email 进行判断，正则表达式是一种可以用于模式匹配和替换的强有力的工具，已经在很多软件中得到广泛的应用。正则表达式匹配采用效率高且稳定的算法，而且可以将匹配的规则存入配置文件或者数据库中，便于修改。另外，对于正则表达式，各种类库都能很好地支持，例如，Java 的 Regex 包就支持正则表达式，为

```
/^1[34578]\d$/
/^\w+((-\w+)|(\.\w+))*\@[A-Za-z0-9]+((\.|-)[A-Za-z0-9]+)*\.[A-Za-z0-9]+$/
```

由于项目管理、部门管理等开发方式与角色管理相同，这里仅说明项目管理功能。项目是研发某个产品或者完成某个计划所进行的一系列活动。设计流程管理模块中的项目管理功能是对项目的任务人员和时间安排进行描述。由项目负责人指定成员安排角色，授予相应的操作权限。对于新的项目模型建立，可以借鉴、继承以往项目中的数据结构、经验等。

(1)项目组织结构创建。业务功能描述：通过分析联合收割机项目中各个部门的组织结构，在系统组织中进行创建，添加不同的组、子组与角色，设计中心组织划分如表 10-2 所示。

表 10-2 项目组织结构

编号	组/子组名称	描述	状态
1	Combine Harvester Design	联合收割机设计	正常
2	Knowledge Base Design Team	知识库设计组	正常
3	Part Design Group	零件设计组	正常
4	Intelligent Assembly Group	智能装配组	正常
5	Motion Simulation Group	运动仿真组	正常
6	Engineering Analysis Group	工程分析组	正常
7	Software Integration Group	软件集成组	正常
8	Software Testing Group	软件测试组	正常

(2)人员与用户创建。可支持联合收割机智能化设计的 PDM 系统中，需要统计参与项目设计人员的个人信息。此信息无须修改此文档，增删信息由超级管理员完成，如表 10-3 所示。

表 10-3 项目人员信息

编号	用户名称	归属部门	手机号码	电子邮箱	状态
1	LHX	联合收割机设计	×××-××××-××××	×××××@163.com	正常
2	GLF	联合收割机设计	×××-××××-××××	×××××@163.com	正常
3	LJL	知识库设计组	×××-××××-××××	×××××@163.com	正常
4	LZJ	模型库设计组	×××-××××-××××	×××××@163.com	正常
5	ZYM	智能装配组	×××-××××-××××	×××××@163.com	正常
6	DCL	零件设计组	×××-××××-××××	×××××@163.com	正常

续表

编号	用户名称	归属部门	手机号码	电子邮箱	状态
7	AJY	运动仿真组	×××-××××-××××	×××××@163.com	正常
8	FL	工程分析组	×××-××××-××××	×××××@163.com	正常
9	ZGF	软件集成组	×××-××××-××××	×××××@163.com	正常
10	ZLL	软件测试组	×××-××××-××××	×××××@163.com	正常

（3）实时在线用户查询。可支持联合收割机智能化设计的 PDM 系统中，需要即时统计参与项目设计人员的在线状态，以确保人员在职状态，页面人员信息如表 10-4 所示。

表 10-4　实时在线用户

编号	登录名称	部门名称	主机	登录地点	浏览器	操作系统	登录时间
1	FL	工程分析组	1.58.73.233	哈尔滨	Chrome 8	Windows 10	13:07:28
2	ZGF	软件集成组	1.58.73.234	哈尔滨	Chrome	Windows 8	13:07:28
3	ZLL	软件测试组	1.58.73.231	哈尔滨	Chrome 8	Windows 10	13:07:28

3）事务管理

新建的 Spring Boot 项目中，一般都会引用 Spring-boot-starter 或者 Spring-boot-starter-web，而这两个起步依赖中都已经包含对于 Spring-boot-starter-jdbc 或 Spring-boot-starter-data-jpa 的依赖。当使用这两个依赖时，框架会自动默认分别注入 DataSourceTransactionManager 或 JpaTransactionManager，所以不需任何额外配置就可以用@Transactional 注解进行事务的使用，常用注解如表 10-5 所示。例如，用户新增需要插入用户表、用户与岗位关联表、用户与角色关联表，如果插入成功，那么共同成功，如果中间有一条出现异常，那么回滚之前的所有操作，这样在方法和类中添加@Transactional 注解可以使用事务让它实现回退，防止脏数据的发生。

```
@Transactional
public int insertUser(User user)
{int rows = userMapper.insertUser(user);
insertUserPost(user);
insertUserRole(user);
return rows;}
```

表 10-5　Transactional 注解的常用属性表

属性	说明
propagation	传播行为，默认值为 REQUIRED
isolation	隔离度，默认值采用 DEFAULT
timeout	超时时间，默认值为–1，不超时。设置后，超过该时间限制但事务未完成，自动回滚事务
read-only	指定是否为只读事务，默认值为 false
rollbackFor	指定能够触发事务回滚的异常类型
noRollbackFor	抛出 no-rollback-for 指定的异常类型，不回滚事务

在 PDM 系统项目开发中，在保证最终一致性的场景中，需要利用定时的任务调度进行一些对比工作。例如，定时完成零件设计、零件装配、运动仿真等工作，实现动态管理项目开发中的任务管理，动态控制定时任务启动、暂停、增删、查改等操作，便于统筹整个项目的开发，开发方式与事务管理相同。

4)权限管理

对系统的合法用户进行管理，包括用户自身信息的定义、修改与用户相关信息，如状态、身份等信息的管理。系统的基本用户可分为超级用户和普通用户两类。超级用户是一个特殊的用户，是系统中具有最高权限的人员，同时负责维护系统的正常运转。超级用户在实际企业中一般指系统管理员，具有项目管理、权限管理等管理功能。权限较少的为普通用户。PDM系统中的信息传递一律采用电子数据的方式，这样能保证数据在权限控制的范围内，真正实现数据安全共享。

在实际开发中，需要设置用户查看数据权限。例如，对于联合收割机的结构参数和工作参数，要求对数据权限进行控制，因此需要进行后台的权限和数据权限的控制。首先添加在Home 之后的子路规则，请求路径为 right/type，获取权限列表 getRightList 方法，将获取的数据指定数据源挂接到页面的面板中。

权限业务分析对于列表是执行增删改查操作，每一个过程都涉及权限问题，并没有将用户与权限进行直接关联，而是在用户与权限之间设置了不同的角色，把不同权限的角色分给不同的用户。除了调用的 API 接口不同，其余方式与添加用户的操作相似。在权限展示渲染过程中，先渲染最外层一级权限，再通过 for 循环嵌套渲染二级权限和三级权限。在删除指定角色的权限时，只需要在对应的权限下绑定删除 removeRight 函数，完成后刷新数据，获取新的列表。为了防止每次删除权限之后，把服务器返回的最新权限直接赋值给当前角色，分配权限时，应先获取所有权限的数据，再通过接口请求权限数据。

角色授权的请求路径为 roles/:rolled/right，请求方法为 post，通过请求将授权信息发送给后端。先监听分配权限对话框的关闭事件，再单击为角色分配权限，只有拥有当前角色的 ID才能发起对角色的授权，如表 10-6 所示。不同用户以不同身份、不同操作权限进行联合收割机设计。

表 10-6　项目用户角色

编号	角色名称	权限字符	备注	状态
1	超级管理员	Admin	系统权限设定	正常
2	项目经理	Project Manager(PM)	软件项目全过程管理	正常
3	设计工程师	Developer	负责软件设计、代码撰写	正常
4	测试经理	Test Manager(TM)	统筹测试方案	正常
5	系统分析师	System Analysis(SA)	负责搭建项目框架	正常
6	客户	Customer	提出软件需求	正常
7	顾问	Consultant	提供软件开发技术支持	正常
8	测试人员	Tester	软件测试	正常

10.4　数据与资源管理

数据资源管理是可支持联合收割机智能化设计的核心，作为底层数据的支撑，主要采用建立电子仓库的方式进行联合收割机数据资源管理。电子仓库(datavault)不仅是存储电子文档的仓库，也是文档的中转站。它一般建立在关系数据库系统的基础上，文件系统能存储大量的数据文件，但不进行快速检索，而数据库可以实现快速检索。电子仓库的主要功能是保证数据的安全性和完整性，支持各种查阅和检索功能。基于数据的关联指针，建立不同类型或异构产品数据之间的关联关系，可实现对文档的分层关联控制。

10.4.1　模型资源管理

在农业机械产品的设计过程中，以稻麦联合收割机脱粒装置的关键零件为主要研究对象，以 CATIA 的参数化建模为研究方法，建立脱粒装置关键零件的参数化模型，并建立参数化模型资源管理库系统。

作为 CATIA 建模工具的主要特征之一，关联设计的主要思想是建立模型特征与设计参数间的关联，通过必要的设计机制实现整个模型的关联设计。Skeleton Design 作为一种相关设计，在设计之初就根据产品项目的功能要求，在设计的顶层构建顶层基本骨架，所有后续的设计都是在骨架的基础上自顶向下展开的。与基于尺寸关联的参数化设计、基于规则转换和变量驱动的产品系列设计等其他参数化设计方法相比，参数化设计方法能够充分反映产品模块之间的位置关系，实现尺寸变型设计和零部件装配位置关系的参数化，保证参数传递的准确性和完整性，提高设计的可行性，但设计本身不能面对不同的用户需求，对设计者的专业性有更高的要求。Skeleton Design 流程图如图 10-10 所示。

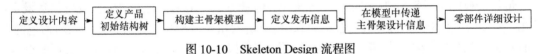

图 10-10　Skeleton Design 流程图

PDM 模型资源管理能实现模型存储、组织调用的功能。一般的模型管理功能主要包括模型的存取、组织调用建模生成和相关模型设计等功能。

模型管理是基于模型的组织分析和专业研究的管理过程，是基于客观规律的抽象管理和组织模拟。模型管理系统是连接理论模型与系统的纽带，它是管理模型资源和分析设计的工具。模型以文件形式存储，并根据模型辅助标识信息和 PDM 系统设计进行管理。PDM 的模型资源管理功能主要包括基于谱系拓扑层次和模型字典的模型管理、操作与维护、组织与管理、资源维护、编辑等。联合收割机模型管理的功能如图 10-11 所示。

模型资源管理具备模型资源上传、编辑模型信息、修改模型资源与删除模型及信息四个主要功能模块。为此，模型库需向用户提供以下信息。

(1)提供模型资源的基本信息，通过向用户提供模型资源属性信息，方便用户准确、合理地管理、应用模型，同时对模型库系统所提供的各项结果做出准确的判断；

(2)通过模型标识信息，为用户提供导向，引导用户准确、快速地获取目标模型，同时获悉目标模型的全部信息、参数情况；

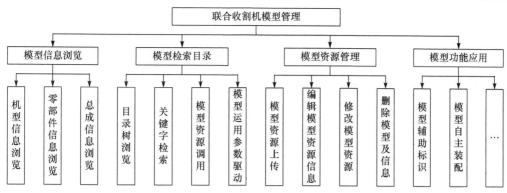

图 10-11 联合收割机模型管理的功能

(3)基于程序代码为用户提供新增模型、调用模型等功能，类似于数据库操作形式上传各类信息，同时模型管理系统包括对模型文件及模型属性的添加、删除、修改、查询以及文件、库操作和权限管理等功能。

PDM 系统的模型管理一般有三个主要功能模块：模型结构管理、生成与组织管理、应用设计。因此，模型管理应向用户提供以下信息。

(1)提供模型资源的基本信息。通过向用户提供模型资源的属性信息，方便用户准确、合理地管理和应用模型，对模型变型得到的目标模型进行准确判断。

(2)通过模型标识，并结合模型全息标识技术，为用户提供指导，引导用户准确、快速地获取目标模型，同时获取目标模型的所有信息和参数。

(3)在程序代码的基础上，为用户提供添加模型、调用模型等功能，类似于以数据库操作的形式上传各种信息。同时，模型管理系统还包括模型文件和模型属性的添加、删除、修改和查询，以及文件操作和权限管理等功能。

以参数化方式建模，支撑联合收割机智能化设计过程中的模型建立，普通用户无须复杂建模，只需提供关键参数，即可得到目标模型。

10.4.2 知识资源管理

1)需求分析

PDM 系统数据库设计的需求表现在对 PDM 系统运行过程中数据资源存储、增加、删除、修改及查询等方面，因此一个满足 PDM 系统设计需求的数据库必须充分考虑到 PDM 系统在对数据资源管理过程中各种信息的输入与输出。可支持联合收割机智能化设计的 PDM 系统的主要功能是实现联合收割机的快速设计，以及设计过程产品数据、设计过程中的流程数据的管理。通过对 PDM 设计平台要实现的功能进行分析，可知数据服务层对整个系统的应用服务层的支撑关系，如图 10-12 所示。

应用服务层包括电子仓库中的文件存储，以及对结构化数据、非结构化数据进行存储，如 Excel 文件等存储非结构化数据。应用服务层即业务逻辑层，其主要功能为对 PDM 系统的数据进行管理与实现联合收割机智能化设计，组建各子功能模块库间的数据通信，结合用户请求生成 SQL 语句，从而对数据库进行添加、删除、修改、查询等操作，同时把数据结果传回用户端。界面表示层的主要功能是对用户的输入、输出进行处理，同时对用户操作进行验证。

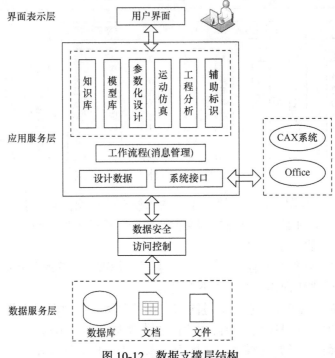

图 10-12　数据支撑层结构

　　需求分析阶段主要分析用户的设计需求和管理需求，它是联合收割机数据库设计、构建的出发点。需求分析的设计结果能不能准确反映用户的实际需求，将直接影响到后续各阶段的设计以及设计结果是否合理实用。

　　2) 数据库建立

　　在.NET 环境中，SQL Sever 数据库和联合收割机知识库系统通过 ADO.NET 技术连接。在 PDM 系统中，利用 DataGridView 控件显示知识信息，实现 PDM 系统与数据库之间的双向知识传递。SQL Sever 数据库中存储的每一个数据表都有多列，每列都有自己的属性，包括字段名、字段长度、约束、默认值等。设置上述属性以二维表的形式显示存储数据的逻辑结构，并通过数据表的行和列进行组织，在联合收割机知识存储过程中，根据谱系拓扑图和知识分类结果对数据表进行命名，如图 10-13 所示。

　　其中，模型库数据以 M 标识，知识库数据以 K 标识，其他系统的数据用于支撑用户界面层设计，主要包括以下几部分。

　　(1)用户信息库。首先登录进入联合收割机智能化设计平台。针对不同的界面表示层中设计任务不同的用户类型，设定不同的操作权限。用户信息库管理登录 PDM 系统的所有用户的个人信息，如用户名、密码、邮箱、系统权限等。

　　(2)设计知识库。在进行联合收割机设计知识管理时，需要依据大量的设计理论、设计经验，在设计过程中还需要进行联合收割机标准件选型、主要零部件选型、计算校核等。因此，设计知识库主要用来存储联合收割机设计过程中需要查询的设计标准、零件结构参数、标准件系列等设计知识，以实现可支持联合收割机结构设计的快速化、智能化。

图 10-13　系统界面目录树与部分数据库表

(3)参数化模型库。依据联合收割机谱系拓扑图，可知联合收割机由脱粒、清选等零件模块与部件组成，各模块间模型的设计依据联合收割机结构参数，并在完成参数化设计后，经过模型辅助标识技术，标识入库。参数化模型库可用来存储联合收割机的基本结构参数、零部件技术和结构参数及零部件入库位置等信息，以方便联合收割机模型信息的管理。

(4)工程分析数据库。在进行联合收割机主要部件的构造工程分析时，将生成相关的分析数据和结果文件。工程分析数据库主要用于记录分析数据和结果文件内容与路径，为后续实物加工和产品优化工作提供依据。

3)知识推理

联合收割机设计知识推理是将问题求解的依据和目标以程序代码形式化描述。基于规则的推理方法具有设计知识推理表达直观、模块性强等特点。在可支持联合收割机智能化设计的 PDM 系统中，基于规则的推理方法是智能化设计的核心部分，也是推理机制的重要组成部分，基于规则的推理方法主要是参数传递的过程，具备过程化的特征，即上一个推理的结果是下一个推理的依据，如图 10-14 所示。

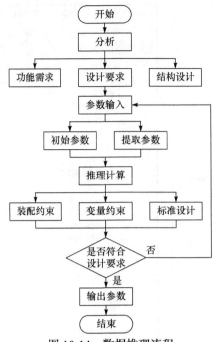

图 10-14　数据推理流程

　　用户首先分析零部件的设计过程，从功能需求、设计要求和结构设计来确定联合收割机零部件的设计目标；以人机交互的形式，在系统中输入已知的初始参数，提取出需要进行设计和求解的主要参数：零部件工作参数、结构参数等，然后调用 PDM 系统中编写的方法函数与公式规则，根据设计的零部件的装配约束关系和设计标准进行推理计算。

　　将 PDM 系统中的函数、公式等规则类、参数类知识通过面向对象的程序语言进行转化。应用基于规则的推理计算，求解出满足设计要求的参数，并将推理计算结果存储在 PDM 系统中，用于模型资源设计或者变型。在知识推送模块中将计算结果推送至界面显示，辅助模型的参数化设计过程。

10.4.3　电子仓库

　　电子仓库包含多个文档，是文档的物理存储位置。电子仓库采用类似文件管理系统的方法，可以将多个电子文档挂载到电子仓库中。操作用户只需要明确文件需要存放的路径，而不需要知道文件服务器的具体信息，以面向对象的数据库的组织方式提供快速而有效的信息访问，实现信息透明、过程透明，无须关心电子数据存放的位置、应用软件的执行路径、获取的是不是最新版本等信息。

　　为确保所有参与项目的人员采用同源数据，需要保证电子仓库中元数据的唯一性和确定性。文件系统中存在不同格式、不同形式的数据，数据库存储整个数据管理中与设计相关的数据。依据联合收割机谱系拓扑图与数据库建模方式，确定联合收割机智能化设计 PDM 系统电子仓库形式，如图 10-15 所示。

　　为方便用户操作，PDM 系统需要实现零件相关文档的自动关联功能。文档的自动关联基于组件的代码号和给定文档的文件名之间的关系。系统的实现是根据用户选择的组件和文件夹，将文件夹中所有文件与组件及其子组件进行匹配，采用程序执行的方式，将用户层目录标识与后台文件管理进行关联。

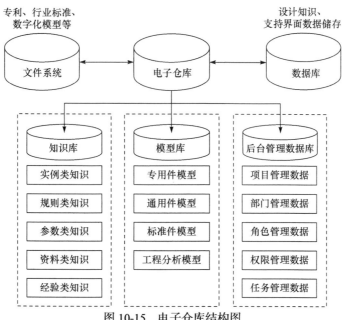

图 10-15　电子仓库结构图

1) 资源组织方式

以联合收割机谱系拓扑图、数据库设计、文件存储位置等需求，构建电子仓库。为了便于标准、统一的管理，电子仓库为整个智能化系统提供了数据支撑和有效管理条件。在项目开发过程中，将 D 盘作为文件存储的路径，并在共享中映射电子仓库；在农业标准中，联合收割机涉及的代号有 0401 与 0402，所以以"0401-2 电子仓库"作为电子仓库的命名。

电子仓库下一级菜单又可以分为交互程序、模型库、图片库、数据库，交互程序用来存储支持联合收割机智能化设计的子功能模块：PDM 系统、知识管理系统、模型管理系统、交互式工程分析系统、参数化设计系统、交互式运动仿真系统、辅助标识系统；模型库用来存储联合收割机零部件模型：动力模块、分离清选模块、辅助模块、割台装置、标准件、底盘装置、分离装置、清选装置、脱粒装置、中间输送装置、驱动模块、输送模块、脱粒模块，其中交互式运动仿真系统与交互式工程分析系统的模型因为带有运动仿真命令和工程分析结果，也作为模型资源存储在模型库中；图片库用来存储联合收割机知识图片与支持用户层展示的图片；数据库由界面信息、知识库数据、模型库数据、工程分析数据库、知识文件组成，并向下划分，既有支持应用服务层的数据，也有以文档形式存储的文件。电子仓库层级结构如图 10-16 所示。

电子仓库管理主要实现分布式电子仓库、文档版本、文档的统一分类、文档的属性搜索、文档的使用权限、统一的产品元数据等功能。联合收割机智能化设计系统的电子仓库主要为人机交互界面提供模型资源支持与数据资源支持，用于存放模型和与模型相关的知识。针对联合收割机的分类方式，可创建电子仓库中的模型库与知识库。

2) 共享方式

文件夹是一种数据管理、组织的对象，既可采用文件夹来建立相关数据间的挂靠关系，也可通过建立上下层次的文件夹结构来组织分类数据。可支持联合收割机智能化设计的 PDM 系统，如果要实现数据共享的形式，必须要将电子仓库作为一种资源共享，以打破信息间的"信息孤岛"。小规模的系统运行中，以局域网的形式，进行电子仓库的共享，共享电子仓库工作原理图如图 10-17 所示。

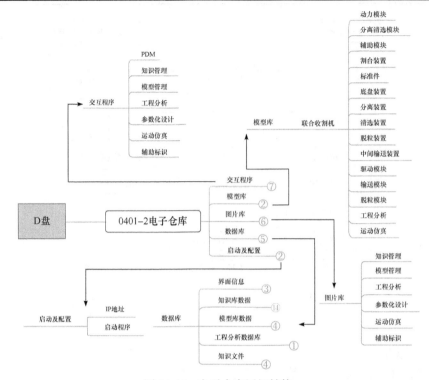

图 10-16　电子仓库层级结构

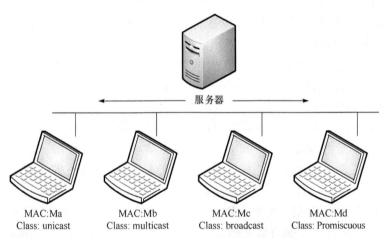

图 10-17　共享电子仓库工作原理图

　　右击共享的电子仓库，选择"授予访问权限"，然后单击"特定用户"。在输入框内输入需要共享的用户名称，或者单击箭头查找用户。这里可以选择"Everyone"（所有人），然后单击添加用户。另外，也可以设置共享用户的权限级别，然后单击"共享"按钮，系统会弹出提示是否想启用所有公用网络的网络发现和文件共享，确认后，开启电子仓库共享，设置如图 10-18 所示。

　　在局域网共享中，如果要访问一个共享的驱动器或文件夹，只需要通过网上邻居选择有共享资源的计算机即可，但是此方法在使用过程中因权限不同导致用户共享受限，共享效果较差，有时还不能解决实际问题，因此通常采用将驱动器盘符映射到共享资源的方法。通过映射网络驱动器，将电子仓库映射为网络共享盘符，在共享过程中选用使用其他凭据连接，确保项目成员能凭密码访问，访问过程如图 10-19 所示。

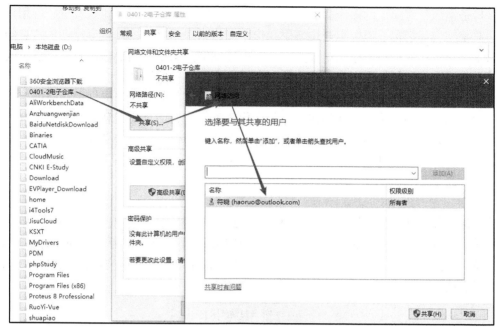

图 10-18　电子仓库共享设置

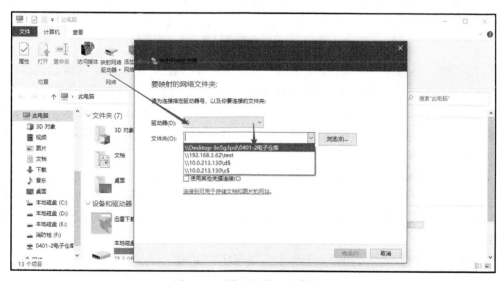

图 10-19　设置网络以映射方式

最终映射的电子仓库如图 10-20 所示，项目成员可通过局域网访问电子仓库资源以及进行数据管理，电子仓库的共享可支持联合收割机的智能化的设计具有协同性。

图 10-20　电子仓库网络位置

10.5　封装与接口

封装是指把对象的属性和操作方法同时封装在对象的定义中。用操作集来描述可见的模块外部接口，从而保证对象的界面独立于对象的内部表达。对象的操作方法和结构是不可见的，接口是作用于对象上的操作集的说明，这是对象唯一的可见部分。封装意味着用户"看不到"对象的内部结构，但可以通过调用操作即方法来使用对象，这充分体现了信息隐蔽原则。由于"封装"性，当程序设计改变一个对象类型的数据结构内部表达时，可以不改变在该对象类型上工作的任何程序。封装使数据和操作有了统一的管理界面。

封装是使功能模块达到高内聚低耦合的效果，并且在封装时对外提供可访问的接口。将智能虚拟装配、运动机构交互式创建、参数优化匹配、模型信息检索和交互式工程分析等开发的功能模块封装成 DLL 文件，DLL 文件名及其 DLL 中包含的自定义的窗体和类均是对外提供的访问接口，可通过"DLL 文件名.窗体名(类名)"的形式访问所需的窗体和类。

10.5.1 功能封装技术

除了保护关键技术，模块化封装是程序重用最重要的功能，它能提升程序的重用率和软件开发效率，减少开发人员的工作量。如图 10-21 所示，软件重用包括许多技术，如库函数、面向对象、组件、框架、架构和动态链接库等。下面将简单介绍这些技术，以选择适合 PDM 系统的封装技术。

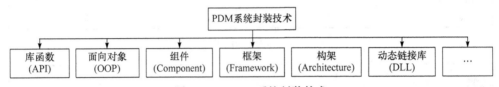

图 10-21　PDM 系统封装技术

(1)库函数：将编译后的函数放入库里，然后随时间调用，具有特定函数的函数集合构成函数库。库函数通过入口调用参数和返回值。库函数实现了短函数程序的封装。

(2)面向对象：封装是面向对象的主要特点，也是一种程序短信隐藏技术。由于面向对象的封装性，用户只能看见对象的外部特征，其具体的实现方法和过程对用户是隐藏的。封装的功能是区分对象的开发者和使用者。

(3)组件：组件是数据和方法的封装。组件的封装功能与对象的封装功能相同。

(4)框架：框架是整个系统架构或部分架构的重用设计。框架是一组创建的组件和组件实例之间交互的方法。框架是对系统外部组件的设计，不涉及系统的详细设计。因此，框架层次相对较高。

(5)架构：与框架的含义相似，都属于高级程序可重用设计。

对支持联合收割机智能化设计的 PDM 系统的作用模块进行封装，库函数和面向对象的封装层次低，封装工作量大，增加了开发的复杂性，给开发带来了困难，不适合软件功能模块的功能封装。框架和体系结构都是比较高级的封装，不涉及程序的详细内容，不适合软件功能模块的功能封装。对功能模块封装的要求是能采用动态链接库(dynamic link library, DLL)组件级封装和重用技术来实现封装功能。VB.NET 版开发环境对 DLL 技术支持良好，可以方便地封装各种功能模块。

采用 DLL 技术封装 PDM 系统中的多个子功能模块，在 Windows 操作系统下，多数应用程序都不是完整的文件，因此不直接单独执行。应用程序能分为许多单独的 DLL 文件，这些文件存储在系统中。执行应用程序时，将调用使用的 DLL 文件。应用程序能同时引用多个 DLL 文件，是一对多与多对一的关系，并且能多次调用同一个 DLL 文件，这些特性使得 DLL

文件分享简易。封装的优点如下。

(1)并行开发。适合于开发大型复杂的应用程序,可以提高 PDM 系统的模块化程度。功能模块开发完成后,封装为 DLL;集成软件时,集成者不必过多考虑功能模块中变量的定义和意义,只需要了解相应模块提供的 DLL 调用接口。每个子功能模块的独立开发人员甚至可以使用不同的开发语言来开发功能模块,在不同的开发环境中开发 DLL 时需要使用 DLL 的通用数据格式。

(2)易于修改和编译。在 PDM 系统开发过程中,程序员和测试人员需要反复修改与编译程序。在使用 DLL 技术之后,他们只需要修改和编译所设计的 DLL,而不需要打开整个 PDM 软件项目。DLL 技术的使用提高了软件开发的效率,也减少了开发人员的工作量。

(3)软件升级。PDM 系统软件开发完成后,后续还需要不断地对软件进行升级。由于软件设计是在 DLL 模式下完成的,功能模块已经打包,只需要升级 DLL 文件即可进行升级,而不需要重新发布和安装整个软件。升级方法是编写和调试代码,然后编译成 DLL 文件,在软件项目中自动更新。

(4)不容易反编译。将 PDM 系统子功能模块封装为 DLL 文件,可以有效隐藏程序的具体核心技术,也可以有效保护开发人员的技术。目前,大多数大型复杂商业软件的核心代码都是以 DLL 的形式打包的,DLL 强大的反编译能力为软件的核心技术提供了更安全的环境。

结合 DLL 封装技术的优势,本节选择 DLL 技术进行 PDM 系统的子模块封装,开发知识库系统功能模块、模型库系统功能模块、参数化设计功能模块、交互式运动仿真功能模块、交互式工程分析功能模块、辅助标识功能模块。以上功能模块都有自己设计的交互界面,人机交互界面是由编写程序环境中的窗体构成的,每个窗体有多种形式,实现功能模块的封装,就是对程序代码和功能模块的形式进行封装。

在 VB.NET 环境下,将功能模块封装为 DLL 模式的一般步骤如下。

(1)在 Visual Studio 2015 中选择"Visual Basic"编程模板,选择创建"类库",并自定义所建 DLL 的名称,如图 10-22 所示。

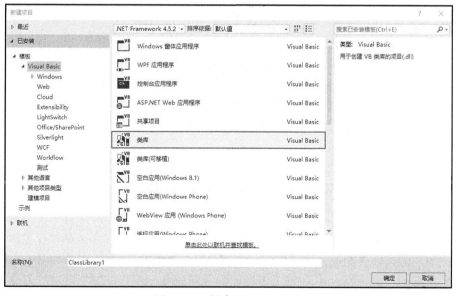

图 10-22 创建"DLL"方式

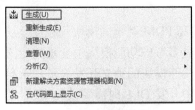

图 10-23　生成类库

（2）在 VB.NET 程序编辑环境下的 Class 类中添加窗体（Form）和模块（Moudle），如果有多窗体和模块需要，可添加多个窗体和模块。

（3）在窗体和类中的程序编写完毕后，打开菜单栏"生成"的下拉菜单，单击"生成*.dll"生成 DLL 文件，如图 10-23 所示。

10.5.2　异构数据集成

在联合收割机智能化设计 PDM 系统中，数据是系统各功能模块间的沟通者。因此，系统模型管理标准格式的统一对于 PDM 系统实现智能化、高效能化尤为重要。通过对系统存储数据格式的需求分析，综合行业规范、ISO 标准、GB 标准，以及对大多数设计软件的适用性，输出通用的标准格式。工业中常用的三维数字模型 CAD 与 CAE 数据交换的标准格式是 STEP 格式和 IGES 格式，二维模型图纸的标准格式是 DXF 格式。系统模型管理标准格式的设计内容如图 10-24 所示。

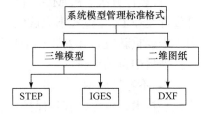

图 10-24　数据格式规范化

输出三维数字模型和二维图纸的 CAD 国际标准格式，其中输出数字模型标准化格式的过程如图 10-25 所示。

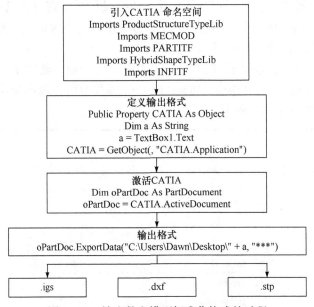

图 10-25　输出数字模型标准化格式的过程

图 10-25 中，a 为自定义的变量，可将 a 赋值给自定义输出的***文件名。所输出的模型必须是当前窗口打开的零件或部件，上述程序输出的是零件模型，当为部件模型时，需将程序中带"Part"的文件类型改为带"Product"。CATIA Part 和 Product 对象的 ExportData 方法是输出***文件的关键，ExportData("C:\Users\Dawn\Desktop\" + a, "***")括号内分别表示输出文件的自定义名称、路径和文件类型，由此可看出该语句输出的是 stp 格式的文件，修改

ExportData 方法括号内***的文件类型，此处为.igs、.dxf、.stp 格式，将会输出不同格式。

10.5.3　操作界面集成

随着现代设计方法和计算机技术在工程领域的迅速发展，许多专业的机械设计软件随之出现，这些软件的功能在虚拟设计阶段或制造阶段各有所长，现在还缺少一个可以充分集成各种机械设计软件并适应机械装备设计的系统，接口技术能有效地解决专业软件的集成问题。

在 Visual Studio 下集成 CATIA，进入不同工作台，并执行不同对象类型的 CATIA 对象，若对象清晰，会执行不同的 CATIA 语句，对应进入不同工作台。当用进程外编写程序访问 CATIA 时，CATIA 被视为 OLE 自动化服务器。当外部程序通过接口访问内部对象时，首先需要判断 CATIA 状态，若未启动，则执行 CreateObject 函数打开 CATIA 对应的接口，进而执行 GetObject 功能，直接与 CATIA 连接。

在 PDM 系统中，用户界面集成是采用 Windows API 实现的。首先需要在 VB.NET 中引用 CATIA 对外提供的访问接口，其中关于声明和访问 CATIA 等的基本代码前面章节已有介绍，此处不再赘述。

由于进入不同工作台的 GetMenu 和 SendMessage 不同，列出进入不同工作台的关键代码如表 10-7 所示。

表 10-7　进入不同工作台的关键代码

工作台	GetMenu	SendMessage
零件设计	Part_design	Part_design, WM_COMMAND, id, 0
装配设计	Assembly	Assembly , WM_COMMAND, id, 0
运动仿真	Motion_Simulation	Motion_Simulation, WM_COMMAND, id, 0
工程分析	CAE	submit1, WM_LBUTTONDOWN, 0, 0 submit1, WM_LBUTTONUP, 0, 0
知识工程	Knowledge_engineering	Knowledge_engineering, WM_COMMAND, id, 0

集成界面如图 10-26 所示，可采用同样的方式集成其他三维专业软件。

10.5.4　功能模块接口实现

封装是使功能模块达到高内聚低耦合的效果，并且在封装时对外提供可访问的接口。将知识库系统、模型库系统、参数化设计系统、交互式运动仿真系统、交互式工程分析系统、

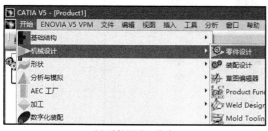
(a)零件设计工作台

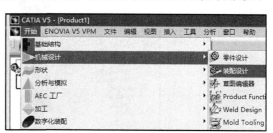
(b)装配设计工作台

（c）运动仿真工作台　　　　　　　（d）工程分析工作台

图 10-26　集成界面

辅助标识系统等开发的功能模块封装成 DLL 文件，DLL 文件名及其 DLL 中包含的自定义的窗体和类均是对外提供的访问接口，可通过"DLL 文件名.窗体名（类名）"的形式访问所需的窗体和类。下面以模型库系统、参数化设计系统、交互式工程分析系统为集成实例进行介绍。

1）模型库系统

在模型库系统封装和调用 DLL 文件时，具体的程序如下。

（1）封装程序为

```
Dim info As New Frm_Jxxx
info.Show()
Me.Close()
```

（2）调用 DLL 文件的代码为

```
Dim search As New Model_Search.Frm_Login
search.Show()
```

上面程序代码中，Model_Search 为自定义的 DLL 文件名；info 为自定义变量名；Frm_Jxxx 为模型信息检索模块下待调用子窗体类名，如图 10-27 界面上 "模型信息检索" 按钮下编写调用 DLL 文件代码，调用的 Frm_Login 窗体是资源检索的主界面，如图 10-27（a）所示，通过该界面可调用资源检索模块如图 10-27（b）所示的界面，各界面协同完成联合收割机模型库管理功能。

（a）资源检索

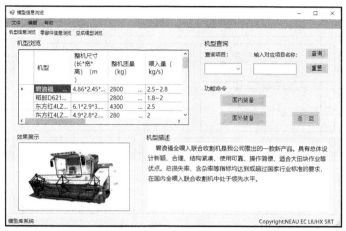

(b)国内外机型

图 10-27　模型库系统模块封装

2)参数化设计系统

在参数化设计系统封装和调用 DLL 文件时，具体的程序如下。

(1)按钮单击事件下的封装程序为

```
Dim opt As New Frm_Information
opt.Show()
Me.Close()
```

(2)按钮单击事件下调用 DLL 文件的代码为

```
Dim optimization As New Parameter_Matching.Frm_Main
optimization.Show()
```

上面程序和代码中，Parameter_Design 为自定义的 DLL 文件名；opt 为自定义变量名；Frm_Information 为参数优化匹配模块下待调用子窗体类名；optimization 为自定义的待调用 DLL 文件中窗体类变量名。"模型信息检索"窗体界面调用的资源检索的主界面如图 10-28(a)所示，还可调用资源检索模块的界面，如图 10-28(b)所示，各界面协同完成联合收割机关键

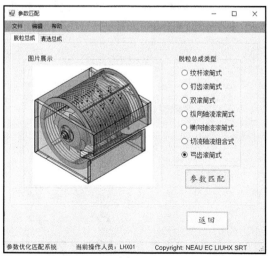

(a)参数化设计

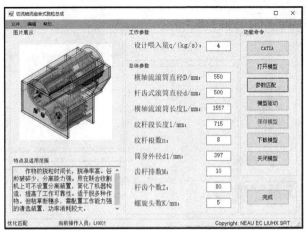

(b)切流轴流组合式脱粒总成

图 10-28　参数化设计系统模块封装

部件工作参数和结构参数的模型变型功能。

　　3)交互式工程分析系统

　　在交互式工程分析模块封装和调用 DLL 文件时，具体的程序如下。

　　(1)封装程序为

```
Dim Eng_analysis As New Frm_main
Eng_ analysis.Show()
Me.Close()
```

　　(2)调用 DLL 文件的代码为

```
Dim analysis As New Engineering_Analysis.Frm_Main
analysis.Show()
```

　　上面程序和代码中，Engineering_Analysis 为自定义的 DLL 文件名；Eng_analysis 为自定义变量名；Frm_main 为交互式工程分析模块下待调用子窗体类名；analysis 为自定义的待调用 DLL 文件中窗体类变量名。交互式工程分析系统模型检索的主界面如图 10-29(a)所示，通过该界面可检索并调用模型。模型加载材料后，网格划分界面如图 10-29(b)所示，各界面依

(a)工程分析系统模型检索

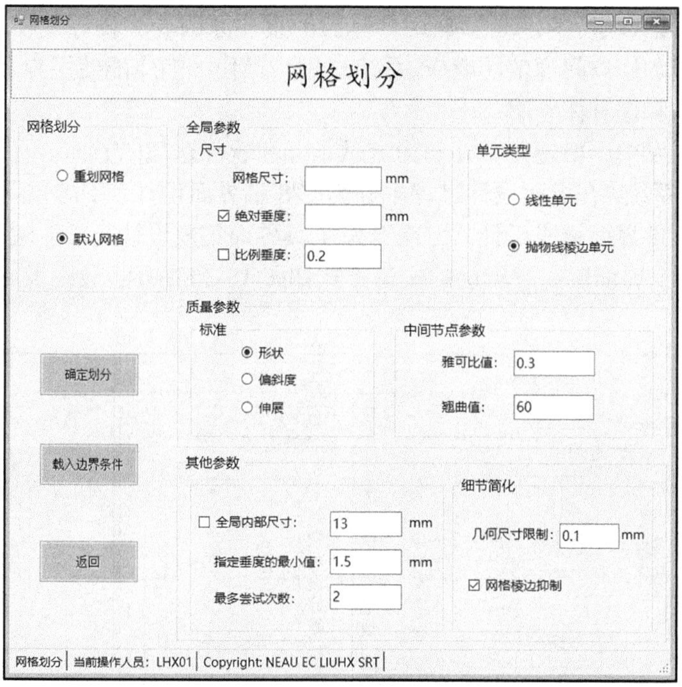

(b)网格划分

图 10-29　交互式工程分析系统模块封装

次协同完成联合收割机关键部件工程分析校核功能。

10.6　系统集成与封装

10.6.1　用户界面设计

可支持联合收割机智能化设计的 PDM 系统界面设计结合了人机交互原则和尼尔森十大可用性原则，并总结提取出服务于 PDM 系统界面的设计，主要有简约性、一致性、容错性和迅速响应性等。

（1）简约性：为让用户获得最佳的体验，最大限度地降低用户的学习成本，需要在系统信息显示的过程中遵循最简单的原则。通过调研等方法，了解用户的使用习惯、环境，并对信息系统进行整理。在系统界面设计过程中，能通过组织和隐藏等方法对信息显示层次进行优化，既达到视觉上的简洁性要求，又达到交互操作层次上的最简单化。

（2）一致性：在交互过程中，一致性体现在系统的操作模式、界面之间的跳转和用户的引导操作上；在用户显示层上，一致性体现在界面的总体布局、样式和功能按钮分组上。设计一致性的目的是使不同操作环境、不同知识背景下的用户和操作人员得到一致的交互，保持系统功能和操作的一致性。

（3）容错性：由于不同专业知识背景的用户在操作过程中的操作不一致，在设计过程中要尽量减少错误操作和失误的成本，这主要通过增强两个方面的设计实现，一是用户在操作中通过界面显示进行定向文字操作，避免错误；二是增加确认操作按钮和系统弹出窗口，避免操作不当。

（4）迅速响应性：响应速度是影响用户体验的重要原因。在设计过程中，响应分为系统对用户操作的响应和用户间通信的响应。系统对用户操作的响应能使用户及时确认操作结果，加深对系统的认知和提升体验感。

以上原则在开发中严格遵循，并作为测试指标和软件迭代的方向。可支持联合收割机智能化设计的 PDM 系统，在界面设计过程中分为 C/S 端界面设计和 B/S 端界面设计，C/S 端界面设计分为专业软件界面集成设计与二次开发工具界面集成设计；B/S 端界面集成则为流程数据管理界面设计，界面层与逻辑层的接口方式如图 10-30 所示，最终设计主界面如图 10-31 所示。

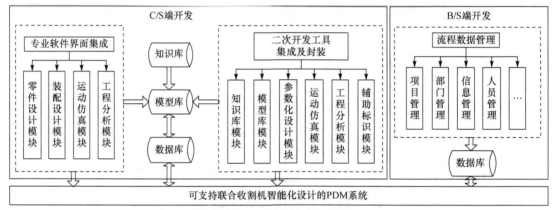

图 10-30　用户界面接口设计

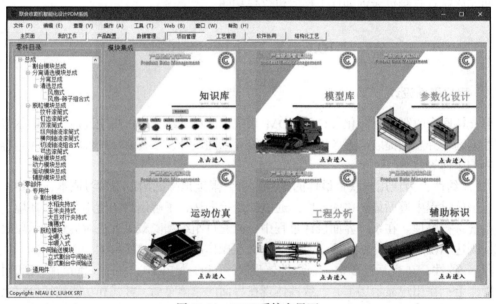

图 10-31　PDM 系统主界面

系统的易用性要求系统界面友好、向导性操作、易于掌握，因此需遵循以下原则：系统界面中可见的内容为用户可以操作或查看的内容，并且功能分类明确，相对功能集中；引导性操作提示，用户操作完一步后系统提示下一步应操作哪些功能，方便不熟悉系统的用户操作或相对较复杂的操作；提供模糊查询，方便较快地查找到用户要查询的数据信息；数据录入时可联想输入，并在检测到人为输入有误时进行相关内容的提示等。

10.6.2　系统发布

可支持联合收割机智能化 PDM 系统在开发完成后,需要将本系统打包为安装程序,最终实现在任意客户机上运行。为便于系统的打包部署工作,在系统文件打包的过程中,需要将项目中用到的与联合收割机相关的图片(如图标工具与后台加载的关键零部件图片)资源存入资源文件中。

对联合收割机智能化系统进行打包的步骤如下。

(1)选中创建 PDM 项目时生成的解决方案"PDM",右击,在弹出的对话框中选择"添加"/"新建项目",弹出"添加新项目"的对话框。由于 Visual Studio 2015 没有配置"安装部署"功能,需要联机下载 Microsoft Visual Studio 2015 安装程序项目,并进行安装。在列表框"已安装的模板"列表框中选择"其他项目类型"/"Visual Studio Installer"/"Setup Project";在右侧的列表框中选择"安装项目",在"名称"一栏中输入"PDMSetup",在位置下拉列表框中选择打包项目文件的目标地址,这里保持与项目位置在同一个位置,如图 10-32 所示。

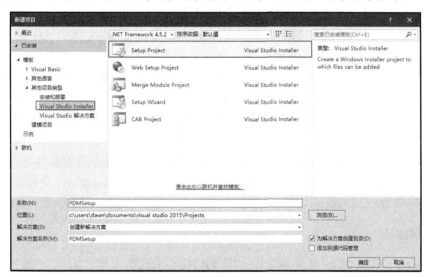

图 10-32　创建 PDMSetup 安装项目

(2)确定安装后,即创建了名为"PDMSetup"的安装项目,如图 10-33 所示。

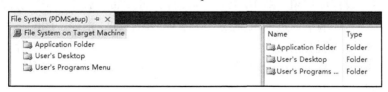

图 10-33　PDMSetup 安装项目结构

(3)在"文件系统"中的"目标计算机上的文件系统"下选择"应用程序文件夹",右击,在弹出的对话框中选择"Add"/"项目输出"命令,弹出如图 10-34 所示的"添加项目输出组"对话框。在"项目"的下拉列表框中选择需要部署的应用程序,选择输出类型,针对此项目,选择"主输出"并确定,将项目的输出文件添加到 PDMSetup 的安装项目中。

(4)在 Visual Studio 2015 的开发环境中,右击,在弹出的菜单栏中选择"添加"/"文件"命令,选择需要添加的内容文件(文件中包含联合收割机智能化 PDM 系统中所使用的数据库

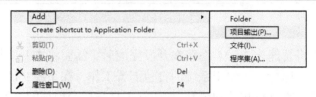

图 10-34　项目的输出文件添加操作

文件），单击"打开"后，将选中需要添加的内容添加到 PDMSetup 项目中。内容文件添加完成后，在 Visual Studio 2015 的开发环境中选择"主输入来自 PDM（活动）"并右击，在弹出的菜单栏中选择"创建主输出来自 PDM（活动）的快捷方式"命令。此时将在中间列表框中"主输出来自 PDM（活动）的快捷方式"选型，重命名为"可支持联合收割机智能化设计的 PDM 系统"。选中创建的"可支持联合收割机智能化设计的 PDM 系统"快捷方式，将其拖放至左边"文件系统"下的"用户桌面"文件夹中，就为 PDMSetup 创建了一个桌面快捷方式，在安装包执行安装命名时，即可创建桌面的快捷方式，对系统进行快捷操作。

（5）注册表的创建。在"解决方案资源管理器"窗口总选中安装项目并右击，在弹出的菜单栏中选中"视图"→"注册表"选项，显示在 Windows 安装项目的左侧的"注册表"选项，一次展开 HKEY_CURRENT_USER/Software ，再对注册表项 Manufacture 重命名。选中添加的注册表项后右击，在弹出的菜单栏中选择"新建"/"字符串值"命令初始化添加的注册表项。选中添加的注册表项目，右击，选择弹出的菜单栏中"属性窗口"命令，对注册表选项值进行修改。

（6）在添加完成联合收割机智能化 PDM 系统所必要的输出文件、内容文件、快捷方式和注册表信息后，在"解决方案资源管理器"窗口中添加 PDMSetup 安装项目，右击，在弹出的菜单栏中选择"生成命令"，即可完成联合收割机智能化 PDM 系统的安装程序，生成联合收割机智能化 PDM 系统安装文件。系统完成程序打包后，双击 setup.exe 或者 PDMSetup.msi 文件，即可将联合收割机智能化 PDM 系统安装到目标计算机上，对系统进行操作。

10.6.3　实例验证

基于 Visual Studio 2015 开发环境，运用 VB.NET 编程语言和 CATIA 二次开发技术、集成数据关联技术，通过设计人机交互界面按照 PDM 系统总体架构方案将具体的功能封装并体现后，以横向轴流滚筒式脱粒装置设计为例，由 B/S 端实现项目人员创建与消息发布，如图 10-35（a）所示为设计项目组，图 10-35（b）为设计任务发布，后续关于任务部署和流程仍然在 B/S 端实现。在 C/S 端下通过人机交互，具体从知识查询、推理、匹配、推送，以及模型的参数化建模设计、模型的匹配变型、交互式运动机构创建、交互式工程分析的角度，以辅助用户完成联合收割机横向轴流滚筒式脱粒装置设计为目标，对可支持联合收割机智能化设计的 PDM 系统进行实例运行。

用户登录后，由 PDM 系统主界面进入知识库系统的知识查询与浏览模块，并选择横向轴流滚筒的信息，如图 10-36 所示包含横向轴流滚筒结构图展示、工作参数、结构参数，以及特点和适用范围。

选择横向轴流滚筒后，可通过知识查询，查询设计过程中涉及的实例类、规则类、参数类、知识类等知识，并经过知识推理的方式由推理将推理数据推送至后台数据库中，应用基于规则的推理方式来计算并获取关键设计参数，最终通过交互的方式将公式转换成程序并进行封装。依据推理机智能化获取的数据建立参数化模型，并通过模型库系统进入模型的驱动变型和匹配，如图 10-37 所示。

(a) 设计项目组

(b) 设计任务发布

图 10-35 B/S 端任务管理

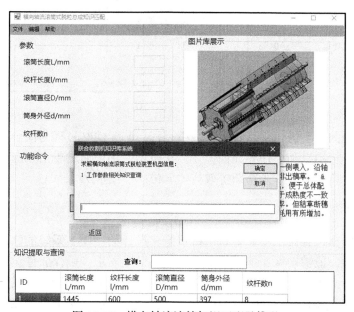

图 10-36 横向轴流滚筒知识匹配及推送

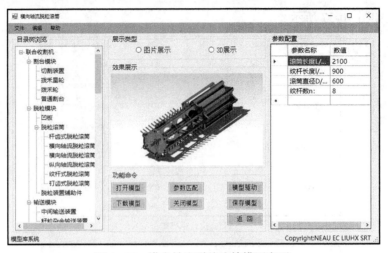

图 10-37　横向轴流脱粒滚筒模型变型

对参数化变型的模型进行交互式运动仿真过程封装，使其过程为便于用户操作的智能化设计过程，封装结构树和结果界面如图 10-38 所示，用户通过单击相应的按钮进行操作，也可根据需求输入采样步长和延迟。

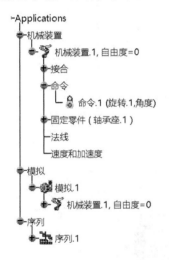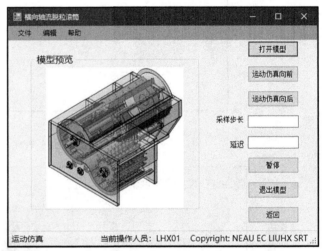

图 10-38　交互式运动仿真构建

对参数化变型的模型进行交互式工程分析过程封装，使其过程为便于用户操作的智能化设计过程，运行分析结果和操作界面如图 10-39 所示，用户通过单击相应的按钮进行操作，也可以查看工程分析的变形、米塞斯等效应力、位移、主应力。

10.6.4　系统测试

软件测试目的是检验可支持联合收割机智能化设计的 PDM 系统的软件质量、执行正确性以及数据完整性，能够确保系统满足提出的产品开发需求，确保软件运行能够实现预期结果，是开发过程中必不可少的环节。按照软件开发全生命周期，所有开发模块的功能都需要包含在测试用例中，并且需详细测试系统的每一个分支，这是保证系统在任何环境下都能够正常运行的必要条件。

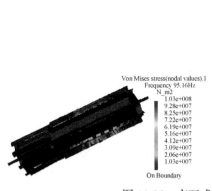

图 10-39 交互式工程分析构建

1)测试方法

近年来,软件行业迅猛发展,保证软件的可靠性越来越重要,因为只要软件系统出现一点漏洞,可能就会引起不可估量的损失。为了保证系统能够正常运行,需要在上线前针对软件系统进行系统测试,发现软件系统中可能存在的隐患,进而加以修复,以最大幅度降低因软件系统漏洞造成损失的风险。

随着计算机技术的发展,对软件的测试方法理论也在不断完善和进步,当前在大型项目的软件开发过程中按照是否要查看代码划分,主要有三种测试方法,包括黑盒测试、白盒测试和灰盒测试。

(1)黑盒测试(black-box testing)方法针对的是软件功能,不需要关心代码的内部逻辑层,也不用明确软件 API 接口定义方式,只需要针对系统软件的整体功能进行测试,这种方法主要在软件执行的过程中采用。在 PDM 系统测试中,需要开发人员将编译完成的软件交付给测试人员测试,也需要逐个检验 PDM 系统每个子功能模块中每个功能的实现,如确保参数化变型设计由源模型变型为目标模型的功能、由知识查询后进行数据推理的功能。

(2)白盒测试(white-box testing)方法是测试人员在测试过程中将软件系统透明化,无论是系统代码的内部逻辑结构还是软件的系统结构,对于测试人员都可见。从系统功能的角度出发,保证系统功能按照软件需求正常运行是软件测试的基本目的,需要测试人员对系统了解透彻,将所有测试分支涵盖到测试用例中,所以在开发完软件系统之后的自测过程中大部分会采用白盒测试方法。在 PDM 系统测试中,需要测试人员根据软件需求和系统代码逻辑结构,进行系统的测定,如体现系统智能化过程的推理逻辑过程、模型变型中数据的传递逻辑过程。

(3)灰盒测试(gray-box testing)方法是更关注系统极端用例的测试方法,确保软件系统在设定条件下能否产出准确的系统输出,对测试人员的测试专业知识程度有较高的要求。

测试用例的编写是针对 PDM 系统中特定的输出设置的,需要根据系统所要达到的具体目标指定相关的输入条件、运行环境、执行方法和预想结果,然后从测试用例的运行结果进行分析,验证软件系统是否已满足软件预期的要求,常见测试用例设计方法有以下几种。

(1)等价类划分法。等价类是系统某个输入域的子集合,各个输入的数据对于查找程序中的漏洞都是等效的。合理假设测试某个等价类代表值就代表着测试这一类数据中的全部数值。可将全部要输入的数据进行等价类的划分,在每个等价类中取一个数据就可以作为系统测试的输入条件，这样就可以用少量的代表性测试数据达到良好的测试结果。在 PDM 系统测试中，以驱动轴流式滚筒长度为例，将输入的数据按照每 50mm 等价划分，采用每组中的数据进行测定系统的变型结果是否可以正常执行。

(2)边界值分析法。边界值分析法是对等价类划分法的补充。在测试工作中，大量的漏洞都可能发生在数据输入或者输出范围的边界值上，不是发生在输入和输出范围区间值内。针对边界情况设计测试用例，可以查找出由数值边界引起的错误。在 PDM 系统测试中，以轴流式滚筒的喂入量为例，测定两端值 3kg/s 和 8kg/s 两个数值，测定系统是否可以按照目标数据得到目标结果。

(3)错误推测法。基于测试人员的经验推测程序中可能存在的漏洞，针对性地进行设计测试用例。错误推测法是列举出可能有的错误和易发生错误的情况，根据推导选择测试用例。例如，在单元测试过程时，列举出以前在系统测试中曾发现的错误等，都属于测试人员的经验总结。在 PDM 系统测试过程中，根据测试人员经验，尤其是输入数据和输出数据为 0 时，输入表格为空格或者输入表格只有一行的情况，需要系统进行 MessageBox 弹窗提示用户，以此来完善系统。

(4)因果图方法。等价类划分法和边界值分析法都侧重于考虑系统的输入条件，但未考虑到输入条件间的联系与相互组合的方式，可能导致新的漏洞。但是检查输入条件的组合较难，即使将所有输入条件划分为等价类后，数据之间的组合情况也比预想中的多。考虑采用适合由多种条件组合相应的动作形式设计测试用例，需要使用因果图来完成，根据最终生成的判定表格进行检查。在 PDM 系统测试中，如在横向轴流式滚筒设计时，各结构参数间存在因果关系，首先需要数据整合，然后进行系统的测试工作。

2)测试类型

根据 PDM 系统测试的运行侧重点，按照测试的对象，可支持联合收割机智能化设计的 PDM 系统划分主要有以下几个测试内容。

(1)兼容性测试。验证 PDM 系统对环境的依赖性，包括对硬件、平台软件等的依赖性，并根据开发要求检查程序是否能正常运行。组态测试的目的是检验 PDM 系统能否在相同硬件上正常运行，而兼容性测试的目的是检查软件在不同的硬件平台，软件平台是否可以正常运行。配置测试通常包括在不同主机上运行的软件、组件、外设、接口和选项。兼容性测试一般包括 PDM 系统软件在不同操作系统上是否兼容、同一操作系统的不同版本是否兼容、是否与其他相关软件兼容、软件本身是否前后兼容、数据是否兼容，以及数据是否可以共享。

(2)功能测试。根据 PDM 系统的产品特性、运行说明和用户方案，测试其特性和运行行为，确定是否满足设计要求。本地化软件功能测试用于验证应用程序或网址是否适合目标用户。通过合适的平台、浏览器和测试脚本，能保证目标用户体验良好，如对系统中知识浏览与查询模块的按钮进行测试时，制作如图 10-40 所示的思维导图，待测试人员确认。

(3)性能测试。通过自动测试软件模拟各种正常、峰值和非正常负载条件，测试 PDM 系统的各项性能标准，主要包括客户端性能测试、网络性能测试和服务器性能测试，主要分为压力测试和负载测试，压力测试的主要任务是获得 PDM 系统正确运行的极限值，检查 PDM 系统在峰值负荷下的执行能力；负载测试是用来检查 PDM 系统在使用大量数据时的正确工作能力，即检查系统的最大承受能力。例如，对于联合收割机 PDM 系统的信息检索，让其使用频率达到最大，当整个 PDM 系统达到满负荷时，测试其承载能力。

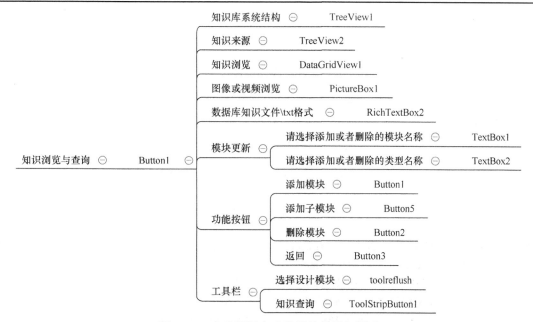

图 10-40　知识浏览与查询模块的按钮测试

（4）界面测试。界面是 PDM 软件与用户交互最直接的交互层，界面是否友好决定了用户对软件的体验感。设计友好的界面能正确地引导用户完成自己的目标操作，同时设计美观的界面具有吸引用户的优势。

参 考 文 献

杜岳峰, 傅生辉, 毛恩荣, 等, 2019. 农业机械智能化设计技术发展现状与展望[J]. 农业机械学报, 50(9): 1-17.

李宝筏, 2018. 农业机械学[M]. 2版. 北京: 中国农业出版社.

李文斌, 李青林, 黄云林, 等, 2020. 稻麦联合收割机脱粒装置智能化设计平台构建[J]. 农业机械学报, 51(S2): 154-161.

叶秉良, 刘安, 俞高红, 等, 2013. 蔬菜钵苗移栽机取苗机构人机交互参数优化与试验[J]. 农业机械学报, 44(2): 57-62.

赵秀艳, 宋正河, 张开兴, 等, 2017. 基于多属性决策的农机专业底盘实例推理方法[J]. 农业机械学报, 48(2): 370-377.

DALLASEGA P, RAUCH E, LINDER C, 2018. Industry 4.0 as an enabler of proximity for construction supply chains: A systematic literature review[J]. Computers in industry, 99(8): 205-225.

DEMOLY F, ROTH S, 2017. Knowledge-based parametric CAD models of configurable biomechanical structures using geometric skeletons[J]. Computers in industry, 92-93: 104-117.

VAN KUIJK J, DAALHUIZEN J, CHRISTIAANS H, 2019. Drivers of usability in product design practice: Induction of a framework through a case study of three product development projects[J]. Design studies, 60(1): 139-179.

LINDSAY K, POPP M, ASHWORTH A, et al, 2018. A decision-support system for analyzing tractor guidance technology[J]. Computers and electronics in agriculture, 153(10): 115-125.

MADHUSUDANAN N, AMARESH C, 2014. A questioning based method to automatically acquire expert assembly diagnostic knowledge[J]. Computer-aided design, 57: 1-14.

MIAO Y, SONG X W, JIN T, et al, 2016. Improving the efficiency of solid-based NC simulation by using spatial decomposition methods[J]. The international journal of advanced manufacturing technology, 87: 421-435.

NECDET G, OSMAN O A, MELIH B, 2017. Parametric design of automotive ball joint based on variable design methodology using knowledge and feature-based computer assisted 3D modeling [J]. Engineering applications of artificial intelligence, 66: 87-103.

POKOJSKI J, OLEKSINSKI K, PRUSZYNSKI J, 2019. Knowledge based processes in the context of conceptual design[J]. Journal of industrial information integration, 15: 219-238.

QIN F W, GAO S M, YANG X L, et al, 2016. An ontology-based semantic retrieval approach for heterogeneous 3D CAD models[J]. Advanced engineering informatics, 30(4): 751-768.

TAO F, ZHANG M, NEE A Y C, 2019. Digital Twin Driven Smart Manufacturing[M]. Pittsburgh: Academic Press.

Xu L H, LI X N, RAO J H, et al, 2019. Computer aided design technology for convex faceted gem cuts based on the halfedge data structure[J]. Journal of Beijing institute of technology, 28(3): 585-597.

WANG H, ZENG Y, LI E, et al, 2016. "Seen Is Solution" a CAD/CAE integrated parallel reanalysis design system[J]. Computer methods in applied mechanics and engineering, 299: 187-214.

YUAN J B, WU C Y, LI H, et al, 2018. Movement rules and screening characteristics of rice-threshed mixture separation through a cylinder sieve[J]. Computers and electronics in agriculture, 154: 320-329.

ZHOU J, LI G G, ZHOU Y H, et al, 2018. Toward new-generation intelligent manufacturing[J]. Engineering, 4(1): 11-20.